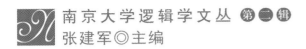

南京大学逻辑学文丛 第二辑

张建军◎主编

从模态的观点看

张力锋◎著

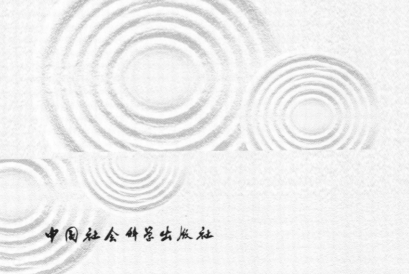

中国社会科学出版社

图书在版编目（CIP）数据

从模态的观点看 / 张力锋著 . 一北京：中国社会科学出版社，
2019.11

ISBN 978 - 7 - 5203 - 4267 - 4

Ⅰ.①从…　Ⅱ.①张…　Ⅲ.①模态逻辑—研究—文集

Ⅳ.①B815.1 - 53

中国版本图书馆 CIP 数据核字（2019）第 062922 号

出 版 人	赵剑英
责任编辑	冯春凤
责任校对	张爱华
责任印制	郝美娜

出　　版	中国社会科学出版社
社　　址	北京鼓楼西大街甲 158 号
邮　　编	100720
网　　址	http：// www.csspw.cn
发 行 部	010 - 84083685
门 市 部	010 - 84029450
经　　销	新华书店及其他书店

印　　刷	北京君升印刷有限公司
装　　订	廊坊市广阳区广增装订厂
版　　次	2019 年 11 月第 1 版
印　　次	2019 年 11 月第 1 次印刷

开　　本	710 × 1000　1/16
印　　张	16.25
插　　页	2
字　　数	265 千字
定　　价	89.00 元

凡购买中国社会科学出版社图书，如有质量问题请与本社营销中心联系调换
电话：010 - 84083683

目　　录

《南京大学逻辑学文丛》序言

南京大学哲学系逻辑学科具有深厚的历史传统，著名学者刘伯明、汤用彤、熊十力、牟宗三、唐君毅、胡世华、何兆清、王宪钧、陈康、倪青原、殷海光等曾在原国立中央大学哲学系（及其前身）和金陵大学哲学系从事逻辑教学与研究，数学系莫绍揆等著名数理逻辑专家也长期关心与支持哲学系逻辑学科的发展。1960 年南京大学恢复哲学专业之际即设立了逻辑学教研室，改革开放以来特别是 1982 年获得逻辑学硕士学位授权以来，南大逻辑学科获得了长足发展。2001 年开始招收逻辑学方向博士生，2003 年获得逻辑学专业博士学位授予权，并以本专业为主体设立"南京大学现代逻辑与逻辑应用研究所"。作为哲学一级学科重要分支学科，2008 年入选江苏省重点学科，2011 年入选江苏省优势学科工程，2017 年入选教育部"双一流"学科建设工程。自 1960 年以来，先后在南京大学哲学学科从事逻辑学教学工作的有林仁栋、郁慕镛、李廉、李志才、郑毓信、吕植壮、王义、张建军、蔡仲、杜国平、王克喜、潘天群、顿新国、陶孝云、张力锋、袁永锋。亦曾聘请美国学者 R. C. Koons，澳大利亚学者 G. Priest，日本学者金子守，法国学者 O. Brenifier，挪威学者 O. Asheim，中国台湾地区学者刘福增、王文方等开设长短期逻辑课程。逻辑学位点设立以来，李廉、李志才、郁慕镛、张建军先后担任学科带头人；先后担任逻辑学专业硕士生导师的有李廉、李志才、郁慕镛、张建军、杜国平、王克喜、潘天群、顿新国、张力锋；先后担任博士生导师的有张建军、潘天群、王克喜、顿新国、张力锋。迄今逻辑学专业共授予硕士学位 110 人（含美国留学生 1 人）；授予博士学位 50 人。现有在读硕士研究生 17 人，在读博士研究生 21 人（含香港留学生 1 人）。逻辑学专业亦接受哲学博士后流动站合作研究人员，已出站 9 人。人才培养成绩显著，硕士、博士毕业生和博士后出站人员中已有一批中青年教学科研骨干活跃于学术界。从事其他领域工作的毕业生也以较强的理论素养、社会责任感和实际工作能力获得了广泛好评。

多年来，南大逻辑学科同人以高度的使命感和敬业精神从事逻辑教育工作。在哲学专业本科逻辑教学，逻辑学专业研究生教学，全校逻辑通识课、文化素质课教学，以及多层次逻辑教育与社会服务等方面均做出了比较突出的贡献。与此同时，本学科也一直致力于推动师生的逻辑理论与应用研究工作，取得了一系列在学界具有广泛影响力的研究成果，逐步形成了自己的研究特色，得到海内外学界广泛好评。特别是"南京大学现代逻辑与逻辑应用研究所"成立以来，本学科适应当代逻辑科学发展趋势，致力于组织专兼职研究人员和研究生展开问题导向的跨学科、多视角交叉互动研究，设立了六大主要攻关领域：1. 现代演绎逻辑与归纳逻辑研究；2. 逻辑与哲学的交叉互动研究（含逻辑哲学、辩证逻辑研究）；3. 逻辑与科学方法论（含人文社科方法论）的交叉互动研究；4. 逻辑与认知科学及人工智能的交叉互动研究；5. 逻辑与语言学的交叉互动研究（含非形式论证研究）；6. 逻辑的社会文化功能及多层次逻辑教学现代化研究。近年又开拓出"思想分析与哲学践行"的研究方向。经过十几年发展，在学术研究和人才培养上都取得了诸多新的进展，形成了一支年富力强、学风严谨、富有活力的学术团队，国内外学术交流日趋活跃，研究方向具有明显特色与优势，学科整体水平在国内同学科中位居前列。

南京大学现代逻辑与逻辑应用研究所成立以来，逻辑学科专职教师共主持国家社科基金项目 11 项（含重大项目、重点项目各 1 项），教育部人文社科基金项目 4 项（含重点基地重大项目 2 项），中央军委科技委前沿创新项目 1 项，江苏省社科基金项目 4 项，国家和江苏省博士后基金项目 12 项；入选"国家哲学社会科学成果文库"并获国家社科规划办表彰 1 项，获"金岳霖学术奖"4 项，获教育部、江苏省和中国逻辑学会优秀成果奖励 15 项；张建军入选中央"马工程"课题组首席专家，杜国平、王克喜、顿新国先后入选课题组主要成员，潘天群、顿新国先后入选教育部"新世纪优秀人才"支持计划，张力锋入选江苏省"三三三工程"培养对象；张建军获南京大学"人文研究贡献奖"，顿新国、袁永锋、张力锋先后获南京大学"人文研究青年原创奖"。

　　《南京大学逻辑学文丛》旨在展示南大逻辑学科的研究特色及系列成果，以与海内外学界及广大读者交流。首批书目四册为南大逻辑学科时任四位专任教授的论文自选集，由中国社会科学出版社于 2013 年出版；第二批书目四册为本学科三部代表性专著和一部论文选集。各部著作的内容简介见作者所写"后记"。请学界同人与识者继续予以关注，并欢迎展开交流、切磋与合作研究。

　　感谢江苏省优势学科工程项目对本文丛的支持，感谢中国社会科学出版社冯春凤编审和出版社同人的悉心帮助和精心审校。

南京大学哲学系逻辑学科带头人
南京大学现代逻辑与逻辑应用研究所所长
张建军
2018 年 11 月于南京

当代西方模态哲学研究及其意义

根据一本权威的哲学词典，模态逻辑是"研究必然性和可能性概念的一种逻辑"①。既然模态逻辑以探讨基本哲学范畴及其逻辑关系为目标，在其研究中就不可避免地要涉及相关的哲学问题，而对这些问题的讨论则构成了模态哲学的主题。

一 模态哲学的研究历史

对模态概念的哲学研究有悠久的历史。早在现代模态逻辑产生之前，甚至远在古希腊时代，人们就开始有意识地研究与模态词有关的哲学问题了。比如，亚里士多德（Aristotle）在谈到命题的模态逻辑时，就区分了绝对模态和相对模态。在正确的推理中，若前提为真，则结论也为真。这种结论依赖于前提的必然性称为相对必然性，它只依赖于组成推理的各命题的逻辑形式。所谓绝对必然性，则是指命题的这样一个属性，即命题的主项与谓项有本质的联系。主、谓项间的本质联系是指，或者谓项是主项的本质中的一个因素，或者主项是谓项的本质中的一个因素。以"人是动物"为例，谓项"动物"表达主项"人"的一个本质属性，因而该命题具有绝对必然性。根据必然性和可能性的相互可定义性，他还讨论了相对可能性和绝对可能性。由此可见，亚里士多德对模态逻辑的讨论并没有仅囿于对词项、命题和推理本身的考查，而是上升到了哲学本体论的高度，并以此来佐证他的模态逻辑理论。麦加拉和斯多亚学派的逻辑学家则

---

① Simon Blackburn（ed.），*Oxford Dictionary of Philosophy*，Oxford：Oxford University Press，1996，p. 246.

更深入地探讨了模态概念。第奥多鲁（Diodorus）从时间的角度来说明命题的必然性与可能性，认为命题是可能的是指：它现在是真实的，或将来是真实的；而命题是必然的则指：它不但现在是真实的，而且将来也会是真实的。斐洛（Philo）则从事物的本性来说明命题的必然性与可能性，认为命题是可能的是指：依据事物的本性它会是真实的，而命题是必然的则指：它不但现在是真实的，而且依据事物本性将来也不会是虚假的。克里西普斯（Chrysippus）则从外在世界来说明这两者，主张命题是可能的是指：若没有外物的阻止，则命题会是真实的；而命题是必然的是指：命题是真实的并且不会是虚假的，或者即使会是虚假的，外物也会阻止其成为虚假的。到了中世纪，逻辑学家们又提出了 de re 模态和 de dicto 模态的区分，前者表述的是事物的性质，后者表述的则是句子的性质；对于两者的重要性，各人有不同的认识，有人认为 de dicto 模态是基本的，有的人则以为 de re 模态更为基本。在近代，莱布尼兹（G. Leibniz）提出了可能世界的理论，这一理论本身并不是在模态逻辑的研究中产生的，但它对后世的模态逻辑语义学的发展具有极大的启示性。

现代模态逻辑在 20 世纪上半叶建立，伴随而来的是它给哲学提出了许多崭新的课题，从而重新激活了对模态哲学问题的研究。现代模态逻辑根据对可能性和必然性不同的直观理解，建立相应的公理系统，并给出其语义解释，再从元逻辑的角度去探究这些公理系统的可靠性、完全性、独立性和可判定性等性质。由于广泛地采用了形式化的研究方法，现代逻辑极大地加深了人们对模态逻辑的理解，推进了模态逻辑的发展，特别是自 20 世纪 60 年代克里普克（S. Kripke）和亨迪卡（Jaakko Hintikka）各自独立地发展出关系语义学（也称可能世界语义学）以来，现代模态逻辑更是取得了长足的进步，现已成长为现代逻辑的一个成熟分支。但作为一种哲学逻辑，模态逻辑在其技术的发展中面临着诸多的哲学挑战，正是这些哲学问题构成了模态哲学的主题。这些问题可归结为三类：经典一阶逻辑原则的失效问题、de re 模态引发的本质主义问题和与可能世界有关的各种问题，它们直接针对的都是模态逻辑的语义解释，对这三类问题的辩护与反驳形成了模态哲学的丰富内容。为了回答经典逻辑原则的失效问题，马科斯（Ruth B. Marcus）、克里普克提出了专名的严格指示词理论，克里普克、普特南（Hilary Putnam）等人又以此为基础构造了一种新的指称理论——历史因果的指称理论。在本质主义问题上，马科斯和帕森斯（Terence Parsons）以为模态逻辑并没有承诺本质主义，为了证明模态逻辑与反本质主义是相容的，后者更是提出了极大模型的概念；在接受蒯因（Willard V. Quine）关于模态逻辑和本质主义关系论题的前提下，为了论证本质主义，克里普克、普特南等人提出了个体本质的起源必然说和构造必然说，以及自然种类本质的内部结构说。而在与可能世界有关的问题上，则涌现出更多相互竞争的理论学说。比如，有关于可能世界本体地位的极端实在论、温和实在论和语言替代论三种主要观点，还有为解决个体的跨世界同一问题而出现的对应体理论、个体跨世界识别是伪问题等多种立论。但与古典的对模态哲学问题的讨论不同，现代的模态哲学不再采用直观、朴素、辩证的概念式讨论方式，而是普遍地运用逻辑—语言的分析手法来推进对问题的深入研究，这就注定了它必定是属于逻辑分析的哲学传统。

二　模态哲学研究的推进

蒯因最先提出了模态逻辑面临的哲学问题，他指出模态逻辑违反了经典一阶逻辑的基本原则，造成了对象的增殖和承诺了本质主义。在模态语境下，同一替换原则和存在概括原则都遭到了破坏。比如"行星的数目=9"，但是不能根据同一替换原则，由"9必然大于7"得到"行星的数目必然大于7"。而为了保留一阶逻辑原则的有效性，卡尔纳普（Rudolf Carnap）等人主张引进内涵实体，但蒯因认为这些内涵实体的同一性条件是无法给出的，因而它们是非法的，引起了对象的增殖。另外，由于 de re 模态区分了对象的必然属性和偶然属性，因而蒯因指责它承诺了亚里士多德的本质主义，后者在他看来是不合理的。

蒯因对模态逻辑的批评引发了人们的热烈讨论，从而出现了大量的文献，其中最具有代表性的一些论文被林斯基（L. Linsky）辑集在以蒯因的同名论文为标题的论文集《指称和模态》（*Reference and Modality*，Oxford University Press，1971）中。斯穆礼安（A. F. Smullyan）主张，经典一阶逻辑原则的失效问题是一个谬误，它产生于没有区分模态陈述中限定摹状词的两种辖域。马科斯则从对同一式的理解角度出发，指出真正的同一式是由真正的专名构成的，而出现摹状词的所谓"同一式"只是一种较弱意义上的等价关系式，因此蒯因所提出的同一替换原则的失效问题也是不能成立的。帕森斯区分了个体本质和一般本质（即种类本质），并就一般本质提出量化模态逻辑可能在下述三种意义上承诺了本质主义——（1）量化模态逻辑系统以某个本质主义句子作为定理；（2）量化模态逻辑系统要求某些本质主义句子为真；（3）量化模态逻辑有某些合式的本质主义句子。但帕森斯认为在极大模型上这三个要求都得不到满足，这种对量化模态逻辑的解释容纳了反本质主义，从而模态逻辑承诺本质主义的论题就不攻自破。林斯基则捍卫了本质主义，支持蒯因对模态逻辑和本质主义关系的论断，但认为本质主义是一种可以理解的形而上学。

　　马科斯是对模态哲学做了详尽讨论的哲学家，她几乎论及到模态哲学的所有主题，其代表性观点反映在她的论文集《模态》（*Modalities*，Oxford University Press，1993）中。马科斯指出了普通专名指称上的一个特点，即它就像是"贴标签"一样必然地指称着对象。与限定摹状词不一样，限定摹状词是通过描述对象特征的意义来指称的，一般地它在模态语境下指称是晦暗的，专名是没有意义的，它就像是贴在其指称对象身上的一个"标签"，总是指称着那同一个对象。这样，如果由两个专名所构成的真正的同一式是真的，那么它就先验地必然为真。而由于她认为真正的同一式只能是由专名构成的，因此，即令是在模态语境下，专名之间的同一替换仍然是有效的，蒯因指责模态逻辑破坏了经典逻辑的同一替换原则是不恰当的。另外，马科斯给出了对量词的另一种解释——替换解释，认为用它可以使 de re 模态免于蒯因的本质主义承诺的批评。马科斯还考察了亚里士多德的本质主义，在本质属性中排除了空洞的本质属性（如性质"是人或不是人"）和不足道的本质属性（如性质"与苏格拉底同一"），并给出了它的形式表述，但马科斯否认模态语言一定就承诺了本质主义；而对本质主义本身，她认为并不是像蒯因所称的那么令人厌恶，相反，她捍卫了种类的本质性。

　　克里普克则在"命名与必然性"（"Naming and Necessity", in Davidson and Harman（eds），*Semantics of Natural Languages*，Reidel，1972）中全面阐述了他的与模态哲学有关的观点，它由三篇演讲稿组成。第一篇演讲稿主要阐发了他的严格指示词理论，他认为专名是严格指示词，为此他区分了必然/偶然和先天/后天这两对哲学范畴，并把个体的跨世界识别问题视为无意义加以拒绝。第二篇演讲稿创建性地提出了一种新的专名指称理论——历史因果的指称理论，并论证了必然同一陈述的正确性。在第三篇演讲稿中，克里普克提出了他的本质主义方案，即关于个体本质的"起源说"和"构造说"，关于自然种类本质的"内部结构说"，并将这一学说推广运用于科学哲学和心灵哲学领域。

自从可能世界语义学产生后，可能世界系列问题又成为模态哲学研究的一个重心。在这些问题上出现了多种相互竞争的观点，劳克斯（Michael Loux）编辑的论文集《可能的和现实的：模态形而上学读本》（*The Possible and the Actual：Readings in the Metaphysics of Modality*，Cornell University Press，1979）就是反映这些不同观点的一本重要文选。这本论文集主要讨论了两个主题：可能世界的本性、地位以及个体的跨世界同一性问题。对于可能世界的本体论地位问题，有三种主要的观点：D. 刘易斯（D. Lewis）的极端实在论、亚当斯（Robert M. Adams）的语言替代论和普兰丁格（Alvin Plantinga）、斯塔尔内克（Robert Stalnaker）等人的温和实在论。D. 刘易斯认为，可能世界及其内部的东西都是实在的，把可能世界看作是初始的，并主张这种对可能世界的实在论解释是对人们日常的模态思考的正规表达。亚当斯则把可能世界看成是一种特殊的语言构造——极大一致的命题集，视命题为初始元素，取消了可能世界的本体地位。普兰丁格将可能世界当作极大的可能事态，斯塔尔内克也把可能世界看成是某种实际存在但未能示例的性质；概言之，他们都将可能世界看成一种抽象的存在。个体的跨世界同一性问题是由齐硕姆（R. M. Chisholm）提出来的，他指出了个体跨世界存在的困难所在：违反莱布尼兹律和破坏同一关系的传递性。基于齐硕姆所指出的难题，卡普兰（David Kaplan）建议弱化同一关系，使个体成为限界的（world - bound），这样就可以免于齐硕姆的批评。D. 刘易斯则实践了这一想法，他试图对这一弱化的关系作形式的刻画，并称之为对应体关系，声称对应体关系足以合乎人们的日常模态直觉。普兰丁格批评了 D. 刘易斯的对应体理论，认为对应体理论并不符合我们前哲学的模态观点，并试图说明齐硕姆的质疑没有给可能世界造成多么严重的问题。在普兰丁格的影响下，卡普兰放弃了自己先前的主张，认为在区分本体论问题和认识论问题的前提下，若采用基质主义的态度来看待个体的跨世界同一性，则后者根本不会成为齐硕姆式怀疑论的正当理由。

在《必然的本性》（*The Nature of Necessity*，Oxford University Press，1974）一书中，普兰丁格又充分发挥了他在模态哲学上的主张。他首先提出了广义的逻辑必然性的概念，指出蒯因对 de re 模态的指责是不公正的，de re 模态和 de dicto 模态一样是合法的。继而，他又解释了他的温和实在论的可能世界观，详细阐述了他用以建构温和模态实在论的一系列概念：可能事态、事态的达成或实现、事态的极大性、事态之间的包含或排斥关系和抽象的绝对存在等。随后，他又考察了个体本质问题，承认它是存在的，并指出了它的一系列特征。在个体的跨世界同一性问题上，通过引入世界索引性质（world‑indexed property），普兰丁格反驳了齐硕姆对个体跨世界存在的批评，认为个体的跨世界存在并没有违反莱布尼兹律和破坏同一关系的传递性。进而，他又指出，跨世界识别问题根本就是不存在的问题，它更多地是表面现象，而非实质性问题。而后，对于非存在问题他又提出了自己的独到见解：根本就没有非存在物，一切都是存在的。最后，普兰丁格又把他的模态哲学理论推广到自然神学领域，分析论证了恶和上帝存在的问题。

类似地，为了充分论证模态柏拉图主义，D. 刘易斯出版了《论世界的多样性》（*On the Plurality of Worlds*，Oxford：Blackwell，1985）一书。该书共分四个部分。在第一部分中，通过类比集合论对于数学的重要性，D. 刘易斯论证模态实在论对于哲学分析的重要性，从而说明可能世界的实在性。另外，他还详尽地阐述了可能世界的具体实在性、相互之间的时空孤立性和世界的丰富性，论述了他对现实的索引性认识。在第二部分中，D. 刘易斯答复了关于他的模态实在论的主要反对意见。第一种反对意见认为，他的模态实在论导致了一系列的矛盾，他则指出这种反对意见的某些前提就是他所拒斥的。比如，有人批评由他的理论可推出一切都是现实的，D. 刘易斯则回答说这种反对意见的前提是将"现实的"看作适用于一切的语词，而他本人只是将"现实的"作了索引性理解，并未夸张到这一程度。另一种反对意见认为，模态实在论导致了一些令人讨厌的观点，D. 刘易斯同样地认为，这种反对意见的一些前提是他不能接受的。比如，有人指责他的理论产生出归纳怀疑论，他则回答模态实在论并没有给怀疑论提供更多的理由，它只是复活了旧有的理由，而他对现实性的索引性理解也没有加大人们对归纳推理的怀疑。最后一种反对意见认为，模态实在论的本体论与人们日常关于存在的想法差异太大，因而似乎是没有道理的。D. 刘易斯视这种意见是真正公正、严肃的反驳，但他又指出，他的模态实在论给理论带来的体系上的益处远远超出这方面的缺憾。第三部分主要是考察了各种模态替代论，后者据称可以获得与 D. 刘易斯的极端实在论同样的理论收益，但在本体论上却更为可信。D. 刘易斯对这一方案提出了一系列的反驳，指出只是抽象地赞成抽象的替代性世界，而不对这样的世界加以明确的说明，以此来避开困难——这是不可行的。在最后一部分中，D. 刘易斯考虑了个体的跨世界同一性问题，并在与解决这一问题的其他方法的比较中，表明他自己的对应体理论的优越性所在。

在《模态的形而上学》（*The Metaphysics of Modality*，Oxford：Clarendon Press，1985）一书中，福布斯（Graeme Forbes）指出，从技术上来讲 de re 模态和 de dicto 模态是独立的，不可能将前者还原为后者，因此个体的跨世界同一性问题是务必加以解决的。对于解决跨世界同一性问题的一种方法——对应体理论，在给出它的模型论解释后，他从技术和哲学两个方面剖析了该理论的困难。对于可能世界的本体论地位问题，福布斯通过考察实在论（主要指 D. 刘易斯的极端模态实在论）在认识论上所面临的不可知论的困境，建议采用可能世界的反实在论方案。他的这种反实在论方案是将可能世界语义学和模态逻辑系统的解释与被解释关系颠倒过来，这样一来就不用涉及可能世界，而且他还认为，这种方案一样可以说明模态推理的有效性问题。为此，福布斯给出了模态推理有效性的证明论说明，即模态系统定理的可靠性，但他承认用这种方法来证明模态系统的完全性是很成问题的。随后，他又将注意力转移到本质主义问题上来，分别讨论了集合的本质和个体的本质问题。关于集合的本质问题，他通过构造模态集合论 MST 说明集合或类的本质存在的合理性；关于个体本质，他集中地讨论了克里普克的起源说，指出尽管个体本质的起源说存在着诸多论证上的不妥，但捍卫它的基本理论依据还是能够成立的，同时他还给出了一个起源必然性的修正版本——配子合类别说。

20 世纪 90 年代以来又出现了关于可能世界系列问题的一批新的文献。下面介绍其中较具代表性的三本著作。在《可能性的世界：模态实在论和模态逻辑语义学》（*The Worlds of Possibility：Modal Realism and the Semantics of Modal Logic*，Oxford University Press，1998）中，千叶（Charles Chihara）主要研究了模态实在论，对 D. 刘易斯和普兰丁格版本的模态实在论作了详细的说明，并考察了各种重要的反对和支持这两种版本实在论的意见，分析了这些意见的不同根据。而后作者认为反实在论是一条更可取的策略，并考察了福布斯等人的反实在论方案，指出已有的这些版本都是不能接受的。在此基础上，千叶提出了一种新的反实在论观点，这种观点对模态语句采用一种自然语言的解释，但却与可能世界的现实论解释保持一致，而在这种自然语言解释中不会引发对可能世界存在的承诺。比如在这一解释下，（p 的真值条件就是：世界可能是这样的存在方式，使得 p。也就是说，千叶把可能世界解释为世界的存在方式。最后，千叶又把他的这一观点推广到数学哲学中，提出了数学的反实在论思想。

在另一本著作《可能世界》（*Possible Worlds*，Routledge，2002）中，戴弗斯（John Divers）则给关于可能世界的实在论争论提供了迄今最新、最全面的审查和评价。这本书把模态实在论分为两种大的类型：地道的实在论和现实论的实在论，前者以 D. 刘易斯为代表，后者以普兰丁格、斯塔尔内克等人为代表。戴弗斯认为，对地道的实在论的反驳都是没有说服力的，而现实论者用以解释可能世界的替代物都是一些未充分发展的议论，它们被刻意地用来将这些现实论者与地道的实在论划清界限。为了对两个派别的实在论进行公正的比较，戴弗斯迫使各种未充分发展的现实论的实在论去面对根本的概念和本体论应用问题，后者正是一个像地道的实在论那样的成熟理论已经作出回答了的。经过这样的比较之后，戴弗斯认为，地道的实在论对上述问题所提供的答案更合理。因此，他得到这样一个结论：如果要在可能世界的问题上持实在论的观点，那么地道的实在论是更可信的。

在其已经出版的博士论文《可能世界哲学中的主题》（*Topics in the Philosophy of Possible Worlds*，Routledge，2002）中，诺兰（Daniel Nolan）对可能世界持有现实论的观点，他认为模态真理是源于现实世界的，它的真可以清楚地根据现实世界里的事物或事态来加以解释。对于可能世界的本体论地位问题，他尝试着用所谓的模态事实去理解可能世界，也就说对可能世界进行还原。但这种还原又不是将模态概念当作初始的，因为他认为还可以对模态作进一步的还原。

三　模态哲学研究的重要性

模态哲学研究之所以成为当代西方哲学的一个重要阵地，是因为它对逻辑学和哲学的发展具有重要的推动作用，具体说来表现在：

一　对模态哲学问题的研究促进了模态逻辑及相关逻辑学科的发展。

自从蒯因在模态逻辑发展的初期对它提出尖锐的批评之后，逻辑学家们为克服这些指责提出了多种弥补方案。比如，蒯因曾指出在模态语境下一阶逻辑的同一替换原则和全称示例原则①失效，即下列两个定理不再有效：

（1）$x = y \rightarrow （F（x）\rightarrow F（y））$

（2）$\forall x F（x）\rightarrow F（y）$

这是由于当时模态逻辑尚缺乏一个成熟可靠的语义学，这些批评从反面刺激了模态逻辑语义学的建立与完善。在可能世界语义学的理论背景下，克里普克提出了专名的严格指示词理论来处理同一替换原则的失效问题。根据严格指示词理论，专名是严格指示词，它在其所指存在的每一个可能世界中都指称相同的对象，这样若两个专名"a""b"的指称相同，即 $V（a）= V（b）= d$，则若在任一可能世界 w 中，a 具有性质 F，即 $< V（a），w > \in V（F）$，则显然有 $< V（b），w > \in V（F）$，即 b 在 w 中也具有性质 F，这是因为 $V（a）= V（b）$。于是，通过将同一替换原则的运用限制在专名等严格指示词的条件下，就不会出现该原则的失效问题了。而对于同一替换原则的失效所派生出来的另一个问题，即必然同一问题，克里普克的严格指示词理论也能很便利地作出解释。我们来看必然同一原则：

（3）$x = y \rightarrow \square （x = y）$

对于专名这样的严格指示词来说，它不过意味着：对任意两个专名

---

① 蒯因实际上是针对存在概括原则的，为了讨论问题的方便，我在此处以其等价原则——全称示例原则来取代它。

"a""b"，若其指称相同，即 V（a）= V（b），则它们在任一可能世界中的指称都是相同的，这恰是克里普克关于严格指示词的定义。克里普克实际上是修正了同一表达式的定义，认为同一式的关系者项只能是专名等严格指示词，像"9 = 行星的数目"这样的表面上看起来的偶然同一式并非同一式，这样自然也就不存在偶然同一的情形。坎格尔（S. Kanger）、亨迪卡等人则从另一个方向发展出了能够容纳偶然同一的语义框架，其基本思想是单称词项在各个可能世界中的指称不相同，这样必然就要弱化同一替换原则，将同一替换限制在模态算子的辖域之外，于是必然同一原则、同一替换原则在这些模态逻辑系统中都不再有效。例如，按照这种语义解释，对两个单称词项"a""b"来说，尽管在某可能世界 w 中两者的指称相同，即 V（a，w）= V（b，w）= d，但由于"a""b"的指称不是严格的，总存在另一个可能世界 w*，使得 V（a，w*）≠ V（b，w*），因而必然同一原则并不普遍有效。

对于全称示例原则的失效问题，究其原因是在于约束变元和自由变元的值域不相同，也即 $\forall$ x F（x）中的变元 x 的取值范围在某特定可能世界 w 的个体域 H（w）$\subseteq$ D 中，而 F（x）的值域则是所有可能个体的集合 $\bigcup_{w \in W} H$（w）= D，因此其中的取值可以超出 H（w）。这样，即使对任一 d $\in$ H（w），都有 < d，w > $\in$ V（F），也可能会有一个个体 d′$\in$ D – H（w），使得 < d′，w > $\notin$ V（F），于是全称示例原则不再有效。据此，人们采用以下几种方法来解决这个问题。第一种方法是修改赋值的规定，使得自由变元与约束变元的值域相同，这样全称示例原则的有效性得以保留；第二种方法是采用马科斯所提出的等同框架，即规定所有可能世界的个体域相同，实际上这也就间接地实现了自由变元和约束变元的值域同一化；最后一种方法是克里普克所采用的，将一阶逻辑公理作全称闭包处理，再对已有的模态逻辑系统作全称闭包的量化扩张，于是全称示例原则的有效性就转换为其闭包的有效性，即 $\forall$ y（$\forall$ xF（x）→F（y））的有效性，而此时两个变元的取值范围也同样地达到了一致，因而它当然也就是有效的了。通过这种手段实际上达到了修改公式的有效性定义，即由"所有可能世界中 α 都真，则 α 有效"，变更为"若在所有可能世界中 αᶜ 都真，则 α 有效"，其中"αᶜ"表示 α 的闭包，从而也就保留了全称示例原则的有效性。非但如此，对全称示例原则失效问题的讨论还产生了一连串的连环效应，例如，它还进一步激发了自由逻辑在模态谓词逻辑中的应用，有人就曾指出过，克里普克为保留经典一阶逻辑原则的有效性所做的工作"可以作为讨论自由逻辑在量化模态逻辑中应用的一个极佳起点"[1]。

对于蒯因批评 de re 模态承诺了本质主义的问题，逻辑学家们根据自己对本质主义的认识构造了各种逻辑理论，或赞成或反对蒯因的论题。例如，帕森斯就提出了对模态谓词逻辑的一些语义解释，在这些解释下他所认为的本质主义公式一律都是假的[2]。这些解释就是他所谓的"极大模型"。那么什么是极大模型呢？帕森斯认为，如果 M 是量化模型结构 < G，K，R > 上的一个模型，且满足下列条件，那么它就是一个极大模型：（1）$R = K \times K$；（2）$U = \bigcup_{H \in K} \psi(H)$ 并且 $U \neq \phi$；（3）对于每一个函数 χ，它将 n 元谓词符号 P^n 映射到 U^n 的子集上，且对于 U 的每一个子集 U^*，都有 $H \in K$，满足 $\psi(H) = U^*$，并且对于所有不同于 = 的 n 元谓词符号 P^n，都有 $V(P^n, H) = \chi(P^n)$；（4）如果 $\psi(H_1) = \psi(H_2)$，并且对于所有的 n 元谓词 P^n 都有 $V(P^n, H_1) = V(P^n, H_2)$，那么 $H_1 = H_2$。帕森斯指出，可以证明这样的极大模型是存在的，而在这样的极大模型中可直接推导出下面的元定理：任一个本质主义的公式在每一个可能世界中都为假。既然本质主义的公式在这种解释下都为假，当然帕森斯就会按照自己的理解认为模态谓词逻辑没有承诺本质主义。另一些逻辑学家则又从拥护本质主义这条路线出发，构造出另外的逻辑理论来，如菲奇（F. Fitch）和福布斯就建构了一套模态集合论来支持本质主义。

第三，关于可能世界系列问题的争论也促进了模态逻辑技术的进步，最显著的一个例证就是卡尔纳普、亚当斯等人的可能世界语言替代说对于典范模型方法的出现功不可没。所谓典范模型是建立在典范框架 < W_s，R_s > 上的一个模型 < W_s，R_s，V >，其中 W_s 是某一模态逻辑系统 S 的合式公式的极大一致集的集合，R_s 是两个极大一致集间的可达关系，V 是

---

[1]　K. Lambert（ed.），*Philosophical Applications of Free Logic*，Oxford：Oxford University Press，1991，p. 111.

[2]　这些本质主义公式都是下面这一公式模式的实例：（∃x_1）…（∃x_n）（$\pi_n x_n$ & □F）&（∃x_1）…（∃x_n）（$\pi_n x_n$ & □F），这里 F 是个开公式，它的自由变元包括在 $x_1 \cdots x_n$ 之中，而 $\pi_n x_n$ 则是一个合取式，它的合取支形如 $x_i = x_j$ 或 $x_i \neq x_j$，其中 $1 \leq i < j \leq n$，但对任意的 i 和 j，不会同时包含 $x_i = x_j$ 和 $x_i \neq x_j$。

对典范框架的一个赋值。一个合式公式的集合是极大的，当且仅当，对于任一合式公式 α，α∈Γ 或者 ￢α∈Γ。Γ 对于 S 是一致的，如果没有 α_1，…，α_n∈Γ，使得 ⊨$_S$￢（$\alpha_1 \wedge \cdots \wedge \alpha_n$）。这样我们就得到关于模态逻辑系统 S 的合式公式的极大一致集的定义：Γ 是 S－极大一致的，当且仅当，它既是极大的，也是一致的。而任意两个 S－极大一致集 w_1、w_2 之间具有可达关系 R_S，即 $w_1 R_S w_2$，当且仅当，对任一公式 α，若□α∈w_1，则 α∈w_2，即□$^-$（w_1）⊆w_2。赋值 V 首先根据下列规则在任一极大一致集 w 中对任一命题变元 p 赋值：V（p，w）＝1，当且仅当，p∈w。接着在每个极大一致集中有了命题变元的赋值后，再根据其他算子的赋值规则就可以确定任一合式公式 α 在任一极大一致集中的真值 V（α，w）。在这样的典范模型 <W_S，R_S，V> 中可以证明典范模型的基本定理：对任一公式 α 和任一极大一致集（可能世界）w，V（α，w）＝1⇔α∈w。由此易于得到模态逻辑系统 S 相对于它的典范模型具有完全性，进而又可以证明常见的正规模态逻辑系统 K、D、T、B、S4 和 S5 等相对于各自的框架类都具有完全性。可见在方法论上，可能世界的语言替代说思想激发了人们采用典范模型的方法去解决模态逻辑形式系统的完全性证明问题。

二　模态哲学的研究成果又在诸多哲学领域产生着重要的影响，或有着广泛的应用。

拿语言哲学来说，以个体本质的起源说和专名的严格指示词理论为依据，克里普克提出了一种新的专名指称理论——专名的历史因果理论。由于专名是严格指示词，它在所有可能世界都指称了同一对象（若存在的话），而个体的同一性又是由个体本质——起源决定的，因此只要与个体的起源建立牢固的联系，就可以将相应于该个体的名称的指称确定下来。于是，克里普克指出，在个体起源的时候人们会对它作实指命名"这是 X"，这样通过实指就将"X"这一名称与该个体建立了直接的指称关系。随着语言共同体对这种指称关系的认同，该命名关系就经由人们的交谈、书面文字和各种媒体传播开来，从而在使用该名称的人和那个个体的起源之间形成了一条传递命名信息的因果链条。通过这根因果链条，即使说话者未见过那个个体，甚至也不知道它有什么样的特征，他都可以上溯到最初的实指来确定所使用的那个专名的指称。以克里普克、普特南和唐纳兰

（Keith S. Donnellan）等人为代表的这一理论一方，同以蒯因、塞尔（John Searle）等人为代表的摹状词理论一方进行了长达数十年的争论，在西方语言哲学界产生了深远的影响。

在形而上学领域，克里普克、普特南等人的本质主义学说和关于本质的命题的后天必然真理性论题进一步促成了形而上学内部的分化，即形成了两大阵营：实在论和反实在论。实在论者认为实体是客观存在的，类有类的本质，个体有个体本质，而反实在论者则否认实体的客观存在，认为所谓的实体观念是由人的认知活动形成的。对于本质的确定这个较棘手的问题，实在论者一般都以克里普克的后天必然真理作为理论依据，认为本质应由科学家的研究活动来确定。例如，普特南就认为自然种类是客观存在的，而科学则揭示了实体的本质，这是通过语言的社会劳动分工完成的。就是说，社会共同体中专门有一部分科学家从事着辨别自然种类名称所指的工作，他们的工作虽然是后天经验的，却一样可以发现自然种类的本质结构。而在探讨本质问题的时候，哲学家们也总是喜欢用可能世界这一方法来佐证自己的观点，他们或用可能世界来研究反事实的情形，或把事物跨时间的性质变化放在可能世界的理论框架下来讨论。比如，克里普克总是爱设想在一些反事实的可能世界情形下，对某实体而言性质 F 是否可缺，若不可或缺则 F 是它的本质属性，若可有可无则 F 仅是其偶然特性。

在认识论中，自康德（I. Kant）以来人们就一直认为先天命题都是必然的，后天命题都是偶然的，逻辑实证主义者则更将这一观念推向极致——将先天命题等同于必然命题、后天命题等同于偶然命题。克里普克在模态哲学中的研究成果则打破了这种观点一统天下的局面，他将必然性、偶然性归入形而上学的范畴，把先天性、后天性归入认识论的范畴，承认先天偶然命题和后天必然命题的存在。这样一来，实际上就为人们的经验科学知识创造了形而上学的前提，科学真理的必然性成为可能。这种立论不啻是在认识论中掀起了一场革命，正如有的评论者所指出的，"显而易见，若他的立论成立，在人类知识论方面将产生重要的、基础性的变革"①。这一论题甫一提出，就引发了广泛的争议，时至今日余波未平。

① 徐友渔：《"哥白尼式"的革命》，上海三联书店 1994 年版，第 315 页。

例如，有人就试图利用蒯因的"指称不确定性"论题来反击克里普克的后天必然真理论，他们从语言哲学的角度论证表达后天必然真理的命题是不存在的。

在宗教哲学上，普兰丁格充分地应用他对可能世界的哲学研究，提出他的上帝存在的模态论证。普兰丁格指出，存在物在一个可能世界 w 中的美德性（excellence）只依赖于它在 w 中的非世界索引性的性质，它的伟大性（greatness）则不仅依赖于其在 w 中的美德性，而且还依赖于其在其他可能世界中的美德性。因此，最大程度的伟大性在一个可能世界 w 中只为这样的一个存在物所享有，即不仅在 w 中，而且在每一个其他的可能世界中，它都具有极大的美德性。这样，普兰丁格就得到了下列三个论证前提：（1）极大伟大性推出在每一个可能世界中的极大美德性；（2）极大美德性推出全能、全知和道德完美性；（3）极大伟大性可被示例。由（3），普兰丁格推论出有一个可能世界 w 和一个本质 E，其中 E 在 w 中被示例，且 E 推出在 w 中的极大伟大性。这样，如果 w 成为现实的话，那么 E 就会成为一个对象 G 所示例，而且 G 具有极大伟大性，而根据（1），G 又在每一个可能世界中都具有极大美德性。由于普兰丁格认为对象的每一个世界索引性的性质都是由其本质推出来的，因而，如果 w 成为现实，那么本质 E 就推出在每一个可能世界中的极大美德性。也就是说，若 w 成为现实，则下面的命题就是必然真的，即（4）对任一对象 x，若 x 示例 E，则 x 示例在每一个可能世界中的极大美德性。由于在探讨宗教哲学问题时各可能世界相互之间都是可达的，即这是一个全通框架的 S5 模型，于是，作为 w 中的必然真理，（4）也在所有可能世界中必然。由此得到（5）E 推出在每一个可能世界中的极大美德性。而在某可能世界中有某种性质的前提是那个存在物存在于该可能世界中，因此 E 就又推出在每个可能世界中都存在这一性质。既然 E 在 w 中被示例，若 w 成为现实的话，则 E 就会被某个东西所示例，那个东西在所有可能世界中都存在并且示例它。因此，如果 w 成为现实，那么下列情形就是不可能的——E 没有被示例。又根据各个可能世界之间是全通的，不可能性在各个世界都是相同的，因而 E 没有被示例事实上也是不可能的。于是得到，E 事实上被示例，再根据（5）有（6）：有一个存在物 G，它是全能、全知且道德完美的，它在所有可能世界中都存在并拥有上述性质。这个存在物 G 就是上帝。

　　另外模态哲学的研究成果在科学哲学、心灵哲学等领域也产生着广泛的影响，此处不再赘述。

　　总之，现代模态逻辑的发展复兴了人们对模态概念的古老哲学兴趣，同时也为当代模态哲学提供了丰富的素材，模态哲学的研究反过来则进一步推动了模态逻辑各个分支的成熟，乃至渗透入当代哲学的方方面面，对当代哲学的发展产生了重要的影响。因此，西方哲学界给予模态哲学的研究以长久的学术热情，模态哲学的探究加深和拓宽了人们对一些基本哲学范畴的认知。

（原载《哲学动态》2005 年第 12 期，第 33—41 页）

论模态逻辑的合法性

——对蒯因式模态词解读的批判考察

　　在现代模态逻辑发展的初期，它遭受到来自技术及哲学方面的诸多责难，其中尤以蒯因（Willard V. Quine）的意见最为激烈。蒯因之所以认为模态逻辑（特别是模态谓词逻辑）是不可取的，很大程度上因为他把可能性、必然性等模态词理解成从属于语句的，是对语句自身的谓述。那么，这种对模态词的解读准确吗？下文将通过对蒯因式模态词解读做批判的历史考察，来论证模态谓词逻辑的合法性。

　　模态逻辑是一门研究模态推理的有效性的学科，它在较抽象的、较一般的水平上揭示日常生活、科学实践和哲学研究等领域广泛涉及的"必然性""可能性"等概念的意义。比如"中国足球队不可能获得世界杯冠军"就包含了一个日常生活意义上的模态词"不可能"，而"任意的两个物体之间都必然存在引力"则含有物理学意义上的模态词"必然"，在"一切都是物质的，这是必然的"中却包含着形而上学的模态词"必然"。这些五花八门的模态词都有着各自千丝万缕的内容上的联系：在第一例中的不可能性是由中国足球队的实际水平和其他国家足球队的实力决定的，而第二例的必然性则是物理规律普适性的反映，最后一例中的必然性是由唯物主义的信条导致的。模态逻辑的任务就是要抽出这些不同领域的具体模态词的内容上的差异，只留下它们最一般的共性，从而发现适用于一切情形的模态逻辑的规律；简言之，对模态词做逻辑的研究。在现代模态逻辑早期的发展阶段，人们主要研究狭义的绝对模态词。比如，C. I. 刘易斯（C. I. Lewis）就分别从推理和逻辑一致性两个方面阐述了他对必然性和可能性的理解。他认为可能性就是不包含矛盾性，"p 是可能的"就是 p 不是自相矛盾的，换言之，p 推不出 ¬ p，即 ¬（p<¬ p）（"<"表示

严格蕴涵，即推出之意）。由此，"p 是不可能的"就是 p 自相矛盾，由 p 可推出 ¬ p，记为 p < ¬ p；最后，可得到必然性的解释："p 是必然的"就是 ¬ p 是不可能的，即从 ¬ p 可推出 ¬ ¬ p，记作 ¬ p < ¬ ¬ p，也就是 ¬ p < p。另外，C. I. 刘易斯还由推出关系定义出一致性概念，通过后者进而来解释这些模态概念。所谓"p 和 q 是一致的"，就是 p 推不出 ¬ q，有定义 p ∘ q =Df ¬ （p < ¬ q）（其中，p ∘ q 表示 p 和 q 是一致的）。于是根据一致性概念就可以说明可能性与必然性："p 是可能的"就是 p 自身是一致的，记为 p ∘ p；"p 是必然的"即 ¬ p 不是自身一致的，记为 ¬ （¬ p ∘ ¬ p）。由上面 C. I. 刘易斯对模态词的分析，他所理解的必然命题实际上就是逻辑重言式。不难看出，以上对模态概念的解释根本上都是从推理出发而做出的。但是，仅做这方面的工作是不充分的。这是因为，在一个不具有完全性的命题逻辑系统中，总有一些重言式不在其定理之列，这样，若是按照 C. I. 刘易斯的说法，我们就要被迫承认有些矛盾式（即上述那些重言式的否定）是可能的，而这是我们所不能接受的；为了避免出现这种荒谬的现象，就必须要保证系统具有完全性，而完全性显然是一个语义学的概念。因此，要想真正澄清这些模态概念仅停留在语形上面是不够的，必须要深入到语义学的层面。

沿着狭义的绝对模态词的研究方向，卡尔纳普（Rudolf Carnap）构造了模态谓词逻辑系统和逻辑语义学，并给出关于模态词的语义解释。卡尔纳普主要讨论了逻辑模态，通过逻辑真等语义学概念解释必然性。受到维特根斯坦（Ludwig Wittgenstein）的启发，为了引入逻辑真（L – 真）等一系列概念，卡尔纳普采用了状态描述（state – description）这一说法。所谓某系统 S 的一个状态描述，指的是系统 S 中的一个句子集，其中对每一个原子句而言，它自身和其否定两者有并且只有一个属于该句子集，而且除此之外该句子集中不再包括其他句子。相对于系统内的谓词所表达的所有性质和关系，状态描述实际上是为个体域中的个体可能具有的状态做出了一个完全的描述；据此，卡尔纳普认为它表示了莱布尼兹（Gottfried Leibniz）的可能世界或维特根斯坦的可能事态。再根据一系列的语义规则，我们就可以确定任一句子是否在某给定状态描述里成立。这些语义规则是：

（1）一个原子句在给定状态描述里成立，当且仅当，它属于该状态描述；

（2）¬α 在给定状态描述里成立，当且仅当，α 在该状态描述里不成立；

（3）α∨β 在给定状态描述里成立，当且仅当，或者 α 在该状态描述里成立，或者 β 在该状态描述里成立；

（4）α↔β 在给定状态描述里成立，或者 α、β 都在该状态描述里成立，或者二者都不在该状态描述里成立；

（5）∀xα 在给定状态描述里成立，当且仅当，对 α 中自由变元 x 做的所有替换实例都在该状态描述里成立。

一个句子 α 在系统 S 里是逻辑真的，当且仅当，在 S 里的 α 的真仅依据系统 S 的语义规则为真，不必涉及语言外的事实。也就是说，句子的逻辑真是在无论什么样的可能状态里都为真。由此，卡尔纳普得到逻辑真的定义：

句子 α 是 L–真的（在 S 中）=$_{Df}$α 在（S 中的）每一个状态描述里都成立。

根据这一定义又易于得到其他的逻辑语义概念的定义：

a. 句子 α 是 L–假的（在 S 中）=$_{Df}$句子¬α 是 L–真的；

b. 句子 αL–蕴涵句子 β（在 S 中）=$_{Df}$句子 α→β 是 L–真的；

c. 句子 αL–等值于句子 β（在 S 中）=$_{Df}$句子 α↔β 是 L–真的；

d. 句子 α 是 L–确定的（在 S 中）=$_{Df}$α 或者是 L–真的，或者是 L–假的。

由上述的 L–蕴涵定义可知：L–蕴涵实际上是对 C.I. 刘易斯的严格蕴涵算子"<"的语义刻画。句子 αL–蕴涵句子 β 意谓着，没有一个状态描述使得 α 在其中成立而 β 不成立，也就是说，不可能 α 真而 β 假。

那么，卡尔纳普又是如何处理必然算子"□"的呢？他认为，"对我而言，最自然的方式似乎就是将逻辑必然性精释为相应于句子 L-真的命题性质。"[①] 按照这种理解，我们可以得到关于模态算子"□"的约定：

句子 □α 是真的，当且仅当，句子 α 是 L-真的。

这样，若对原来的一阶（非模态）系统 S 用算子"□"做相应的扩张，则上述的约定可视为新的模态系统 $S^{□}$ 中的一条语义规则。类似地，由于 $◇α =_{Df} ¬ □ ¬ α$，可以得到关于模态算子"◇"的语义规则：

句子 ◇α 是真的，当且仅当，句子 α 不是 L-假的。

下面来看一看形如 □α 的句子的 L-确定性问题。如果 □α 为真，则根据模态算子"□"（必然）的语义规则，α 是 L-真的。既然 α 是 L-真的，则 α 的真只依赖于语义规则。可见，□α 的真只依赖于模态算子"□"（必然）的语义规则和决定 α 的 L-真的语义规则，因而 □α 是 L-真的。如果 □α 为假，即 ¬ □α 真，则根据模态算子"□"（必然）的语义规则，α 不是 L-真的。而 α 不是 L-真的仅依赖于语义规则就能够得到。可见，¬ □α 的真只依赖于模态算子"□"（必然）的语义规则和决定 α 并非 L-真的语义规则，因而 ¬ □α 是 L-真的。因此根据 L-假的定义，可知句子 □α 是 L-假的。综合上述两个方面，形如 □α 的语句或者 L-真，或者 L-假，它是 L-确定的。事实上，进一步我们还可以证明，按照卡尔纳普对模态算子的理解，任何形如 ◇α 的句子也是 L-确定的。另外，根据上面对 □α 及 ◇α 的 L-确定性的证明，我们容易得到，每一个形如 □α→□□α 和 ◇α→□◇α 的句子都是 L-真的，因而卡尔纳普构造的模态系统至少是强过 S5 的。而对于其他类型的模态，如物理的必然性，他是将其做了分析性的理解。通过"意义公设"，他引入了分析性概念。所谓意义公设，就是一组相互不矛盾的句子 p_1，p_2，…，p_n，它

---

① Rudolf Carnap, *Meaning and Necessity*, Chicago, IL: The University of Chicago Press, 1956, p. 174.

们可以是一组表述物理学定律的句子，也可以是一组表述谓词同义性的句子。令 P 是所有这些意义公设的合取，我们可以把分析性概念精释为"相应于 P 的 L-真"，而做出如下的定义：

L 中的一个陈述 S_i 相对于 P 是 L-真的 $=_{Df}$ S_i 被 P 所 L-蕴涵（在 L 中）[1]。

另外，若 L 是原先的没有意义公设的系统，L' 是通过在系统 L 中附加意义公设 P 而得到的一个扩张，则又可以将分析性概念精释为"L'中的 L-真"，从而做出下列定义：

S_i 是在 L'中 L-真的 $=_{Df}$ S_i 是在 L 中被 P 所 L-蕴涵的[2]。

由此，可以将上述定义视为广义的一般分析性概念的定义；逻辑真只是一种极端情形下的分析性，即意义公设为空集。这样，一个命题是必然的，当且仅当，表述它的句子是分析的；当然，相应于不同的必然性，有不同层面的分析性。综合来看，无论是逻辑必然性，还是其他类型的必然性，卡尔纳普都是将它们理解为分析性的。

蒯因正是继承了卡尔纳普对模态词的上述解读，并区分了包含模态的三个等级。在第一等级中，模态词作为语句谓词，修饰语句名称或加了引号的语句，它不是算子，而是元语言概念。例如"□'9>7'"中包含的"□"就是第一等级的，可将其读作"'9>7'是必然真的"。在第二等级中，模态词修饰语句本身，它以否定词作用于语句、陈述的同样方式附着在语句上，所以"□"是以算子的面目出现的。例如"□（9>7）"中出现的"□"就是第二等级的，可以读作"下列情形是必然的：9>7"。在第三等级中，模态词的应用是对第二等级的引申，其中模态算子修饰开语句，甚而对这些模态开语句做量化处理。例如"∃x□（x>7）"

---

① 卡尔纳普：《意义公设》，载洪谦主编：《逻辑经验主义》上卷，商务印书馆 1982 年版，第 187—188 页。

② 同上书，第 188 页。

就是包含第三等级必然算子的典型，读作"存在一个个体，它必然地大于 7"。蒯因认为，第一等级中包含的模态词较其他两个等级更为可取，因为它较准确地反映了必然性等模态词的逻辑特征。他指出，自 C. I. 刘易斯以来，"整个现代模态逻辑是被错误地构想出来的，其错误在于混淆使用（use）和提及（mention）。"① 必然性、严格蕴涵都是语义学概念，它们是作用于语句名称的。在"'S'是必然的"和"'P'严格蕴涵'Q'"中，都是分别提及了语句"S"、"P"和"Q"；现代模态逻辑则错误地认为，在这两例中对"S"、"P"和"Q"做了使用，即在第二、三等级上使用模态词。特别地，蒯因认为第三等级的模态词使用会导致出现荒诞的结果。例如，量化处理模态命题"9 必然大于 7"，所得的结果就是"∃x（'x 大于 7'是分析的）"；这个量化结果是古怪的、不合句法的，因为紧随存在量词∃之后的 x 指的是某事物，而第二个 x 是作为一个命题函数名字的组分出现的，两者是不相干的。这样的量化模态命题实际上是在一个明显的假命题（"'x 大于 7'是分析的"）前加上一个不相干的量词，就好似从"'Cecero'包含六个字母"量化得到"∃x（'x'包含六个字母）"那样地荒诞。因而，包含模态的第三等级被蒯因严厉拒绝。而若停留在模态命题逻辑的水平上，则包含模态的第二等级也是尚可接受的；但蒯因对第二等级的模态包含是不甚满意的，因为：一方面，若把模态词当作语句算子，就总是存在着把它视为需要量化的句子算子的倾向和危险，"它会对模态逻辑进行过分然而无谓的重述，而且它会使我们匆忙得出量化模态逻辑的结论"②；另一方面，"如果我们不打算通过必然算子进行量化的话，那么使用那个算子比起单纯引用一个语句并说它是分析的，就没有任何明显的好处了"。③ 总之，蒯因能够接受第一等级的模态包含，至多能勉强地接受第二等级的模态包含（限于模态命题逻辑），完全拒斥第三等级的模态包含。

模态词"□"真地应做蒯因式的解读，被理解成分析性吗？卡尔纳普的模态语义学是通过增加意义公设给出分析性的定义，乃至给出各类模

---

① Willard V. Quine, *The Ways of Paradox and Other Essays*, Cambridge, MA：Harvard University Press, 1976, p. 177.

② Ibid. , p. 176.

③ 蒯因：《从逻辑的观点看》，江天骥等译，上海译文出版社 1987 年版，第 145 页。

态词的解释；这种理解模态词的方式过分地依赖于逻辑、语言之外的内容上的联系，不利于从外延角度来对模态词做一般的、形式化的研究。就连蒯因本人因为不赞成内涵性的分析性概念，从而也只是有保留地接受了这种解读。可能世界语义学作为现代模态逻辑的标准语义学，从外延方面成功地解释了模态逻辑，并给出各类正规模态系统的完全性、可靠性证明，堪称内涵逻辑研究的楷模。不像在卡尔纳普语义学那里，由于模态词的L-确定性，一个确定的模态语句□α 或◇α 在所有状态描述里真值情况都相同，可能世界语义学中模态词的解释是相对于可能世界和可达关系的。简单地说，模态词"□"和"◇"的含义可表示为：

□α 在可能世界 w 中为真，当且仅当，在对于 w 可达的任意可能世界 w′里，α 都为真；

◇α 在可能世界 w 中为真，当且仅当，有一个 w 可达的可能世界 w′，α 在其中为真。

以上的说明，又可以用形式化的语言记为：

$$V\ (\square\alpha,\ w)\ = 1 \Leftrightarrow \forall w'\ (wRw' \rightarrow V\ (\alpha,\ w')\ = 1);$$
$$V\ (\Diamond\alpha,\ w)\ = 1 \Leftrightarrow \exists w'\ (wRw' \wedge V\ (\alpha,\ w')\ = 1)。$$

可见，在不同的可能世界中同一个公式□α 或◇α 完全可能具有不同的真值。这里模态词的解释是最一般的，并不局限于逻辑模态或其他个别的模态，根据赋予可达关系 R 的不同解释，它们可以表达不同的具体模态，当然此时对模型所属框架的结构还有一些具体的要求。比如，如果 R 表示形而上学的可达关系，那么可能世界 w 可达的世界就是相对于它形而上学可能的世界，而形而上学可能性是一种绝对的可能性，是不做限制的可能性，这样关系 R 就应具有自返、传递、对称三种特性（即等价性），[1] 在 w 中断定□α 就是肯定 w 形而上学可达的世界中都有 α。

另外，蒯因否认第三等级的模态包含合法性的理由也是站不住脚的。

---

① Cf. E. J. Lowe, *A Survey of Metaphysics*, Oxford: Oxford University Press, 2002, p. 111.

蒯因认为必然性只存在于我们谈论事物的方式之中，而不在我们论及的事物之中。所谓一个对象的必然属性，就是它不可能缺乏的性质。但是蒯因指出，指称一个对象的方式是多样的，相对于指称该对象的不同单称词项，同一个属性既可以是必然的，也可以是偶然的。比如对于 9 这个数而言，当用数字"9"指称它时，"大于 7"就可以说是它的必然属性；而用"行星的数目"指称它时，"大于 7"就仅是它的偶然属性。所以，蒯因会说，在对象的性质中区分必然的和偶然的是任意而为的、不可辩护的。蒯因这样来拒斥第三等级的模态包含合理吗？他又凭什么就能够接受模态包含的第一、第二等级的合法性呢？其实若沿着蒯因上述拒斥第三等级模态包含的思路，我们同样可以拒绝前两个等级的模态包含。一个语句是必然的，即它是必然真的，也就是该语句不可能缺乏"是真的"这一性质。这就相当于在语句的性质中区分出了必然属性，因而可以把它看作在事物的性质中区分必然属性和偶然属性的特例（此时，特殊的事物指的是语句）。同样地，语句的必然性面临着蒯因所指出的困扰：我们可以用不同的单称词项指称同一个语句，因而原则上来讲，该语句的任一个属性相对于不同的单称词项都既可以是必然的，也可以是偶然的。比如，对于"9 > 7"这个语句而言，当用语句的引号/名称"9 > 7"指称它时，"是真的"就可以说是它的必然属性；而用"蒯因常用来反对量化模态逻辑的那个例子"来指称它时，"是真的"就是其偶然属性了。所以，根据蒯因式的分析，语句的必然性也应该是不可辩护的；更进一步地，在语句中区分必然语句和偶然语句也是任意的、无根据的。这样一来，比起语句的必然性来，事物的必然属性并不更加晦涩不清，我们既然能够接受第一、第二等级的模态包含，也就同样应该接受第三等级的模态包含。所以，从原则上来讲，可以对模态语句加以量化处理，模态谓词逻辑是合法的。

（原载《学术研究》2006 年第 9 期，第 83—86 页）

模态逻辑的哲学归宿

第一部分　模态逻辑哲学问题的产生

现代的模态逻辑是在经典的一阶逻辑演算的基础上增加两个算子：必然算子□和可能算子◇（当然□和◇是可以相互定义的），而形成的扩张。这样所形成的合式公式有□p→◇q、□（p∧◇（q→□r））、□（∃x）F（x）和□（∀x）F（x）→（∀x）□F（x）等。若是在命题逻辑的基础上增加□算子和◇算子，则会形成模态命题逻辑；而若对模态命题逻辑作量化的扩张，则会形成模态谓词逻辑。最常见的模态命题逻辑系统有 K、D、T、B、S4 和 S5，为便于后文的讨论，先对这些系统作一介绍。

模态命题逻辑的语言如下：

初始符号：

（1）p，q，r，…（命题变元）；

（2）¬，→，□（算子）；

（3）（,)　　（括号）。

公式的形成规则：

（1）任意命题变元是公式；

（2）若 α 是公式，则¬α 和□α 是公式；

（3）若 α 和 β 是公式，则（α→β）是公式。

被定义的算子：

（1）［Def∨］（α∨β）=_{df}（¬α→β）；

（2）［Def∧］（α∧β）=_{df}¬（α→¬β）；

（3）［Def↔］（α↔β）=_{df}（（α→β）∧（β→α））；

（4）［Def◇］ +α = _{df}¬ □¬ α 括号省略规则。

一个完整公式的最外围的括号可以省略。

系统 K 是在命题逻辑的基础上增加特征公理模式 **K** 和初始规则 N（必然化规则）的直接扩张，即：

公理：

（1）若 α 是命题逻辑的有效式，则 α 是系统 K 的公理；

（2）**K** 公理模式□（α→β）→（□α→□β）。

初始规则：

（1）分离规则；

（2）N（必然化规则）：若 α 是定理，则□α 也是定理。

凡是含有定理模式 **K** 和规则 N 的模态系统，称为正规系统；因此 K 就是一个正规系统。而系统 T、D、B、S4 和 S5 都是在系统 K 的基础上增加不同的特征公理模式所形成的真扩张：系统 T 是在系统 K 的基础上增加特征公理模式 **T** □α→α；D 是在系统 K 上增加公理模式 **D** □α→◇α；系统 B 又是在系统 T 上增加公理模式 **B** α→□◇α；系统 S4 是在系统 T 上增加公理模式 **4** □α→□□α；系统 S5 则是在系统 T 上增加公理模式 **E** ◇α→□◇α。它们也都是正规模态逻辑。通过对模态命题逻辑作量化扩张，就可以得到模态谓词逻辑。[①] 下面再介绍几个常见的正规模态谓词逻辑系统：PC + K、PC + D、PC + T、PC + B、PC + S4 和 PC + S5。

模态谓词逻辑的语言如下：

初始符号：

（1）对每一正整数 n，都存在一个 n 元谓词集（可能是有穷的，但最多是可数无穷）。这些谓词写作 F，G，H，…等等；

（2）一个可数无穷的个体变元集。这些个体变元写作 x，y，z，…等等；

（3）算子¬，→，□；

（4）量词∀；

（5）括号（,）。

---

① Cf. G. E. Hughes and M. J. Cresswell, *A New Introduction to Modal Logic*, Routledge, 1996, pp. 235 – 244.

公式的形成规则：

（1）若 x_1，…，x_n 是个体变元，P 是 n 元谓词符号，则 P（x_1，…，x_n）是公式；

（2）若 α 是公式，则¬ α 和□α 是公式；

（3）若 α 和 β 是公式，则（α→β）是公式；

（4）若 x 是个体变元，α 是公式，则∀xα 是公式。

被定义的算子：

（1）［Def∨］（α∨β）$=_{df}$（¬ α→β）；

（2）［Def∧］（α∧β）$=_{df}$¬（α→¬ β）；

（3）［Def↔］（α↔β）$=_{df}$（（α→β）∧（β→α））；

（4）［Def◇］+ α $=_{df}$¬ □¬ α；

（5）［Def∃］∃xα $=_{df}$¬ ∀x¬ α。

括号省略规则：

一个完整公式的最外围的括号可以省略。

系统 PC + K 是对模态命题逻辑 K 作量化的扩张而得到的，即

公理：

（1）若 α 是系统 K 内定理的 PC 代换实例，则 α 是 PC + K 的公理；

（2）若 α 是任一公式，x 和 y 是任意两个个体变元，且 y 对于 α 中的 x 是自由的，则∀xα→α（x/y）是 PC + K 的公理；

（3）巴坎公式 ∀x□α→□∀xα。

初始规则：

（1）必然化规则和分离规则；

（2）若 α→β 是 PC + K 的定理，且 x 在 α 中不自由，则 α→∀xβ 是 PC + K 的定理。

按照同样的方法可以在模态命题逻辑 D、T 等基础上量化扩张构造出相应的模态谓词逻辑 PC + D、PC + T 等。

在模态逻辑的发展过程中，特别是模态谓词逻辑的发展中，它遭受到理论上的严厉攻击。这些攻击既要求在逻辑技术上给予回应，也需要在哲学上予以澄清。按照蒯因（W. V. Quine）说法，模态逻辑导致了经典一阶逻辑的两条重要原则同一替换原则和存在概括原则的失效，也就是说，

造成了指称上的暧昧。[①] 例如，

（1）9 必然大于 7；

（2）行星的数目 = 9。

这是两个真命题。而根据同一替换原则：

（∀x）（∀y）（（x = y）→（F（x）→F（y）））

用（2）对（1）进行同一替换，就会得到：

（3）行星的数目必然大于 7。

根据一阶逻辑，（3）也应该是一个真命题。但显然，由于行星的数目大于 7 是一个偶然的事实，故而（3）是假的。蒯因认为，正是由于模态逻辑中对模态算子的使用造成单称词项"行星的数目"指称上的暧昧，从而导致了同一替换原则的失效。此外，它还引起了存在概括原则的失效。根据存在概括原则：

F（y）→（∃x）F（x）。

由（1）就可以推导出：

（4）（∃x）（x 必然大于 7）。

那么，这个必然大于 7 的个体是什么呢？从推理过程来看，它是 9；而根据一阶逻辑，按照上文的分析，又会得出（3）为真的谬误。从根本上看，存在概括原则的失效，也是由于模态算子出现的语境下单称词项指称的暧昧性引起的。众所周知，蒯因在逻辑上是个彻底的保守主义者，在他的眼里一阶逻辑是逻辑的典范，他甚至将逻辑局限于一阶逻辑，任何违背一阶逻辑原理、危及一阶逻辑地位的理论学说都会被他拒斥；[②] 因而，既然在他看来模态算子的出现引发了一阶逻辑原则的运用失效，他就强烈地反对模态语境下量化理论的研究，反对模态谓词逻辑，反对 de re 模态的研究。

为了说明模态推理的有效性，现代模态逻辑广泛采用了可能世界语义学这一工具，并取得了极大的成功。这个理论假定了一个可能世界的集合 W，对于 W 中的两个可能世界 w_1 和 w_2 来说，如果 w_2 对于 w_1 是可能的，

---

① Cf. W. V. Quine, "Reference and Modality", in *From a Logical Point of View*, Harvard University Press, 1980.

② 参见陈波《奎因哲学研究》，生活·读书·新知三联书店 1998 年版，第 256—257 页。

那么就称 w_2 对于 w_1 是可达的（accessible），两者之间具有可达关系 R，记为 $w_1 R w_2$。由此可以进一步说明 $\square\alpha$ 和 $\diamond\alpha$ 的含义（α 表示任意的公式）

$\square\alpha$ 在可能世界 w 中为真，当且仅当，在对于 w 可达的任意可能世界 w′ 里，α 都为真；

$\diamond\alpha$ 在可能世界 w 中为真，当且仅当，有一个 w 可达的可能世界 w′，α 在其中为真。

以上的说明，又可以用形式化的语言记为：

$V(\square\alpha, w) = 1 \Leftrightarrow \forall w' (wRw' \rightarrow V(\alpha, w') = 1)$；

$V(\diamond\alpha, w) = 1 \Leftrightarrow \exists w' (wRw' \wedge V(\alpha, w') = 1)$。

$\wedge$、$\neg$ 和 $\rightarrow$ 等其他算子的使用同经典命题逻辑的完全一致，在此不再多说。由此可见，对于模态命题逻辑，可能世界语义学用一个三元组 < W，R，V > 就解释了其中任一命题。对于模态谓词逻辑，只需增加一个所有可能个体的集合 D，同时给每一个可能世界 w 指定一个个体域 H（w）（$w \in W$），这样就可以形成解释 < W，R，D，H，V >。唯一需要加以注意的地方是，在赋值规则中，量词的解释受制于可能世界。也就是，

$V(\forall x\alpha, w) = 1 \Leftrightarrow \forall d (d \in H(w) \rightarrow V_{(x/d)}(\alpha, w) = 1)$

可能世界语义学非常直观地解释了模态算子 $\square$ 和 $\diamond$ 的语义学含义，从而其对模态推理有效性的说明带有很大的说服力。但这种语义学自身也受到了来自哲学上的质疑，首先表现在它对 de re 模态的处理上。早在中世纪，阿伯拉尔（P. Abelard）就区分了对于模态词的两种解释：按照意义的解释（expositio de sensu）和按照事物的解释（expositio de rebus），并认为真正的模态命题是含有按照事物解释的模态词的命题。在他之后，又有一些逻辑学家区分了从言模态（modality de dicto）和从物模态（modality de re），且主张从言的命题也可以正确地认为是模态命题。[①] 在现代模态逻辑中，从公式的句法结构角度可以明确地定义两者之间的区别：

一个包含模态或时态算子的公式是从物的（de re），当且仅当它包含一个模态或时态算子 R，该算子在其辖域中或者有（1）一个个

---

① 参见涅尔夫妇《逻辑学的发展》，商务印书馆 1985 年版，第 275—276 页。

体常元，或者有（2）一个自由变元，或者有（3）一个为不在 R 辖
域内的量词约束的变元。所有其他包含模态或时态算子的公式都是从
言的（de dicto）。①

例如（∃x）□F（x）是从物的，而□（∃x）F（x）是从言的。前
者是说，存在一个事物，它必然具有性质 F；而后者是讲，存在一个事
物，它具有性质 F，这一点是必然的。蒯因用一个生动的例子反映出两者
之间的差别：在一种不容许不分胜负的博弈中，参加者有一个将获胜是必
然的，即□（∃x）F（x）是真的；但是不存在这样一个参加者，使得人
们可以说他获胜是必然的，也即（∃x）□F（x）是假的。而用可能世界
语义学的话来讲，（∃x）□F（x）在一个可能世界 w 中真，指的是在 w
中有一个个体 d，它在 w 可达的任一可能世界中若存在，则具有属性 F；
□（∃x）F（x）在一个可能世界中真，指的是在 w 可达的任一可能世界
中，都有一个个体具有性质 F。很显然，从物模态承认了事物具有与其存
在直接相关的必然属性，也即本质属性，因而从物模态在哲学上就承诺了
本质主义。本质主义是在现代哲学中遭到非议、甚至嘲弄的一种学说，这
是蒯因强烈反对量化模态逻辑的另一条理由。即令本质主义是行得通的，
由于可能世界语义学在对从物模态的说明中承认了个体可以存在于不同的
可能世界之中，也就是承认跨界个体（transworld individual），从而导致了
所谓的跨界同一性（transworld identity）和跨界识别（transworld identifica-
tion）问题。这个问题就是，人们根据什么标准去辨别、识别存在于不同
可能世界的同一个个体。

最后可能世界语义学的基本概念"可能世界"也引发了广泛的争议。
若不能合乎情理地辩护可能世界这一概念，则可能世界语义学将遭到釜底
抽薪式的打击。从策略上看，对可能世界本体论地位的认识，只能有两种
立场：实在论和唯名论。我将会论证前者有可能导致柏拉图主义和心理主
义，后者则在理论上面临着几乎是难以克服的困难。那么，究竟出路何在
呢？这是摆在模态逻辑面前的一个重要问题，也是本文要加以讨论的最后
一个问题。

---

① G. Forbes, *The Metaphysics of Modality*, Oxford：Clarendon Press, 1985, p. 48.

第二部分　　模态逻辑哲学问题的分析

　　一阶逻辑的同一替换原则和存在概括原则在模态语境下的失效，源于这种情形下指称的暧昧性。其实，早在其《涵义和指称》一文中，弗雷格（G. Frege）就意识到了模态语境（他将该情形宽泛地称为间接语境）的这一特殊性。但从弗雷格式的观点看来，这种语境是被不恰当地描述为指称暧昧的。他认为这个现象的产生不是由于指称的失败，而是因为指称的转变，即在间接语境下，通常的词项并不具有其正常的指称，只具有间接的指称。所谓间接的指称就是词项通常情形下的涵义。仍以前文的例子来说，在通常情形下"9"和"行星的数目"具有相同的指称，但是它们的涵义却是不同的；在间接语境"9 必然大于 7"和"行星的数目必然大于 7"下，"9"和"7"各自的指称是通常情形下它们的涵义，所以此时两者具有不同的指称。既然不存在间接语境下指称的暧昧性，按照弗雷格式的理解，也就不会导致一阶逻辑的同一替换原则的失效。拿"9 必然大于 7"来说，由于模态语境下"9"和"行星的数目"具有不同的指称，因而无法用后者来同一替换前者，同一替换原则根本就是不适用，也就无所谓同一替换原则的失效问题了。同样，按照弗雷格式的理解，存在概括原则的有效性也没有受到挑战：对"9 必然大于 7"加以存在概括得到"有一个个体 x，它必然大于 7"，但若问这个个体是什么，则不会回答说是"行星的数目"，从而导致"行星的数目必然大于 7"的错误，因为这两个单称词项在模态语境下并不具有相同的指称。表面看来，弗雷格式对模态语境的处理方式扫除了量化理论和模态逻辑联姻道路上的障碍，但这种处理方式却包含了许多尖锐的矛盾。

　　首先，间接指称的处理方式不符合人们对模态命题的理解。按照弗雷格的说法，单称词项在通常语境和模态语境下具有不同的指称，因而在"9 大于 7，并且 9 必然大于 7"中，模态算子"必然"辖域内的"9"和其辖域外的"9"具有不同的指称，它们分别指称了不同的个体。但"9 大于 7，并且它必然大于 7"并不具有这一层意谓，可是两者是同义的，因为在日常语言中代词"它"指代了前一个分句中的"9"，它起着约束变元的作用。弗雷格该如何应付这个局面呢？他一定会说后面的那个句子完全是胡说，因为模态算子辖域内的代词"它"绝不可能指称了辖域外的"9"的所指，两者根本不具有相同的指称。也就是说，弗雷格的间接指称学说不能反映模态算子辖域内外的词项出现之间的互动，而后者是一般用模态命题所表达的东西。由此可见，弗雷格式对模态语境的量化是成问题的。[①]

更为重要的是，既然弗雷格主张对模态语境下词项的间接指称进行量化，根据蒯因著名的原则"存在就是成为约束变元的值"，弗雷格就承诺了作为词项的间接指称的涵义的本体论地位，也就是承认了涵义的实体性。那么，人们就要问涵义的同一性条件是什么，因为"没有同一性，就没有实体"（蒯因的另外一条著名原则）。但弗雷格却没有给出这样的同一性条件。循着弗雷格的思路，卡尔纳普（R. Carnap）在其著作《意义和必然性》中提出了一种内涵本体论，把外延实体完全排除在变元的取值范围之外，以调和量化理论和模态逻辑。蒯因一度曾同意这是一种有效的方式，因为内涵对象不可能被不相互逻辑等值的条件所唯一地确定。[②] 但后来，他推翻了自己原先的结论。证明过程是简单的。[③] 假定条件 φ（x）唯一地确定了对象 x（无论内涵对象还是外延对象），那么当 p 是一个真命题，且不为 φ（x）蕴涵时，条件 $p \wedge \varphi$（x）也唯一地确定了那个对象 x。显然这两个条件是偶然一致的，而不是逻辑一致的。因此，内涵对象的同一性条件是无法给出的，求助于内涵对象也无法确保量化模态逻辑的实施。既令我们可以给出内涵对象的同一性条件，也会给模态逻辑带来重大的灾难：

假定任意两个开语句都唯一地确定了一个并且同一个对象 x，那么这两个语句就是必然等值的。也就是，对于任意两个开语句"F（x）"和"G（x）"，"F（x）并且只有 x"是"（w）（F（w）当且仅当 w = x）"的缩写，那么：

（5）若 F（x）并且只有 x 以及 G（x）并且只有 x，则（必然（w）（F（w）当且仅当 G（W）））。

---

① Cf. L. Linsky, *Names and Descriptions*, The University of Chicago Press, 1980, p. 122.

② Cf. R. Carnap, *Meaning and Necessity*, The University of Chicago Press, 1956, p. 197, and L. Linsky（ed.）, *Names and Descriptions*, The University of Chicago Press, 1980, p. 123.

③ Cf. W. V. Quine, *Ways of Paradox*, New York: Random House, 1966, p. 182.

令 p 表示任一个真命题，y 是任意一个对象，且 x = y。则：

（6）（p 并且 x = y）并且只有 x。

（7）x = y 并且只有 x。

根据我们的假设（5），若将 F（x）视为"p∧x = y"，将"G（x）"视为"x = y"，由（6）和（7）就可以推导出：

（8）必然（w）（（p 并且 w = y）当且仅当 w = y）。

而（8）中的量化式蕴涵了"（p 并且 y = y）当且仅当 y = y"，后者又蕴涵了 p。我们知道必然真理所蕴涵的一定是必然真理，因此（8）蕴涵了必然 p。也就是说，证明了 p→□p。再结合已知的事实：必然真理一定也是真理，即□p→p，于是就有 p↔□p。这样模态系统就坍塌了，模态的区别也就消失了。①

既然求助于内涵实体无法说明模态语境下同一替换原则和存在概括原则的失效现象，于是有一部分哲学家转而采用罗素的摹状词理论来分析这个问题。斯穆礼安（A. F. Smullyan）认为命题（1）是没有歧义的，它的逻辑形式是：

（9）□F（x）。

而命题（3）由于其中限定摹状词的出现，根据摹状词理论它是有歧义的。当该摹状词的出现为初现时，（3）的逻辑形式为：

（10）[（ηx）（φx）)] □（F（ηx）（φx））。

而当这个摹状词的出现为次现时，（3）的逻辑形式却为：

（11）□[（ηx）（φx））] F（ηx）（φ（x））。

按照（10）的理解，（3）就是真的，它是通过同一替换原则，由前提（1）和（2）得到的；而按照（11）的理解，（3）就是假的，但由于（9）和（10）形式上的差异，（3）并不是从（1）和（2）经由同一替换推导出的，因而这里并不存在同一替换原则失效的问题。蒯因正是对（3）做了后一种理解。②看上去斯穆礼安的分析似乎驳斥了蒯因对量化模态逻辑的这一责难，从而铺平了模态逻辑通往量化的道路，但事实并非如此。我们可以根据摹状词理论进一步去消解掉（10）中的摹状词，而

---

① Cf. W. V. Quine, *Word and Object*, New York: John Wiley and Sons, 1960, pp. 197 – 198.

② Cf. L. Linsky（ed.）, *Reference and Modality*, Oxford University Press, 1971, pp. 35 – 43.

得到：

(12)（∃c）（∀x）（（φ（x））↔（x = c）&□（Fc））。

可见，斯穆礼安承认了从物模态的合法性，后者用蒯因的话来说必然导致本质主义。也就是说，斯穆礼安的分析论证的前提，正是蒯因所坚决否认的。所以，模态语境究竟是否造成同一替换原则和存在概括原则的失效，归根结蒂在于对本质主义的认识，在于对本质主义的辩护与反辩护。

但是，从物模态一定是与本质主义相关的吗？有些哲学家提出了不同的看法，他们根据对量词的另一种有别于塔斯基（A. Tarski）传统的解释出发，断然否认量词在哲学上具有本体论承诺的功用，从而割断了从物模态与本质主义的联系，试图以此给予模态谓词逻辑合法的地位。塔斯基对量词的解释又称作指称解释或对象解释，它起源于塔斯基对真的形式定义。塔斯基通过满足这个概念来定义真，由此包含量词的语句的真值条件是由出现在其中的谓词或开语句的满足条件来解释的，而满足谓词或开语句的只能是论域中的对象。例如量化语句（∃x）F（x）真值条件就是谓词 F（x）的满足条件给出的，它要表达的意思于是就是"有一个对象，它满足谓词 F（x），或者说，它具有属性 F"。很显然，量词"∃x"直接就具有指称对象的功能，它表达了该句子的本体论承诺。蒯因对量词的解释就是对象解释。有趣的是，在弗雷格缔造现代数理逻辑之初，他对量词却不是这样理解的。同塔斯基相反，弗雷格认为谓词对于对象真源自语句的真：一个谓词对于一个对象为真，如果用一个对象的名字替换该谓词的变元，而得到一个真原子句。[①] 比方说：（∃x）F（x）为真，当且仅当，有一个对象的名字 a，使得语句 F（a）为真。有人或许就这样断定了弗雷格对量词的解释与塔斯基有着本质上的区别，他的量词是本体论中立的。其实不然，在弗雷格意义上的完善语言中，名字都必然有所指，也就是说，可以用来替换变元的名字必然指称了一个对象。因此，同塔斯基一样，弗雷格"替换"解释下的量词也是本体论承诺的工具。真正同对象解释相对立的量词解释，主要是由马科斯（Ruth B. Marcus）等人发展起来的替换解释。它的基本思想是将量词作替换的解释：把（∃x）F（x）

---

① Cf. M. Dummett, *Frege*: *Philosophy of Language*, Harvard University Press, 1973, p. 405, and P. Engel, *The Norm of Truth*, Harvester Wheatsheaf, 1991, p. 81.

解释为"F（x）的一个替换实例为真"，把（∀x）F（x）解释为"F
（x）的所有替换实例为真"。但是，与弗雷格不同的是，用来替换变元的
名字不必然有所指。比如，"（∃x）（x 是一匹飞马）"为真，因为"x 是
一匹飞马"的替换实例"毕加索斯是一匹飞马"为真。在这个例子里面
用来替换变元 x 的名字"毕加索斯"没有指称。换句话说，非存在对象
或可能对象可以是用于替换的名字的所指。"这并不意谓着替换解释向我
们承诺了这样的对象，而只是意谓着我们的本体论承诺对各种实体敞开
了。于是就得出，指称和量化之间的联系、量化和存在之间的联系被割断
了。"① 这样，根据替换解释，从物模态命题（∃x）□F（x）'就可以理解
为"有一个名字 a，使得□F（a）"；在这里，只论及到了名字，而并未
涉及到对象的必然属性，从而避开了本质主义这样的本体论问题。正如上
面的"（∃x）（x 是一匹飞马）"一例所暗示的，量词的不同解释导致了
量化式的真值的变化。一般地，由于

（13）（∀x）F（x）≡ F（a）&F（b）&F（c）&…F（n）。

（14）（∃x）F（x）≡ F（a）∨F（b）∨F（c）∨…F（n）。

那么当对象域是不可数无穷多时，就可能会出现这样的情况：当有合
适的对象，但它们却没有名字时，存在量化式就会在替换解释下为假，而
在对象解释下为真；当没有合适的对象，而对象都没有名字时，全称量化
式就会在对象解释下假，而在替换解释下真。因此，蒯因就指出由于量化
式真值条件的改变，替换解释就改变了对象解释的整个结构，从而替换解
释根本不能作为对象解释的等外延的取代物，即使如替换解释的拥护者们
所许诺的那样，它使得量词逻辑避开了本体论问题。有人针对蒯因的意
见，提出首先定义替换解释，再从某种语言 L 的名字储备出发，经由特
定步骤的扩张，完全可以为 L 提供一个充分的语义学。但是，这种语义
学依然有着本体论承诺的嫌疑，按照哈克（S. Haack）的意见，"替换解
释并没有对本体论问题给出否定的回答；更确切地说，它延缓了它们。"②
也就是说，将本体论承诺由量化语句推迟至替换后语句实例的真。因此，
将本体论承诺问题由"（∃x）□F（x）"推迟至"□F（a）"为真；而根

---

① P. Engel, *The Norm of Truth*, Harvester Wheatsheaf, 1991, p. 82.

② S. Haack, *Philosophy of Logics*, Cambridge University Press, 1978, p. 49.

据克里普克（Saul Kripke）所持有的专名的严格指示词理论，后者成立当且仅当 a 在其存在的所有可能世界中具有性质 F。显然，"（∃x）□F（x）"之类的从物模态句在替换解释下还是承诺了本质主义。所以，仍如蒯因所言，从物模态定然导致哲学上的本质主义。对本质主义的论证才是维护从物模态的合法性的关键所在。

可能世界自身所面临的问题，当代分析哲学大致分为两个方面来加以研究：第一，可能世界的定义问题；第二，可能世界的本体地位问题。对于第一个方面，有些哲学家秉承莱布尼兹（G. Leibniz）的思想，认为可能世界是逻辑上一致的世界，任何不包含逻辑矛盾的世界都是可能的。但是 D. 刘易斯（D. Lewis）认为这一定义包含严重的逻辑循环，因为可能世界是用来定义逻辑必然性、逻辑可能性、逻辑有效性、逻辑可满足性（逻辑一致性）等概念的，如果可能世界又用上述逻辑可能性、逻辑一致性来定义的话，就明显地陷于循环定义的错误之中。又有人把可能世界理解为我们所能够想象的任何世界，我们的现实世界仅是众多可能世界的一个。这种定义是有欠精确的，它借助于直观来阐述一个概念是不科学的。更为糟糕的是，这一定义里有明显的心理主义倾向，它使用了"想象"这样一个心理学意蕴浓重的词项。而反心理主义是弗雷格以来逻辑哲学研究中固守的三条原则之一，所以在现代逻辑学家看来这项定义也是讲不过去的。基于此，于是有人断然否认可能世界这个概念的可定义性，认为它可能世界语义学的初始概念，根本不能用其他更基本的概念去定义。我认为，可能世界概念确实是不可定义的，但它可以用前两种"定义"所采用的方式加以解释。

对于第二个方面，基本上有三种观点。首先是 D. 刘易斯等人所持有的激进的实在论观点。这一看法认为可能世界是某种独立于我们的语言和思想之外的客观实在，它在本体论上与我们的现实世界有同样的地位；现实世界之所以成为现实世界，是因为它是我们所居住的世界。用克里普克的话来讲，刘易斯的可能世界是通过高倍望远镜可以观察到的。第二种观点是现实主义观点，它是克里普克、斯塔尔内克（Robert Stalnaker）等人所主张的观点，认为可能世界并不是和现实世界一样的真实存在，它只是现实世界的各种可能的存在状况。第三种观点是唯名论观点，这是亨迪卡等人所拥护的立场。它认为可能世界不过就是一种逻辑构造，是语句的极大一致集，根本不具备本体的存在。在上述三种观点中，唯名论观点首先就是站不住脚的，因为"可能的极大一致集"这个概念本身就预设了什么是可能的，因而它没有说清楚可能世界究竟是什么。最为重要的致命一击是这种说法会引发悖论：按照这种观点，对于任何一个可能的极大一致句子集 $\wedge$，任一个语句 α，要么 $\alpha \in \wedge$，要么 $\neg\ \alpha \in \wedge$；那么，"我正在说谎"这句话到底应归于一个极大一致集，还是不归于呢？无论怎样，都会引发悖论。而悖论是特有的语言现象，各种避免悖论的方法都是对语言用法加以限定，以达到语言与实在的一致；可见实在是先于语言、语句的，语言和语句是从属于实在的，不应将实在的可能世界归结为句子集。其次，极端实在论由于无法说明个体的自身同一性，因而也是不合理的。对于模态实在论来说，可能世界并不是一个抽象的存在，在每个可能世界里面都存在着各种各样的个体，个体自身有一定的属性，个体相互之间又发生着种种关系；D. 刘易斯为此给他的模态柏拉图主义设计了对应体理论，根据这个理论，各个可能世界中的可能个体在其他可能世界中有自己的对应体，但是这些个体不可能跨世界而存在。照这样看来，由于 a 在另一个可能世界中多个对应体的存在，个体自身的同一性因而变成偶然的了，公认的分析命题 a = a，即□（a = a），就成了综合非必然命题了。故此，要说明可能世界的实在论立场最重要的就是要说明实体的跨界同一性和跨界识别问题，极端实在论由于意图通过否认这一问题的存在而回避掉它，从而导致其难以自圆其说。剩下来的唯一有希望的就只有现实主义了，它同时也是我本人所主张的。我认为现实主义之所以充满理论活力，正是因为它在哲学上承诺了本质主义，承认同一个个体可以具有不同的非本质属性而存在于不同的可能世界中。这种观点更符合人们的直觉和常识。

　　总结模态逻辑的诸哲学问题来看，它们出现的最根本原因是对个体能否跨界存在，若能其存在的依据及识别的标准分别是什么，有着根本的认识上的差异。换言之，本质主义才是真正的要害所在。因而如果能够较圆满地辩护或反驳以本质主义为核心的一系列论题，上述问题也就一劳永逸地解决了。

（原载《四川大学学报》2004 年第 2 期，第 46—52 页）

"爱好数学的骑车人悖论"探析

——模态逻辑中的一个本质主义个案研究

一 "爱好数学的骑车人悖论"的出现

模态谓词逻辑的一个最重要特征是承认量化模态式的存在，后者在模态逻辑中又被称为从物模态（modality de re），这是一个受到广泛争议的概念。早在中世纪，阿伯拉尔（P. Abelard）就区分了对于模态词的两种解释：按照意义的解释（expositio de sensu）和按照事物的解释（expositio de rebus），并认为真正的模态命题是含有按照事物解释的模态词的命题。在他之后，又有一些逻辑学家区分了从言模态（modality de dicto）和从物模态，且主张从言的命题也可以正确地认为是模态命题。[①] 在现代模态逻辑中，从公式的句法结构角度可以明确地定义两者之间的区别：

> 一个包含模态或时态算子的公式是从物的（de re），当且仅当它包含一个模态或时态算子 R，在该算子辖域中或者有（1）一个个体常元，或者有（2）一个自由变元，或者有（3）一个为不在 R 辖域内的量词所约束的变元。所有其他包含模态或时态算子的公式都是从言的（de dicto）。[②]

例如 ∃x□F（x）是从物的，而 □∃xF（x）是从言的。前者是说，

---

① 参见 W. 涅尔、M. 涅尔《逻辑学的发展》，张家龙等译，商务印书馆 1985 年版，第 275—276 页。

② Graeme Forbes, *The Metaphysics of Modality*, Oxford：Clarendon Press, 1985, p. 48.

存在一个事物，它必然具有性质 F；后者则是讲，存在一个事物，它具有性质 F，这一点是必然的。蒯因（W. V. Quine）用一个生动的例子反映出两者之间的差别：在一种不容许不分胜负的博弈中，参加者有一个将获胜是必然的，即□∃xF（x）是真的；但是不存在这样一个参加者，使得人们可以说他获胜是必然的，也即∃x□F（x）是假的。用可能世界语义学的话来讲，∃x□F（x）在一个可能世界 w 中真，是指在 w 中有一个个体 d，它在 w 可达的任一可能世界中若存在，则具有属性 F；□∃xF（x）在一个可能世界 w 中真，是指在 w 可达的任一可能世界中，都有一个个体具有性质 F。很显然，de re 模态（从物模态）承认了事物具有与其存在直接相关的必然属性，也即本质属性，因而 de re 模态在哲学上就承诺了本质主义。"要坚持对模态语组进行量化，就需要这种向亚里士多德本质主义的复归。"①

本质主义是在现代哲学中曾经广受非议、甚至嘲弄的一种学说，蒯因通过"爱好数学的骑车人悖论"来驳斥本质主义：

可以令人信服地说，数学家必然是有理性的但不必然有两条腿，骑车人必然有两条腿但不必然是有理性。但是，对一个既嗜好数学又嗜好骑车的个体又是怎样的情形呢？这个具体的人是必然有理性的且偶然有两条腿呢，还是与此相反？正是在没有特别地偏向于将数学家归类以鄙薄骑车人或与此相反的背景下，我们指称性地谈论对象；就此而言，将他的某些性质列为必然的，而另一些列为偶然的，这是没有一点意义的。是的，他的某些性质算得上是重要的，而另一些算作不重要的；某些算得上是持久的，另一些算作短暂的；但没有哪一个可算得上是必然的或偶然的。②

可见，在蒯因看来，对象的同一个性质相对于不同的兴趣既可以是本质的，又可以是偶然的；在事物属性中区分出本质属性和偶然属性，乃是本质主义者们公认正确的背景知识，因此经过蒯因的推导，相对于本质主义

---

①　蒯因：《从逻辑的观点看》，江天骥等译，上海译文出版社 1987 年版，第 144 页。

②　Willard V. Quine, *Word and Object*, New York, NY: John Wiley and Sons, 1960. p. 199.

者共同体来说就产生了上述悖论。所以，本质主义是不可取的。它构成了蒯因强烈反对量化模态逻辑的一条重要理由。

二   "爱好数学的骑车人悖论" 的结构辨析

由两个本质主义的前提 "数学家都必然是有理性的，但不必然有两条腿" 和 "骑车人都必然有两条腿，但不必然是有理性的"，蒯因推断出在区分一个爱好数学的骑车人的必然属性和偶然属性时出现了悖论：爱好数学的骑车人本身就是一个数学家，因而他必然地是有理性的，只是偶然地有两条腿；但爱好数学的骑车人也是一个骑车人，这样他又必然地有两条腿，只是偶然地有理性。但实际情况并非如此简单，蒯因的模态推理是有歧义的，可分两种情形来加以讨论。当对模态词 "必然" 做 de dicto 模态（从言模态）理解时，两个前提表达的就是：

（1）$\Box \forall x (M(x) \to R(x)) \land \neg \Box \forall x (M(x) \to T(x))$。

（2）$\Box \forall x (C(x) \to T(x)) \land \neg \Box \forall x (C(x) \to R(x))$。

由此可以推出这样的结论：

（3）$\Box \forall x (M(x) \land C(x) \to R(x) \land T(x))$。

也即 "必然地，爱好数学的骑车人都是有理性的，都有两条腿"。但不能由此断定，对于一个特定的爱好数学的骑车人，比如约翰，他是必然地有理性、偶然地有两条腿，还是必然地有两条腿、偶然地有理性。我们只能得知，他实际上既是有理性的，也有两条腿。因此，在这种情形下没有悖论的出现。

再来看第二种情形，对模态词做 de re 模态的理解。这时，两个前提所表达的分别是：

（4）$\forall x (M(x) \to \Box R(x) \land \neg \Box T(x))$。

（5）$\forall x (C(x) \to \Box T(x) \land \neg \Box R(x))$。

据此就可以推知：

（6）$\forall x (M(x) \land C(x) \to \Box R(x) \land \neg \Box T(x) \land \Box T(x) \land \neg \Box R(x))$。

意即 "爱好数学的骑车人都既必然地是有理性、偶然地有两条腿，也必然地有两条腿、偶然地是有理性"。尽管这里出现了悖论，但没有哪一个本质主义者会同时承认这样两个互相矛盾的前提论断；也就是说，（4）和（5）并非本质主义者共同体所能认可的。综合上述两种情形，因此有人指出"若视为反驳本质主义的一次尝试，这就是一次失败"[①]。

事实上，本质主义对上述两个前提的表述应是这样的两个 de re 模态式[②]：

（7）　$\forall x \Box$（M（x）→R（x））$\wedge \forall x \neg \Box$（M（x）→T（x））。

（8）　$\forall x \Box$（C（x）→T（x））$\wedge \forall x \neg \Box$（C（x）→R（x）） 。

由此我们可以得到：

（9）　$\forall x \Box$（M（x）$\wedge$C（x）→R（x）$\wedge$T（x））。

也就是说，满足"是数学家和骑车人"的事物必然地也满足"是有理性的和有两条腿的"，它所表明的是两个性质之间的必然联系。对于特定的爱好数学的骑车人约翰而言，我们只能获知他同时也是有理性的和有两条腿，而哪些是他的本质属性，哪些是他的偶然属性，这里并未涉及。蒯因之所以认为这个案例产生了悖论，直接起源于他自己在使用模态词理解本质主义中所遇到的迷惑。因此，"与其说蒯因利用上述论述是直接拒斥本质主义，还不如说是展示它的不可理解性"[③]。

本质主义给蒯因造成的理解上的困惑牵涉到两个方面。第一，他将必然性理解为分析性，只承认 de dicto 模态。这样，谈论个体的本质属性和偶然属性首先必须要能够将问题转换为相应句子的分析性和综合性。这实际上是从语义的角度去理解个体的本质属性和偶然属性的，即如果要在个体的属性中区分本质属性和偶然属性，那么就表现在由此所形成的句子的分析性和综合性的差别上。比如对于某个体 a 来说，性质 P 是它的本质属性，当且仅当，指称 a 的单称词项 "A" 和谓词 "是 P" 所形成的语句 "A 是 P" 是分析的；而性质 P 是它的偶然属性，当且仅当 "A 是 P" 是综合的。第二，蒯因所持有的名称的摹状词理论。追随罗素（B. Russell），蒯因认为

---

① R. L. Cartwright, "Some Remarks on Essentialism", p. 619, in *Journal of Philosophy*, Vol. 65, 1968.

② 事实上，在承认巴坎公式 BF 的前提下这种表述等同于前述的第一种情形，但为更清楚地说明问题，我将其单独列出加以讨论。

③ A. C. 格雷林：《哲学逻辑导论》，邓生庆译，四川人民出版社 1992 年版，第 89 页。

名字都可以转化为限定摹状词，更有甚者，就连罗素的所谓逻辑专名也被他的逻辑体系舍弃，他的逻辑中没有名字的位置。但是，我们可以用很多个不同的限定摹状词去描述同一个体，这就为蒯因在本质主义理解上的困惑埋下了伏笔。于是，对于爱好数学的骑车人约翰来说，判定性质"是有理性的"和"是有两条腿的"是他的本质属性还是偶然属性，就转变成相应句子的语义特征了。按照蒯因对名字的观点，"约翰"等同于某个限定摹状词，由此我们可以形成两个摹状词"如此这般的数学家"和"这般如此的骑车人"。对于前者而言，根据（7）我们知道"如此这般的数学家是有理性的"为分析的，而"如此这般的数学家是有两条腿的"为综合的，因此能够判定"是有理性的"是约翰的本质属性，"是有两条腿的"是其偶然属性。对于后者，类似地，根据（8）我们能够判定"是有两条腿的"成了约翰的本质属性，"是有理性的"则转而变为他的偶然属性。于是就出现了"是有理性的"既是约翰的本质属性，又是他的偶然属性，"是有两条腿的"既是他的本质属性，也是他的偶然属性这样的悖论。因此，要在个体的性质中区分本质属性和偶然属性，就"要对唯一地规定 x 的某些方法采取憎恶的态度"，而"偏向于其他一些方法……认为这种方法能够更好地揭示对象的'本质'"①。而这种仅由主观兴趣决定的做法在蒯因看来是不可思议的，因而做本质属性和偶然属性的区分就是没有意义的，本质主义也就是不可理解的，它只能引起认识上的迷惑。

　　实际上，由蒯因产生本质主义困惑的原因可以看出，他是将必然性、偶然性等同于分析性、综合性，并试图通过 de dicto 模态去理解 de re 模态。也就是说，他根本否认必然性、偶然性存在于事物之中，而认为它们仅在人们谈论事物的方式中，"这样，是必然的或是可能的，以及诸如此类，一般说来不是有关对象的特性，而是要依赖于指称对象的方式。"②按照这种思维来理解本质主义，在对象的属性中区分本质的和非本质的当然就会产生悖论，这种区别本身也就因而是令人反感的了。但蒯因的困惑并不能就此说明本质主义的不可理解，相反，产生他的困惑的依据是站不

---

① ［美］蒯因：《从逻辑的观点看》，江天骥等译，上海译文出版社 1987 年版，第 143 页。
② 同上书，第 137 页。

住脚的。我已论证过，模态词"必然"不应做分析性的解读。①　更进一步地，必然性、偶然性并不等于分析性、综合性，克里普克（S. Kripke）曾明确地区分开这两对概念，认为前者是形而上学的概念，而后者则是语义学的概念。②　在这种对模态词的语义学理解的错误观念支配下，很自然地就只能从 de dicto 模态的角度去理解 de re 模态，因而关于蒯因的"爱好数学的骑车人悖论"，就有人正确地指出"设定它以某种方式蕴涵了本质主义的无意义性，从一开始就混淆了 de re 模态和 de dicto 模态"③。试想，本质主义是断定在对象的属性中有本质属性和非本质属性之别，如果只有相对于指称对象的一定方式，才能够有意义地谈论对象必然或偶然地是这样或那样的，那么仍然说我们是在谈论该对象本身的本质属性或非本质属性还有什么意义呢？"爱好数学的骑车人悖论"所能驳斥的学说并不是本质主义者们信奉的本质主义，蒯因认为"不可捍卫的"本质主义也不是本质主义者意义上的本质主义。所以，对于本质主义者们来说，"爱好数学的骑车人悖论"只是一个佯悖，它并没有对本质主义构成多大的威胁。

三　消解蒯因式悖论的方案

　　既然产生蒯因式悖论的根本原因在于混淆 de dicto 模态和 de re 模态，若能提出表述本质主义论题的 de re 模态语句，就可以彻底杜绝该类悖论的出现。换言之，如果可以在模态语境下谈论对象自身，蒯因式悖论自然也就不会产生。在内涵语境下，人们是可以直接谈论对象的。比如，对于熟知古罗马历史的人——约翰来说，他相信西塞罗谴责过卡蒂莱茵，但是由于他不知道西塞罗就是图利，因而就不会同意图利谴责过卡蒂莱茵。但这并不会妨碍人们理解：有一个人，即西塞罗，约翰相信他曾谴责过卡蒂莱茵。既然在认知这一内涵语境下人们能够透彻地理解关于对象本身的谈论，为什么在另一种内涵语境——模态语境下就不可以呢？事实上，在后

---

①　参见张力锋：《论模态逻辑的合法性》，载于《学术研究》2006 年第 9 期：第 83—86 页。

②　参见［美］克里普克：《命名与必然性》，梅文译，上海译文出版社 2001 年版，第 13—18 页。

③　R. L. Cartwright, "Some Remarks on Essentialism", p. 626, in *Journal of Philosophy*, Vol. 65, 1968.

一情形下我们一样可以不顾及所谓的对象指称方式，而做出只针对对象本身的谈论，区分哪些属性是它的本质属性，哪些属性是它的偶然属性。例如，尽管有 9 个行星是一个偶然事实，但我们完全可以由 "9 这个数目本身必然大于 7"，一致性地得出 "行星的实际数目本身必然大于 7"。其实，这就是斯穆礼安（A. F. Smullyan）按照罗素的摹状词理论将摹状词"行星的数目"作初现处理时的情形，它是一种区分对象的本质属性和偶然属性的有效形式。另一种形式是由弗勒斯德尔（Dagfinn Føllesdal）、克里普克等人发展起来的，它直接同蒯因主张的经由摹状词的涵义间接地确定所指的指称方式相对立，认为我们可以通过某些词项直接指称对象。为此，他们分别引入真正的单称词项和严格指示词。①

弗勒斯德尔承认模态逻辑承诺了本质主义，但认为本质主义引发悖论的指责是可以避免的，"要采取的方式就是集中在人们的语言上，而不是人们的对象上"②。方法就是要找到适合于模态语境的语义学，而这种语义学又应该满足他所说的使得模态语境 "同时既是指称透明的，也是外延晦暗的"。一个指称透明的语境指的是，如果在这种语境下对任一表达式的组分以同指称的表达式来替换，而不会改变原表达式的外延或所指。比如 "西塞罗是古罗马伟大的雄辩家" 就表示了一个指称透明的语境，当我们以同指称的专名 "图利" 去取代该句子的组分 "西塞罗" 时，我们并不会改变它的外延——真值。外延晦暗的语境则指，对该语境下的某一表达式的组分以同外延的表达式去替换，会引起原表达式外延的变化。比如模态语境就是外延晦暗的，当我们用同外延的摹状词 "行星的数目"来替换原句子 "必然地，3 + 6 大于 7"里的组分 "3 + 6" 时，就会得到一个真值不同的句子 "必然地，行星的数目大于 7"。但如果将摹状词也视为指称表达式，则外延晦暗的语境必然同时也蕴涵着它的指称晦暗性。

---

  ①   20 世纪 90 年代，美国哲学界关于谁是严格指示词理论的创立者曾有过一场激烈的争论，马科斯（R. B. Marcus）、弗勒斯德尔及克里普克成为争论的主要对象，关于这场争论可参见 Humphreys, P. W. and Fetzer, J. H. （eds.）*The New Theory of Reference: Kripke, Marcus, and Its Origins*, Kluwer Academic Publishers, 1999. 本文将主要借鉴弗勒斯德尔的指称学说，因为它是对蒯因指责模态逻辑研究的直接回应。

  ②   Dagfin Føllesdal, "Essentialism and Reference", p. 101, in L. E. Hahn and P. A. Schilpp （eds.）, *The Philosophy of W. V. Quine*, La Salle, IL: Open Court, 1987.

例如，若摹状词"3＋6""行星的数目"也是指称表达式的话，则既然由它们构成的上述两个模态语句存在真值差异，该模态语境就不是指称透明的，即指称晦暗的。在这一指称观之下，随着单称词项"X"的替换，"必然地，X 具有性质 F"会发生真值变化，因此声称性质 F 是"某物"的本质属性就确实完全是主观随意的。但问题是，如果像蒯因那样，不区分专名和摹状词，将专名都还原为摹状词，由此所形成的模态语句是否 de re 模态？它们是否表述着本质主义论题？实际上，在个体常元（专名）缺失的情形下，蒯因意义上的本质主义句子都是 de dicto 模态。拿"必然地，约翰是有理性的"来说，若将"约翰"视为摹状词"（ιx）F（x）"的缩写，谓词"有理性的"符号化为"R（x）"，则其相应的模态公式为：

（10）□R（（ιx）F（x））。

利用罗素的摹状词理论，可将其进一步还原为：

（11）□∃x（F（x）∧∀y（F（y）→x＝y）∧R（x））。

根据前文给出的区分两种模态的句法标准，公式（11）的必然算子"□"辖域中并未出现个体常元，而且其中个体变元都是约束的，因此它是一个 de dicto 模态语句。可见，蒯因援引的那些模态语句都没有表述本质主义命题。要想形成 de re 模态语句，必须严格区分指称表达式和摹状词，因为"……满意的模态语义学必须要区分指称的表达式（单称词项）和有外延的表达式（普通词项和句子，而句子的外延是其真值）"①。本质主义语句应该是指称透明的。就是说，不管采用哪种方式去指称对象，对该对象为真的总是对它为真。这条原则保证关于事物必然属性或偶然属性论断的真值确定性，从而不会因为语句真值不确定，引发蒯因式悖论。据此，摹状词应当排除出指称表达式之列，它实际上不是单称词项，而是有外延的普通词项。另外，指称表达式应该是直接关涉对象的，它与所指之间是那种直接的一一对应关系，其作用相当于形式语言的个体常元。一旦获得满足上述语义要求的指称表达式，那么根据模态语境的外延晦暗性，尽管以同一指称表达式作主词的几个句子都是真的，但在模态语境下拿它

---

① Dagfin Føllesdal, "Quine on Modality", p. 180, in D. Davidson and J. Hintikka（eds.）, *Words and Objections*, D. Reidel Publishing Company, 1969.

们做同外延的替换，往往会得到不同真值的 de re 模态句。比如，尽管
"必然地，西塞罗是人"为真，但是以同外延的句子"西塞罗是雄辩家"
替换其中的组分"西塞罗是人"后，却得到一个假句子——"必然地，
西塞罗是雄辩家"；也就是说，"人"是西塞罗的本质属性，"雄辩家"是
他的偶有属性。可见，de re 模态句这种外延上的差异，恰好为区分本质
属性（必然属性）和偶有属性（不必然属性）提供着语义契机：在对一
个对象为真的谓述中，有些是对它必然地为真，另一些则只是偶然地为
真。因此，包含具备上述条件的指称表达式的模态语义学既是指称透明
的，又是外延晦暗的。

那么，这种不受涵义影响的、直接指称对象的表达式存在吗？根据
de re 模态公式的句法特征，我们知道形式语言中的量化变元及个体常元
就扮演着这个角色。在日常语言中，弗勒斯德尔指出，它们各自的对应
物——代词及绝大多数专名也起着这样的作用，"历经对象的所有变化以
及我们关于它的变换着的观点和理论，这些表达式都是要总指称相同的对
象"，他称这类"完全忠于它们的对象的表达式"为真正的单称词项。[1]
之所以只有这些单称词项才被弗勒斯德尔视作指称表达式，与他的指称观
有重要联系。他反对通过涵义（摹状词）确定所指，认为要严肃地对待
指称，指称是先于涵义，并"决定"涵义的。他对指称的理解是很特别
的——"指称应该被看作一种在真正的单称词项和对象之间成立的特殊
关系"[2]。按照这种指称观，摹状词当然在其绝大多数用法中都是作为普
通词项，它碰巧为一个对象满足，因而以这个对象为外延，却不再指称
了。因此，一般的摹状词并不是真正的单称词项。指称表达式与对象的关
系和其他非指称表达式与其外延间的关系是非常不同的，前者是一种直接
的对应关系，后者是通过涵义的中介确定的间接联系。这种指称观有些类
似于早期的罗素，将单称词项和摹状词做了严格区分；其中，代词相当于
罗素的逻辑专名，一般专名则是罗素的普通专名。但与早期罗素不同的
是，弗勒斯德尔并不否认专名具有涵义，他只是强调作为真正的单称词

---

[1] Dagfin Føllesdal, "Essentialism and Reference", p. 102, in L. E. Hahn and P. A. Schilpp (eds.), *The Philosophy of W. V. Quine*, La Salle, IL: Open Court, 1987.

[2] Ibid.

项，专名是直接指称对象的，并不是由其涵义决定的。相反，他认为专名有涵义，后者对于语言实践中确定专名的指称发挥着重要辅助作月。这一涵义产生于维持专名指称恒常性的复杂的语言共同体内部的互动之中。弗勒斯德尔主张，专名指称恒常性的维持并不是在使用专名的过程屮就自动获得的，而是人们努力地去获取的。由于语言是一种社会的建制，专名的所指依赖于人们学习和使用语言的情境下公共可获得的证据，由这些证据产生的专名的涵义就起着维持专名指称恒常性的作用。比如，在得到语言共同体对"拿破仑在滑铁卢战败"的赞同后，我们就产生了专名"拿破仑"的这样一层涵义——"滑铁卢的失败者"，而后者又进一步维持、巩固着"拿破仑"指称的恒常性。由此可见，弗勒斯德尔持与弗雷格（G. Frege）、蒯因相反的指称观，认为不是涵义决定了指称，而是指称决定着涵义，"指称在下列意义上支配着涵义：真正的单称词项的涵义是计划用来保证，随着见识的增长和科学理论的变化，该词项继续指示它目前所指的东西"[1]。也正由于对真正的单称词项的指称和涵义关系持这种观点，才使得人们能够区分对象本身的本质属性和非本质属性，从而在语义学上使表述本质主义论题的 de re 模态语句得以确定。

弗勒斯德尔不认为真正的单称词项的概念专属于模态语境，他说"在我看来，真正的单称词项这个概念根本就不是一个模态概念；它不是这样的一个概念：为了定义或澄清它，需要诉诸于必然性或本质主义"[2]。相反，正由于真正的单称词项是指称表达式，才使得人们可以谈论对象时空变换下的特性和模态特性。实际上可以看出，弗勒斯德尔是在有意区别本质主义的语言表述问题和哲学论证问题，他也确曾断言"……如果有人要反对模态，那么这种反对一定是有着形而上学或认识论的根据，而并非逻辑的根据。"[3] 由此可知，在模态语境下真正的单称词项足以形成表述本质主义论题的 de re 模态语句，这些 de re 模态语句与蒯因所理解的本质主义语句存在重要的语义差异。由于这些语词的直接指称功能，它们所

---

① Dagfin Føllesdal, "Essentialism and Reference", p. 112, in L. E. Hahn and P. A. Schilpp (eds.), *The Philosophy of W. V. Quine*, La Salle, IL: Open Court, 1987.

② Ibid. , p. 105.

③ Dagfin Føllesdal, "Quine on Modality", p. 184, in D. Davidson and J. Hintikka (eds.), *Words and Objections*, D. Reidel Publishing Company, 1969.

构成的 de re 模态语句根本不会引发蒯因式悖论，现代模态逻辑从语义学层面完全可以杜绝蒯因式悖论的出现。但需要注意的是，这些只是从语言表述角度对本质主义语句的辩护，要想真正地辩护本质主义，还必须要从哲学方面做进一步的分析论证。借用蒯因对克里普克的严格指示词理论的评论，"严格指示词不同于其他指示词之处在于，它根据其对象的本质特性挑选出那个对象。它在该对象存在的所有可能世界中都指称了那个对象。谈论可能世界乃是从事本质主义哲学的一种生动方式，但也仅是如此；它并非是一种阐释。从一个可能世界到另一个可能世界，是需要本质来识别对象的"①。

（原载《社会科学研究》2007 年第 5 期，第 136—140 页，与邓生庆教授合著）

---

① Willard V. Quine, *Theories and Things*, Cambridge, MA: Harvard University Press, 1981. p. 118.

模态与本质

  模态（modality）是指可能性、必然性等哲学范畴，根据模态性质关涉对象的不同，可将其分为命题模态与事物模态两类，即 de dicto 模态和 de re 模态。若模态性质指的是命题或语句为真的可能性与必然性，则它就是 de dicto 模态；若模态性质指的是事物具有某种性质或关系的可能性与必然性，则它属于 de re 模态。以下列二个句子"'没有最大的自然数'是必然的"和"哥德尔可能没有证明不完全性定理"为例，前者中的模态词"必然的"表述的就是 de dicto 模态，后者中的模态词"可能"则表达了 de re 模态。de dicto 模态和 de re 模态的区分在逻辑史上久已有之，现代模态逻辑则更是从公式句法结构的角度对此做出了明确的定义：

    一个包含模态或时态算子的公式是从物的（de re），当且仅当它包含一个模态或时态算子 R，在该算子辖域中或者有（1）一个个体常元，或者有（2）一个自由变元，或者有（3）一个为不在 R 辖域内的量词所约束的变元。所有其他包含模态或时态算子的公式都是从言的（de dicto）。①

  根据上述定义，像□（∃x）F（x）、◇（∀x）（F（x）→G（y））这样的公式就是 de dicto 模态的，（∃x）□F（x）、∀x◇（F（x）∧G（y））这样的公式则是 de re 模态的。这两类模态公式语义上的差别，可以从蒯因（Willard Van Orman Quine）给出的一个生动例子中反映出来：在一种不容许不分胜负的博弈中，参加者有一个将获胜是必然的，即

---

  ①   Graeme Forbes, *The Metaphysics of Modality*, Oxford: Clarendon Press, 1985, p. 48.

□（∃x）F（x）是真的；但是不存在这样一个参加者，使得人们可以说他获胜是必然的，也即（∃x）□F（x）是假的。而用可能世界语义学的话来讲，（∃x）□F（x）在一个可能世界 w 中真，是指在 w 中有一个个体 d，它在 w 可达的任一可能世界中若存在，则具有属性 F；□（∃x）F（x）在一个可能世界 w 中真，是指在 w 可达的任一可能世界中，都有一个个体具有性质 F。很显然，de re 模态承认了事物具有与其存在直接相关的必然属性，也即本质属性。蒯因所理解的"亚里士多德的本质主义"指的是这样一种学说，"这种学说认为，一事物（完全不依赖于指称该事物的语言，如果有这种语言的话）的某些特性对该事物来说可能是本质性的，而另外一些则是非本质性的"①，也就是说，"一个对象，就其本身来说，也无论是否具有什么名字，我们必须认为某些特性是它必然具有的，另一些特性则是它偶然具有的，尽管后面这些特性也是分析地从规定对象的某些方法得出的，正如前面那些特性是分析地从规定对象的其他一些方法中得出的一样。"② 由此，蒯因指出"要坚持对模态语组进行量化，就需要这种向亚里士多德本质主义的复归。"③ 模态谓词逻辑正是对模态命题逻辑所做的量化扩张，它承认了诸如（∃x）□F（x）、∀x◇（F（x）∧G（y））等 de re 模态公式的合法性；这样一来，蒯因当然会得出"拥护量化模态逻辑的人必然赞成本质主义"④，模态谓词逻辑承诺了本质主义。那么，亚里士多德本质主义的真实面目是怎样的？它在模态谓词逻辑中的表现形式是什么？是否如蒯因所言，模态谓词逻辑和本质主义之间的确存在着承诺关系？如果有，究竟是在什么意义上？本文试图全面分析并回答这一系列问题。

一　亚里士多德论本质

亚里士多德的本质主义主要体现在他的四谓词理论和实体学说中。他

---

① Willard Van Orman Quine, *The Ways of Paradox and Other Essays*, Cambridge, MA: Harvard University Press, 1976, pp. 175 – 176.

② 蒯因：《从逻辑的观点看》，江天骥等译，上海译文出版社 1987 年版，第 144 页。

③ 同上。

④ 同上。

区分了四种谓词：特性、定义、属和偶性，其中前二者可以与其所出现命题中的主词换位，后二者则不可。首先，如果命题的谓词给出了主词的本质，那么亚里士多德就称这样的谓词为定义，"定义乃是揭示事物本质的短语"①。那么，什么是事物的本质呢？亚里士多德将其理解为本质特性，"本质特性被设定为与其他所有事物相关且又使一事物区别于其他所有事物的东西"②。也就是说，一类事物的本质就是该类事物得以存在，并区别于其他事物的"成其所是"的东西。例如，在命题"人是无羽两足的直立行走动物"中，谓词"无羽两足的直立行走动物"揭示了人的本质，因而它就是一个定义。其次，谓词还可以表明主词的固有属性，即尽管它没有揭示主词的本质，但是它只属于主词所表示的种，这时亚里士多德称之为特性。例如，在命题"人是能学习语法的"中，谓词"能学习语法的"表明了人的固有属性，因而它是主词"人"的一个特性。在这两种情形下，主、谓词的位置是可以互换的，例如，我们可以说"无羽两足的直立行走动物是人"，也可以说"能学习语法的（动物）是人"。第三，如果命题的谓词表达了主词本质的一个要素，即主词相应的种所属的较大的类，那么亚里士多德就称这样的谓词为主词的属。此时，主、谓词之间具有本质的联系，谓词反映了主词的本质的属性。例如，在命题"人是动物"中，谓词"动物"表示了人所属的更大的类，因而它是主词"人"的属。最后，谓词还可以表示主词的偶性，即主词相应的种中的个别成员具有，而不一定所有成员都有的性质。例如，在命题"人是白的"中，谓词"白的"只为一部分人所具有，因而它只是主词"人"的偶性。在这二种情形下，主、谓词的位置是不能变换的，例如，我们不能说"动物是人"和"白的（动物）是人"。由四谓词理论容易看出，亚里士多德认为事物类有其本质，后者决定了前者的存在。同时，亚里士多德又认为，事物类的本质可以用来表述该类事物的具体成员，以人为例，"人的定义可以用来表述某个具体的人，因为某个具体的人既是人又是动物，而

---

①　Aristotle, *Topics*, 101b 35, in *The Complete Works of Aristotle: The Revised Oxford Translation*, Edited by Jonathan Barnes, Princeton, NJ: Princeton University Press, 1984.

②　Ibid. , 128b 34.

种的名称和定义都能够表述一个主体"①。也就是说，个体所属类的本质是它必然具有的，相应类的本质是个体的本质属性。

在《范畴篇》中，亚里士多德区分了十种哲学范畴，其中第一类就是实体。实体又可区分出第一实体和第二实体，他说，"实体在最真实、最原初和确切的意义上说，是既不表述，也不依存于一个主体的东西，例如，个别的人或马。在第二性意义上所说的实体，指的是涵盖第一实体的种，以及涵盖种的属。例如，个别的人被涵盖于'人'这个种之中，而'人'又被'动物'这个属所涵盖，因此'人'和'动物'被称作第二实体。"② 第二实体即种属之所以也被当作实体，亚里士多德的解释是尽管种属可以用来表述一个主体，但种属自身并不依存于那个主体。例如，"人"可以表述个别的人，但离开了这个特殊的人它并非什么也不是。③所以，在这个意义上，种属被称为第二实体。但亚里士多德对第一实体的理解并没有完全停止在个别的感性实体上，在《形而上学》中他进一步又提出了形式或本质是第一实体。对于表达个别事物的概念"这一个"和表达事物本质的概念"其所是"，亚里士多德指出二者是"相同和同一的"，"最初意义上的这一个就是其所是"④。既然个别事物和它的其所是即个体本质是等同的，表达个体本质的其所是就是第一实体。亚里士多德认为，"其所是"在单纯的意义上指实体和"这一个"⑤。因此，个体本质是事物的最终定义，它只能被种属定义，反之则不行。另外，个体本质还是个别事物的基础，它决定着一事物为什么是这一个，而不是另一个。但这种本质是抽象的，它可以在认识中被分离出来，因而在个体本质的意义上，第一实体就不再是感性的，而是理性的了。可见，亚里士多德也认为个别事物有其个体本质，个体本质决定着某一特殊事物的此性。

但亚里士多德在个体本质的观点上是动摇不定的。他承认将"这一个"与"其所是"相等同是极其困难的，因为个体本质是无法定义的。

① Aristotle, *Categories*, 2a 24 – 25, in *The Complete Works of Aristotle: The Revised Oxford Translation*, Edited by Jonathan Barnes, Princeton, NJ: Princeton University Press, 1984.

② Ibid., 2a 11 – 17.

③ Ibid., 1a 20 – 23.

④ Ibid., 1031b 19, 1028a 12, 1028a 14.

⑤ Ibid., 1030a 20 – 23.

既然"其所是"与"定义"是等同的，与"这一个"相等同的"其所是"就应该是对个别事物的定义，即揭示个体本质的定义。但在亚里士多德看来，定义的形式是属加种差，也就是说，定义总是针对普遍的事物类的，因此他认为"没有关于个体的定义；它们是通过感觉被直观地辨认，没有实际经验，不能明白它们是否存在。但它们总是通过普遍性被表达与认识"①。这样，个体本质就不再具有现实性，而只是一种潜在的可能性；它成了不可言说、不可定义的神秘之物。由于亚里士多德在个体本质问题上的矛盾态度，后世的很多哲学家都认为亚里士多德的本质主义不包括对个体本质的认可。

二　亚里士多德本质主义的模态形式表征

犹太裔美国哲学家露丝·巴坎·马科斯（Ruth Barcan Marcus）就是这样的一位学者，她所理解的亚里士多德本质主义中没有包含个体本质。马科斯认为，在亚里士多德的意义上，"本质属性就是满足下列条件的这样一类性质：（1）一些对象具有，而另一些对象不具有；（2）具有它们的对象就必然具有它们"②。根据第一个条件，空洞的性质和不足道的性质就被排除在本质属性之外。对于"是人或不是人"这样的逻辑重言式的空洞性质，它们为任何对象所具有，因而就不属于对象的本质属性之列。而对于"与苏格拉底同一"这样的不足道性质，虽然它只为苏格拉底所有，但当我们说该性质是苏格拉底的本质属性时，我们不过是在说自身同一性是苏格拉底的本质属性，而自身同一性只是对象的一种空洞性质；换言之，说"与苏格拉底同一"之类的不足道的性质是某对象的本质属性，可以最终转换为说相应的空洞性质是某物的本质属性。前文业已说明逻辑重言式的空洞性质并非本质属性，因此不足道的性质也就被排除在对象的本质属性之列。在马科斯看来，第二个条件则排除了她所谓的个

---

① Aristotle, *Metaphysics*, 1036a 5 – 8, in *The Complete Works of Aristotle: The Revised Oxford Translation*, Edited by Jonathan Barnes, Princeton, NJ: Princeton University Press, 1984.

② Ruth Barcan Marcus, "Modal Logic, Modal Semantics and Their Applications", p. 285, in Guttorm Fløistad (ed.), *Contemporary Philosophy: A New Survey*, Vol. 1, Dordrecht: Martinus Nijhoff Publishers. 1981.

体化本质 (individuating essence)，也即个体本质。马科斯认为，个体化本质背后所暗含的思想是"在对象必定具有的性质中，不仅有与它所属类下的对象共有的那些性质（亚里士多德本质主义），还有那样的一些性质，这些性质片面地确定了该个体的特有性状，并将其与同类的一些对象区分开来"①。但马科斯怀疑这种个体本质是否存在。以苏格拉底为例，她认为"塌鼻子的、怕老婆的及饮鸩身亡的哲学家"这一性质足以个体化苏格拉底，然而尽管"是哲学家"相对于苏格拉底的特殊本性来讲可能是本质的，但"塌鼻子的"显然不是它的本质属性，因而这一个体化性质整个的就不是本质属性。于是，马科斯指出"或许完全的个体化总是这样的一个问题，即它是关于一般被视为非本质属性和偶然事件的东西的"②。这样一来，"个体化的本质属性"这个概念本身就是自相矛盾的了，马科斯因而否认个体本质的合法性。由此，她当然会认为，她所提出的关于本质属性的第二个条件就自然排斥了个体本质。

根据她对亚里士多德本质主义的理解，马科斯进而提出了本质主义在模态逻辑中的形式刻画。她认为，刻画极小本质主义的模态公式是：

$$E_M \; \exists x \Box F (x) \; \wedge \; \exists x \neg \, \Box F (x)$$

E_M 要表达的内容是，对一些个体而言性质 F 是它们的本质属性，而对于另一些个体来说 F 则是其非本质属性。但它所刻画的极小本质主义显然不是亚里士多德的本质主义，因为亚里士多德所说的本质是决定个体存在的性质，个体一旦丧失其本质属性，它就不再成其为自身。而按照 E_M，"是人，或者有两条腿的"也将成为一个个具体人的本质属性，但这样的本质属性明显不符合亚里士多德关于本质的论述，因为鸡、鸭等家禽也具有这一性质，但它们并不必然具有后者，可以设想一只仅有一条腿的鸭。因而必须要对这一公式加以适当的限定与补充。实际上，极小本质主义仅相当于表达了马科斯对本质属性理解的第一个条件，而要想得到亚里士多德的本质主义，还必须要对极小本质主义做第二个条件的限定。第二个条件的形式刻画是：

$$E_N \; \forall x \; (F (x) \rightarrow \Box F (x))$$

① Ruth Barcan Marcus, *Modalities*, New York: Oxford University Press, 1993, p. 57.

② Ibid. , p. 58.

但是，仅仅对极小本质主义做这方面的限定仍然是不够的。由亚里士多德的四谓词理论可以看出，他对定义和属的论述是在与偶性的对比中进行的，即事物既可以有自己的本质属性，也可以有它的偶然特性。根据蒯因的观点，亚里士多德的本质主义在于"令人反感地在一个对象的特性中，区分出一些对它而言是本质的（不管它有什么样的名字），以及另一些是偶然的"①。因此，在模态逻辑中刻画亚里士多德本质主义时，还得要考虑到蒯因为它所做的形式刻画：

$$E_Q \exists x \ (\Box F \ (x) \ \wedge G \ (x) \ \wedge \neg \ \Box G \ (x))$$

将这三个模态公式综合在一起，马科斯就得到了关于亚里士多德本质主义的形式表征：

$$E_A \forall x \ (F \ (x) \ \rightarrow \Box F \ (x)) \ \wedge \exists x \ (\Box F \ (x) \ \wedge G \ (x) \ \wedge \neg \ \Box G \ (x)) \ \wedge \exists x \neg \ \Box F \ (x)$$

同时，马科斯也给出了她所理解的个体化本质主义的形式刻画：

$$E_I \exists x \Box F \ (x) \ \wedge \exists x \ (F \ (x) \ \wedge \neg \ \Box F \ (x))$$

明显地，E_I 同 E_A 是不相容的，因此马科斯认为，它们是区分亚里士多德本质主义和个体化本质主义的标准。

笔者认为，马科斯对亚里士多德本质主义的理解是不全面的，这表现在她对个体本质的否认。亚里士多德在个体本质问题上的动摇性主要产生于个体的不可定义性，也即在他看来，个体本质是无法表述的。但无法定义并不说明亚里士多德否认了个体本质的存在，与其说亚里士多德不承认个体本质，还不如说他的逻辑学说导致了他在个体本质上的矛盾心态。纵然他的定义理论决定了个体本质不具有现实性，但亚里士多德仍然承认，个体本质是一种潜在的可能性。例如，他就认为，太阳、月亮之类独一无二的事物的定义在理论上是可能的。② 由此可见，亚里士多德至少是在理论上认可了这些在他的逻辑学说框架下、在他的时代背景下无法言说的个体本质的存在。因此，亚里士多德的本质主义中应有个体本质的一席之地。另外，马科斯对个体本质的反驳也是不充分的。她用来驳斥个体本质

①　Willard Van Orman Quine, *The Ways of Paradox and Other Essays*, Cambridge, MA：Harvard University Press, 1976, p. 184.

②　Cf. Aristotle, Metaphysics, 1040a 30 – 36, in *The Complete Works of Aristotle：The Revised Oxford Translation*, Edited by Jonathan Barnes, Princeton, NJ：Princeton University Press, 1984.

的前提——个体化的性质都是非本质的，是站不住脚的。以自然数 9 为例，"2 与 7 的和"这一对其个体化的性质就是本质的，9 在任何情形下都具有该性质。即使退一步讲，对于具体的感性事物人们可能难以找到它的个体化的本质属性，但寻找不到难道就可以用来反驳其存在吗？在近代化学产生之前，没有人知道水的本质是 H_2O，但这并不代表水因此就没有本质，也没能就此说明人们就没有所谓水的本质的观念，相反，人们当然会相信水有其自身的本质，凭借后者水才得以区别于其他物质。同样地，对于具体事物的个体本质，人们可能长久以来都没有发现它，但这并没有驳斥掉它在现实和人们信念中的存在，它的不可知最多只是说明了人们现有技术手段和哲学思维的滞后。既然马科斯反驳个体本质的前提是可疑的，个体本质的存在就仍然具有其合理性。

按照亚里士多德的本意，个体本质是表达"这一个"的"其所是"，因而他关于类本质的论述同样地适用于个体本质。这样一来，一方面，马科斯对个体化本质主义的形式刻画 E_I 就不符合亚里士多德的精神实质；另一方面，她对亚里士多德本质主义所做的形式刻画 E_A 与个体本质并不冲突，二者是相容的。但是，作为一种特殊类型的本质属性，个体本质除了具备一般的本质属性（指事物类的本质）的特征，还应该具有个体化的特征，即它唯一地确定了一个对象。于是，要想形式地刻画亚里士多德本质主义中关于个体本质的部分，必须要对 E_A 做进一步的限定。笔者认为，亚里士多德的个体化本质主义可以做如下的形式刻画：

E_{AI} $\forall x$（F（x）$\to \Box F$（x））$\wedge \exists x$（$\Box F$（x）$\wedge \forall y$（$\Box F$（y）$\leftrightarrow x = y$）$\wedge G$（x）$\wedge \neg \Box G$（x））$\wedge \exists x \neg \Box F$（$x$）

在 E_{AI} 中，性质 F 代表了一个个体本质，它只为某一个唯一的对象所有。将 E_A 和 E_{AI} 结合起来，就得到亚里士多德本质主义的完整形式刻画。

三　模态谓词逻辑怎样承诺本质主义？

有了亚里士多德本质主义的形式刻画，我们就可以进而讨论模态逻辑和本质主义之间的承诺关系，因为"赞成任何 S 实例的量化模态逻辑都将承诺了一种可疑的本质主义形式（此处，S 系指亚里士多德本质主义的形式刻画）"①。针对种类本质，帕森斯（Terence Parsons）概括出模态逻辑承诺本质主义的三种可能形式，即（1）量化模态逻辑系统以其个本质主义句子作为定理；（2）尽管它没有本质主义的句子作为定理，但仍然要求某个本质主义句子为真——在这样的意义上：连同一些明显的、无争议的非模态事实，该系统推导出某些这样的句子为真；（3）该系统允许有某些合式的本质主义句子（由此预设了它的有意义性）。② 尽管他的这番概括是针对种类本质的，但是根据前文的论述，个体本质乃是一种特殊的本质属性，关于种类本质的说明同样地也适用于个体本质，因此，可以把它看成是对模态逻辑和亚里士多德本质主义之间承诺关系的一般性概括。

帕森斯指出，一个句子是某模态逻辑系统的定理，恰当在相应于该模态逻辑系统的每一个模型的每一个世界中，它都为真。这样，一个形如 E_M 的本质主义句子是量化模态逻辑的定理，当且仅当，它在每一个模型的每一个世界中都为真。因此，第一种形式的承诺关系指的是，有一个形如 E_M 的本质主义句子，它在任一个模型的任一个世界中都取值为真。而某模态逻辑系统要求一个形如 E_M 的本质主义句子为真，恰当根据这个模态逻辑系统，一些非模态"事实"迫使该本质主义句子为真，换句话说，在该模态逻辑系统下，这个本质主义句子是表达上述非模态"事实"的一个一致的非模态句子集的逻辑后承。因而，如果模态逻辑在第二种意义上承诺了本质主义，那么每一个模态逻辑系统都应要求，在相应于该模态逻辑系统的每一个模型中，相对于一些特定的非模态句子，若它们都在一个世界中为真，则有某些形如 E_M 的确定的本质主义句子，它在该世界中一定也为真。但是，帕森斯证明了，存在这样的量化模态逻辑的极大模型，在它的每一个世界中任一形如 E_M 的本质主义句子都不为真。③ 帕森斯指出，如果 M 是量化模型结构 < G，K，R > 上的一个模型，且满足下列条件，那么它就是一个极大模型：

---

① Terence Parsons, "Essentialism and Quantified Modal Logic", p. 75, in Leonard Linsky (ed.), *Reference and Modality*, Oxford：Oxford University Press, 1971.

② Cf. Terence Parsons, "Essentialism and Quantified Modal Logic", p. 78, in Leonard Linsky (ed.), *Reference and Modality*, Oxford：Oxford University Press, 1971.

③ Ibid. , p. 79.

（1）$R = K \times K$；

（2）$U = \bigcup_{H \in K} \psi (H)$ 并且 $U \neq \phi$；

（3）对于每一个函数 χ，它将 n 元谓词符号 P^n 映射到 U^n 的子集上，且对于 U 的每一个子集 U^*，都有 $H \in K$，满足 $= \psi (H) = U^*$，并且对于所有不同于 = 的 n 元谓词符号 P^n，都有 $V (P^n, H) = \chi (P^n)$；

（4）如果 $\psi (H_1) = \psi (H_2)$，并且对于所有的 n 元谓词 P^n 都有 $V (P^n, H_1) = V (P^n, H_2)$，那么 $H_1 = H_2$。

帕森斯指出，可以证明这样的极大模型是存在的，而在这样的极大模型中可直接推导出下面的元定理：任一个本质主义的公式在每一个可能世界中都为假。显然，并没有这样的一个形如 E_M 的本质主义句子，它在每一个模型的每一个世界中都为真。因此，量化模态逻辑并未以第一种形式承诺本质主义。另外，根据帕森斯对极大模型的构造，极大模型中的每一个世界都是极大一致的句子集，并且对于任一一致的非模态句子集，都有一个世界 w，使得其中的句子都为真。这样，无论对什么样的一致的非模态句子集，极大模型中都会有一个世界使得其中的句子都为真，但根据上述帕森斯的证明结果，没有一个形如 E_M 的本质主义句子在这个世界中为真。因而，至少系统 S5 没有要求，有一个形如 E_M 的本质主义句子为真。既然并非每一个量化模态逻辑系统都要求，某个形如 E_M 的本质主义句子为真，模态逻辑也就没有在第二种意义上承诺本质主义。对于第三种意义上的承诺关系，即模态逻辑承诺了本质主义句子的有意义性，帕森斯认为这也是难以成立的。原因在于，人们该如何为形如 E_M 的本质主义句子提供一个清楚的意义呢？"尽管下列情形绝非是显然的，即不可能以清楚而自然的方式做到这一点，如下的情况还是明显不过的——这是一个问题，而且是给出非本质句子的真值条件的问题以外的另一个问题。"[①] 帕森斯的言下之意无非是，给出句子意义的同一性条件本身已难度不小，再加上对于形如 E_M 的本质主义句子还要涉及可能世界、跨世界同一性等诸多问题的解释，因此给出此类模态句子的真值条件则更是雪上加霜、困难重重了。另一方面，帕森斯又认为，既然在他的极大模型的每一个世界上所有

---

① Terence Parsons, "Essentialism and Quantified Modal Logic", p. 85, in Leonard Linsky (ed.), *Reference and Modality*, Oxford: Oxford University Press, 1971.

的本质主义句子都为假，也就无所谓给出这类形如 E_M 的本质主义句子的成真条件，因而，模态逻辑也就没有一般地承诺本质主义句子的有意义性。"换句话说，在前两种意义上的免于本质主义承诺，允许在第三种意义上免于任何令人生厌的承诺"[①]。需要注意的是，尽管帕森斯所论述的本质主义形式刻画样本是 E_M，但由于 E_A 和 E_{AI} 是以 E_M 为基础做限制和补充而构造出来的，因而帕森斯的论述同样地适用于形如 E_A 和 E_{AI} 的本质主义句子。因此概言之，帕森斯在任何一种意义上都反对蒯因的论题——量化模态逻辑承诺了本质主义。

笔者认为，帕森斯关于模态逻辑并没有以前两种形式承诺本质主义的论证是有效的，但问题在于，蒯因并不是在这两种意义上提出他的论题的。蒯因论题的基本观点是，量化模态逻辑，或者更准确地说，de re 模态要求必然性存在于事物之中，而不是在人们谈论事物的方式中。也就是说，量化模态逻辑认可了这种做法的正确性，承认在事物的属性中区分本质性/偶然性的有意义性，这才是蒯因意义上的模态逻辑承诺本质主义的关键所在。因此，蒯因是在帕森斯所区分出的第三种意义上声称，模态逻辑承诺本质主义的。但笔者认为，帕森斯对它所做的反驳是不成功的。首先，并没有因为形如 E_M 之类本质主义句子的真值条件的复杂性，这类句子的意义就无法给出。在技术上，可能世界语义学已经给这类本质主义句子的真值条件做了明确的说明与规定。比如，极小本质主义句子" $\exists x \Box F (x) \wedge \exists x \neg \Box F (x)$ "的真值条件即是：有一个 $d \in D$，使得在所有可能世界 $w \in W$ 中，都有 $<d, w> \in F^M$；并且也有一个 $d' \in D$，及某个可能世界 $w' \in W$，使得 $<d', w'> \notin F^M$。真正有困难的地方在于，从哲学的角度合理地阐述可能世界的地位、个体跨世界的存在等问题。我们知道，对这些问题的合理解释都在理论上蕴涵着本质主义的承诺。因此，正如一位评论者曾经指出的，现代模态逻辑是以公开的本质主义形式推进、发展的。[②] 也许可以这样说，本质主义句子的真值条件是可以给出的，尽管这项工作本身是非常复杂的，而这种复杂性即已暗含着本质主义的

---

① Terence Parsons, "Essentialism and Quantified Modal Logic", p. 85, in Leonard Linsky (ed.), Reference and Modality, Oxford: Oxford University Press, 1971.

② Cf. Milton Karl Munitz, *Contemporary Analytic Philosophy*, New York, NY: Macmillan, 1981, p. 390.

"令人生厌"。在这个意义上，没有理由否认量化模态逻辑承诺了本质主义。其次，帕森斯利用极大模型来说明，在某些解释的情形下量化模态逻辑并未承诺本质主义句子的有意义性，这种策略也是失败的。我们知道，一个句子的真值条件和它的真值是两回事。作为一个合式的句子，无论它可能取什么样的真值，它的真值条件并不会因此而发生变化，更不会出现它的真值条件缺失的情形。举一个极端的例子，"亚里士多德既是哲学家，又不是哲学家"是一个恒假的句子，但不会因为它在真值上的恒假性，人们就断言它是没有真值条件、没有意义的。相反，它有自己确定的真值条件，即个体亚里士多德 $d \in P^M$，并且 $d \notin P^M$，其中 P^M 表示谓词"是哲学家"的外延解释。同样地，即使是在极大模型的解释下，量化模态逻辑的本质主义句子一概为假，也不能就此断定这些本质主义句子没有真值条件、缺乏意义；相反，无论在什么样的模型解释下，也无论这些本质主义句子的真值如何，它们的真值条件都是确定的，从不会有它们的真值条件缺失这回事情。所以，量化模态逻辑总是给予形如 E_M、E_A 和 E_{AI} 之类的本质主义句子确定的真值条件，本质主义句子在量化模态逻辑中都有确定的意义；在这个意义上，量化模态逻辑承诺了本质主义。

（原载《哲学研究》2011 年第 3 期，第 121—126 页）

专名指称的语用学探究

专名的公共指称（public reference）反映着专名与其所指之间的一种指示关系，它是语言共同体主观际约定的产物。但它一经产生，就具有客观实在的性质，因而专名的公共指称是一个排除主观心理因素的特殊语义概念，它的特殊之处在于专名的涵义为零，永恒指示着一个固定对象。公共指称排斥了语言使用者的影响作用，仅是一个语言符号与其所反映对象之间的二元关系；即使一个说话者没有关于专名所指罗素（Bertrand Russell）意义上的亲知知识，他也能用该专名在逻辑上指称那个对象，用我们的理论来说，他完全可以根据语言共同体中某根传递命名关系的因果链来了解这种指示关系。① 但仅从公共指称方面来研究专名指称是不够的，因为广义地讲，指称问题涉及三方面之间的关系：语言、非语言的实在和语言使用者。从语言本质上是思想交流工具的视角来看，语言使用者的主体性地位又显得十分重要，所以专名指称的研究不能仅囿于语义方面，还有拓展到语用方面的必要。本文将尝试着对专名指称做纲要式的语用学研究。

一　指称三分法：指示、指谓和意向

1. 专名指称行为的一般过程

奥斯汀（John L. Austin）认为，语言不仅是对实在的描述，更重要的是它还是说话者的一种行为，"说话就是做事"。作为语言的一种重要功

---

① 参见张力锋：《专名的新指称理论——对历史因果理论的挑战及修正》，载于《重庆师范大学学报》2005 年第 3 期。

能，指称当然也是说话者实施的行为。因而，从语用学这个维度来看，专名指称理论应该是一个行为理论，即关于语言使用者运用特定的专名来谈论相应的外部对象——这一行为的理论。专名指称行为的一般过程如下：

首先，语言使用者通过知觉、记忆等手段，对所要谈论的对象在思维中形成特定的意向（intention）。特定的意向为指称明确了方向，如果缺少这一环节，指称行为将失去根基。但意向属于前语言范畴，不可避免地带有一定模糊性，不利于个人思维精确性的形成，有为其寻找适当语言载体的必要。

其次，语言使用者利用自己的知识及经验，寻找到与那特定意向相关的意向内容。所谓相关的意向内容，包括语言共同体用来称呼该意向对象的名称以及对它所做的描述等。通过这些意向内容，语言使用者就可以在自己的思维中用专名、摹状词将意向对象固定下来。经过这个环节，人们就有了将心智领域的意向对象转换成具有主体间性的语言领域的指称的可能性。

最后，在确信自己关于意向内容的信念之后，语言使用者说出或写出为语言共同体所接受的所指对象的名称，以完成这一指称行为。作为指称行为的执行环节，语言使用者不仅要考虑语言符号的主导作用，还得重视各种特定语境的影响作用，因为作为一种言语行为，指称旨在准确、充分地体现语言使用者的意向，任何在该行为发生时对它产生影响的因素都不应被忽视。

通过考察专名指称行为的一般过程，不难发现语言使用者意向活动的突出重要地位：它不仅是指称的动力因，还是目的因。因此，我们必须引入私人指称（private reference）这一概念，实际上它是意向活动的言语行为化表述。

2. 指示与私人指称

在专名指称行为的三个环节中，前两个均是语言使用者的意向活动，它们为指称行为的实施奠定着基础。语言使用者心智中形成的特定意向是个纯粹现象学直观，是以逻辑语言为特征的人类思维所不易把握的，必须将其固定并概念化、精确化，这就产生私人指称的必要性。与某一具体意向相联系的总有特定的意向内容：比如我们的心智指向一个人物，特定的意向内容中可能有该意向人物的名称"克林顿",也可能有一些描述特征"美国第一位二战后出生的总统""受莱温斯基绯闻案困扰的人"等,这些特定的意向内容构成私人指称的素材。在搜寻到特定的意向内容后,语言使用者就着手从中挑选出意向对象的名字,并以此将特定意向在个人思维中固定下来,以服务于交流。在个人言语中意向对象的名字作为意向的标志出现,它直接体现着特定意向,用它将意向以语言形态固定下来是无可非议的,但它是否满足个人思维精确性的要求,却是一个值得商榷的问题。在《专名指称理论:历史、现状及反思》一文中,我已经论述过专名自身是不具有涵义的,因而为满足意向精确性的要求,语言使用者就得依赖于直接经验。但正如罗素所说,由于自身经验的限制,人们没有关于绝大部分事物的亲知知识,这样指望仅从专名的语义特征去获取意向的精确性便落空了。另一方面,虽然语言使用者可能永远不会有关于某事物的亲知知识,但是他通过言谈、书本、信息库等媒体获得的描述知识却在不断增长,于是这个特定意向内容中的描述特征部分就在不断丰富。这样,纯粹专名不能完成的功能就可以由描述特征所形成的摹状词来实现,通过这些摹状词的描述涵义,就能在语言使用者处形成一幅较清晰的事态图像。但语言使用者特定意向的描述特征是随着他的认识实践在不断地修正、变化,相应的摹状词也在不断地调整。这种状况显然不利于固定意向,因此为实现私人指称对于意向的双重功能,就可以在私人指称中将标志特定意向的专名看作是一组开放摹状词的缩写。

那么,私人指称与公共指称的关系是怎样的呢?为区别于私人指称,我们将公共指称改称作指示(denotation),它反映着语词与对象在逻辑上的一种对应关系。从专名指称是一个言语行为的角度来看,私人指称实质上是指示在言语行为中为语言使用者所应用的表现形态。斯特劳森(Peter F. Strawson)区分了语词和语词的使用,认为语词自身并不具备指称功能,指称是人们使用语词时所做的事情,它是语词使用的特征,语词的意义就是为人们在使用语词提到或指称某个对象时提供一些一般的指导。斯特劳森的这些思想是很深刻的,正确地认识到指称是说话者使用语词谈论某个特定对象所实施的一种言语行为,它是一个语用学概念,这种指称关系并非针对语词自身。我们知道,指称行为首先发端于意向活动,作为言语行为的私人指称必然充分体现出语词使用上的特征。对于专名这类特殊的语词，斯特劳森的论述仍然适用：专名与其所指之间固存的指示关系就为不同语言使用者在不同说话背景下正确地使用恰当的专名做出私人指称提供一般应该遵循的规则、习惯和约定，私人指称则是语言使用者在了解到这些习惯、约定后，主观上遵守规则所实施的一种言语行为。由此可见，专名私人指称是在语言使用者参与下所完成的，它必然带有相当的主观色彩，故得"私人指称"之名。

3. 私人指称的两个组份：指谓和意向

当人们使用专名去指称时，实际应用的是一组摹状词，而摹状词的使用又有归属性使用（attributive use）和指称性使用（referential use）两种情形，因而私人指称自身也是较复杂的。

唐纳兰（Keith S. Donnellan）的研究表明，人们对摹状词的使用有两种情形。在第一种情形下，语言使用者通过摹状词说出某个对象是怎样的情况，这里摹状词的出现是必不可少的，因为人们正是要对符合摹状词描述涵义的对象有所断定，唐纳兰称之为归属性用法。在第二种情形下，语言使用者通过摹状词试图使听话者能够辨认出他正在谈论的对象，这里摹状词的出现并非必要，它只是用来完成引起听话人注意这件工作的工具，因而人们可以采用其他的言语手段，如另一个摹状词或名称来完成这件任务，唐纳兰称这种情形为指称性用法。在不同语境下，人们会选用两种用法中最合适的一种；两者在摹状词的特定使用下是不相容的，即使它们都可以正确完成指称功能时，我们也不能混淆两者。类似地，专名的使用也应有这两种用法上的区别，为便于概念的辨别，我们称那组摹状词的归属性用法为指谓（signification），称其指称性用法为意向（intention）。我们都知道，相应于某专名的一组摹状词并不是赤裸裸的，而是贴上了指示某一对象的专名标签，以该专名作为其缩略表达；这里的专名就不像赤裸裸的摹状词，在指谓的同时人们又用它来完成意向行为。这样，私人指称中指谓和意向就是相容的，人们使用专名时可以同时应用这两种功能。之所以产生这样的差异，究其根源在于那组摹状词的使用并不是为了唤起别人的注意，而是语言使用者确信它正确地反映了自己意向对象的特征，因而在他看来意向与指谓是一致的；同时，那组摹状词是被语言使用者用以替代专名的言语手段，因而它又必须具有意向功能。所以，私人指称中存在着相容的两个组份，二者之间的关系是相互补充的，指谓的出现是为了使得意向更加精确，意向则决定着指谓的描述涵义，其中意向居于支配地位，指谓则处于从属地位。当然，这是从私人指称是语言使用者特定意向活动的言语行为化表述角度所做阐发，在具体涉及外部实在时，问题就要复杂得多。

二　私人指称与实在的关系

1. 认识论方面的讨论

私人指称可区分为意向和指谓，相应地作为观念形态的意向对象也应作这样的划分。根据胡塞尔（Edmund Husserl）的意向性学说，意向活动的结构是：意向行为（Noesis）——意向内容（Noema），意向内容正是私人指称的素材，通过对它的考察就可以为明确私人指称的意向对象性质奠定基础。胡塞尔进一步挖掘出意向内容的内部结构，即意向内容的"对象本身"（意向内容间的一致性的极）、意向内容的内核（在呈现出怎么样的规定性方面而言的意向内容）及意向内容的晕圈（被意向行为附带认为的、规定性尚未明确或显现出来的东西）。意向内容的内核就是我们实际所感知、所以为的意识表象，它是指称行为实施的当下语言使用者对意向对象的特征描述；意向内容的晕圈则是胡塞尔把意向性推广到潜在意向领域去的产物。意向活动是在时间中进行的，当意向行为指向一个对象的时候，它也潜在地指向这个对象周围的东西。正如实在事物处于空间的场中，意向内容也处于它的内时间场中。这表明，当意向行为指向某一对象或对象的某一方面时，它还附带地指向它周围的东西。这使得每一意向内容的周围形成一个由过去和将来的意向内容组成的周围域或晕圈，其中当前意向内容是最明亮的内核，过去的意向内容逐渐暗沉下去，将来的意向内容逐步明亮起来。这两个方面实质上构成指谓的描述涵义，意向内容的"对象本身"则直接决定着意向。这个意向内容的"对象本身"是指被进行综合的意识行为所发现的，在一系列相关内容间的一致性的"极"。由于这个一致性的极，我们才认为这一系列意向内容有一个共同的承担者，胡塞尔也把这个共同的承担者称为"X"。我们之所以认为认知对象实际存在，就是由于这个"X"的缘故。因此，在私人指称中必须要区分两类不同的对象：指谓对象与意向对象。

胡塞尔的意向性结构中指谓对象并不是直接与实在相联系的，它是通过那一致性的"极"——意向对象与实在发生关系的。暂且不论这个主体设定的一致性的"极"在本体论地位上可能遭受的责难，我们从认识论上来看看它的重要作用。由于认识的局限性，人们对实在对象的描述知识不可避免地存在着错误，因而在语言使用者实施某一指称行为的特定时刻，他运用那些相关摹状词确定的指谓对象必定与实在对象有偏差；这样一来，主观与客观之间似乎就无法融合了。这一尴尬局面的出现实际上是认识的有限性与无限性之间矛盾直接导致的：从静态的角度看个人对事物的认识当然是有限的、可错的，但是从动态的、全人类的角度看认识又是无限的，人类认识按其本性是能够正确认识实在对象的，作为整个人类的认识，它每前进一步，都是对实在对象真实面目的接近。个人知识又是产生于整个社会环境中，因而以发展、联系的观点看，个人又是能够形成关于实在对象的正确认识的。正是基于认识有限性和无限性之间的辩证关系，胡塞尔引入的意向内容晕圈对于正确阐明指谓对象与实在之间的关系有重要作用。

正如胡塞尔所主张，意向行为存在于内时间中，因而意向内容的内核错误、欠缺部分可以在内时间里得到修正与补充，也即将意向内容的晕圈纳入其中便能够弥补意向内容的内核不足。所以，用于指谓的那组摹状词应是开放的，它具有包容主体在不同时间所可能习得的对象描述特征的性质，并且随时接受实践的补充与修正。

指谓对象又是如何达至实在对象的呢？胡塞尔的观点是，实在对象是主体间设定的。在处于内时间的意向内容中，主体会发现描述特征是互相连贯和统一的，并且随着时间的延续这种连贯性和统一性仍然体现出来，这样意向行为就发现了承载这一系列相关内容的不变的极，也即意向对象。但光凭某一个人的意向行为尚不能构成实在对象，由于连贯、统一性在他人的意向行为中也体现出来，因而意向对象就具有了主体间性，于是人们即可通过那一致性的"极"——意向对象设定实在对象是实际存在的。总之，具有主体间性的意向对象就是实在的对象。

从认识论角度来看，胡塞尔的意向性学说为私人指称与实在的融合作出深刻的阐释，但在本体论上他却是本末倒置、因果不分。他采取公开的唯心主义立场，完全否认自在之物的存在，把世界的实在性看作是集体意识主观设定的产物，将客观实在视为一种规则性的观念。对于唯物主义而言，因为事物是客观存在的，所以事物在特定意向内容中的描述特征具有连贯、统一性，不同的主体才对同一事物有同样的一致性的"极"——意向对象。

2. 本体论方面的讨论

实在对象总是存在于一定的时空中，在其历时存在过程的各瞬时都呈现为一定的状态即现象；现象是易变的，但实在对象却具有历时历地的延续性。亚里士多德（Aristotle）对本体（substance）作了三种规定，其中第三条就是实体乃是变中的不变。这包含三层意蕴：a. 实体是一个个体，可用"这一"或"那一"表述，性质、关系和数量等范畴不具备这种个体性。b. 实体是历时存在的自我同一体，在其历时存在的过程中，性质、位置等可以产生变化，相反的性质甚至可以在变化过程中呈现于同一实体身上，而实体在此过程中却保持数量不变，仍为自身。这是实体最显著的特征。① c. 实体没有程度的不同，同一类实体中各个体之间不会产生程度上的差异，大、小等性质却能在程度上有所不同。这三层意蕴中，b 最能反映实体的特性，即所谓变中的不变。康德（Immanuel Kant）和胡塞尔都对此有详尽的发挥。

康德的实体原理本身就是从时间次序构架的第一形态——时间的延续性——引申而来的。一切现象都在时间中存在，在时间中演变迁易，但变化者只能依赖于不变者而在。"故无此永恒者则无时间关系。顾时间为不能知觉其自身者；故现象中之永恒者乃时间所有一切规定之基体……在一切现象中，永恒者乃对象自身，即视为现象之实体。"② 康德学说的明显特点是把亚里士多德的本体规定"变中的不变"明确为历时的持续，在现象的变化不定中作为现象依托的实体能够历时地维持其自身同一性。

胡塞尔在论及对象的个体性时，也牢牢抓住"在时间中延续"这一

---

① 参见苗力田主编：《亚里士多德全集》第一卷，中国人民大学出版社 1990 年版，第 11—12 页。

② 康德：《纯粹理性批判》，蓝公武译，商务印书馆 1960 年版，第 172 页。

思想，并且还附加上"在空间中延续"的要求。"个别（自然）对象在不同时候与不同地点能够是自我同一的，仅当它们可贯穿这些时间点而延续下去。"①

综合以上三位的主张，可以将实在对象自我同一要求的必要条件总结为：（1）实体在时间中的延续，就是说它能在不同时间点中维持其自我同一性；（2）在空间中的延续；（3）在性质变化中的延续，同一对象在历时跨地的存在过程中可以发生性质、关系的变化增减。

在实践中，根据相应摹状词提供的辨识标准，我们能够很轻易地识别出某专名的所指；但在私人指称中，由于要涉及事物的自我同一性及意向对象与实在对象的融合，一般来说封闭的若干摹状词并不能满足上述要求。所以严格意义上的摹状词应包括足够多的特征性质描述，以使得满足性质的个体具有唯一性。实在对象是变中的不变，变的是现象、性质和关系，不变的是对象自身，而摹状词是通过刻画性状间接地将某一个体与其他事物区分开来，一般并不能永恒地指称某一实在对象：当这个实在对象丧失摹状特征后，该摹状词或者无所指，或者指向其他具有这些特征的对象，所以摹状词未能与某实在对象建立起直接的对应关系，只能说它与处于某一特殊时空段的对象建立了对应关系。那么，摹状词要想在实在对象历时历地存在的全过程中都指向它，或者更进一步地说，无论该实在对象处于何种模态中摹状词都指向它，摹状词必须要能描述出决定该对象存在的东西，即本质的东西。但本质却是一个超验概念，它可以通过一系列现象、性质和关系来表现自己，自身却并不呈现出来。人们可以通过现象、性质等去把握本质，而现象、性质的经验性又是与本质的超验性相矛盾的，这一矛盾决定着本质认识过程的无穷性，人们不可能一劳永逸地通过摹状词描述出实在对象的个体本质。科学认识史也肯定地告诉我们，人们对事物本质的认识永远是尝试性、猜测性的。由此可见，在私人指称中我们不能用封闭的摹状词去指谓，否则该指谓对象与实在对象之间不具有可比性。

虽然绝对的事物本质是不可言状的，但本质属性是决定事物存在的东西，也就是说，它支配着事物的其他属性或外显特征，决定着事物如此这

---

① 陈维纲：《名字与摹状词》，北京大学文科硕士论文，1986年。

般而非其他，或者说，决定着事物外部特征的可能范围，本质属性具有解释其他属性的功能；正因为它的存在，事物才得以特定面目出现。① 可见，本质与非本质的现象、性质之间存在着内在的因果联系，本质之所以重要，原因乃在于它的存在决定着外部特征作为整体的存在，也就是决定着实在对象的存在，本质自身的存在则完全依赖于它和现象、性质等之间的因果联系；它是本质，因为它是非本质属性的原因。对于某实在对象而言，一两个非本质属性可能无足轻重，可以增减变易，但作为整体，非本质属性对于该对象来说至少是和其个体本质同样重要。如此一来，摹状词若能描述出实在对象作为整体的非本质属性，即它在一切模态中可能发生的外显特征的变化范围，该摹状词就直接反映了实在对象的本质，描述对象与实在对象就具备足够的可比性。所以，现实中一切有限的摹状词都无法满足这一要求，只有摹状词具有充分的开放性，能够兼容实在对象外在属性的一切可能变化，才能够透过意义世界中的指谓对象，从而达至实在世界里的实在对象。这样，指谓对象自身并不具备突破意义的藩篱进入实在世界的能力，它必须通过意向内容的晕圈使其自身具有充分的开放性，进而步入意向对象，后者才与实在对象具有充分的可比性，经由它私人指称与实在建立了恒定的联系，从而也使其具备应有的本体地位。

三　私人指称的确定

私人指称是语言使用者运用专名指示功能的具体表现，两者在原则上应是一致的。但是，由于私人指称毕竟是个人的一种言语行为，个人对于专名指示关系的了解多少有着正误的差异，因而私人指称与指示也存在着不一致的情形。所以，研究如何确定专名的私人指称，应该区别这两种情况。

1. 指示与私人指称一致的情形

在专名的私人指称中意向起着决定性作用，当指示与私人指称一致

---

① 参见苗力田主编：《亚里士多德全集》第七卷，中国人民大学出版社 1993 年版，第156—163 页。

时，指示必然是与意向相一致。这表明，语言使用者正确地认识到专名的指示特性，并且在其指导下使自己的意向与主体间的指示相一致。这时，私人指称中意向充分体现了专名固有的指示特性，语言使用者通过传递该专名指示信息的历史因果链，一般就能确定私人指称。但指谓的地位也并非无足轻重，有时候它的描述涵义起着重要的辨别作用，所以有必要对描述涵义做一番考察。

①描述涵义的性质

指谓采用的一组摹状词是因人而异的，受各人的知识、阅历等多方因素的影响，它既可以是语言团体内部的约定，也可以是个人私下的约定，因而它并非确定私人指称的充分必要条件。一方面，依据那组摹状词提供的辨识标准，并不一定能够唯一地确定出专名的私人指称对象，存在着错误描述的可能。因而，私人指称中那组摹状词的描述涵义不是确定私人指称的充分条件。另一方面，即使不借助于那组摹状词提供的辨识标准，语言使用者也能够根据历史因果链来达到正确的私人指称。因此，摹状词的描述涵义也非确定私人指称的必要条件。事实上，描述涵义不仅是一个语义概念，它还是结合语言使用环境、历史背景、语言使用者心理等各方面因素的语用概念；描述涵义是有别于涵义（sense）的意义（meaning），其中非但包含作为辨识标准的理性意义，尚有主体的各种联想意义。意义比涵义要宽泛得多，奥格登（C. K. Ogden）和理查兹（I. A. Richards）曾经从理论和非理论的不同视角，列出"意义"的二十二种意义，涵义仅是其中的一种。① 因而意义除了包含语词的理性意义之外，还应包含语词在人们思想中可能产生的各种观念；之所以将主体的这些联想意义纳入意义范畴之列，是因为意义并非语词固有，没有脱离社会及语言环境的语词意义，它存在于特定社会语言环境下人们语词使用的具体过程中，联想意义正源自后者。

②影响描述涵义的各种语境

在"一名多指"情形下，指谓的描述涵义发挥着辨别历史因果链的重要作用，从而由此最终确定专名的私人指称。但描述涵义的获得只得借

---

① Cf. C. K. Ogden and I. A. Richards, *The Meaning of Meaning*, New York, NY: Harcourt, Brace and Company, 1948.

助于语言使用的具体环境，其中联想意义由于直接源自语言使用的具体过程，对语境更是有着根本的依赖性。基于上述理由，研究不同语境对于一名多指现象下专名私人指称具有重要意义。影响描述涵义的有以下四种主要语境：

（1）人际语境。使用专名的过程中，一般来说无论使用者还是接受者，都具备一定的背景知识。对于使用者而言，其知识水平和思想状况制约着他的专名使用。

（2）语际语境。专名私人指称很大程度上受语言因素的影响，所谓语际语境主要就是指专名使用的上下文条件。语际语境在确定私人指称中发挥着重要作用；尽管有时仅凭语言因素并不能完全确定私人指称，但根据它提供的信息（即描述涵义），我们就可以在若干历史因果链中辨别出相应的那一个，再由此间接地确定专名的私人指称。

（3）情景语境。专名使用的时间、场合也很重要。同一名称的所指并非唯一，历史因果理论失误症结就在于：一旦给某事物命名，名称就将永远指示着它，却并未考虑到随着时空的转变，指示关系也会有所变化。埃文斯（Gareth Evans）列举的一个例子充分说明了时间因素对私人指称的影响：人们可以设想1793年后有个人一直冒充拿破仑，并做出历史记载中拿破仑所做的全部历史事迹，拿破仑本人则在1793年后失踪。这种情形下，1793年后"拿破仑"的客观指示关系就发生了改变，此前它指示着拿破仑本人，此后人们的"知识便占据优势的是关于后来的那个假冒者"，而由于"一般来说，一个说话者打算指称作为他相关知识主体的占据优势的根源的事项"①，该名称就指示着那个假冒者。对于专名使用场合来说，情况也是如此。

（4）背景语境。处于特定社会文化背景下的人易于受到习惯、传统等因素的强烈感染，在语言共同体通过历史因果链来传递命名关系时，随着命名关系被语言使用者们广泛接受，人们对名称的指称就会越来越趋于一致，同时该专名所指示对象的显著特征也会越来越深入语言主体的思想中，从而在这一语言共同体中形成一种特定的背景语境（实际上也可视

---

① Gareth Evans, "The Causal Theory of Names", p. 279, in A. P. Martinich (ed.), *The Philosophy of Language* (3rd edition), Oxford: Oxford University Press, 1996.

为一种公共约定）：只要一提及那个名字，人们就会联想到某些特征，以此就可以从该名字的所有因果链中辨别出这根特殊的、广为人知的链来，进而通过它来确定名字的私人指称。

语境因素往往是同时作用于私人指称的，很难说私人指称的确定到底是哪种因素单一作用的结果，只不过各自有着不同的侧重点。

2. 指示与私人指称不一致的情形

指示与私人指称不一致时，说话者对专名作了错误使用，人们根本不可能再通过历史因果链来确定私人指称。这时，专名已丧失自身的指示功能，不过就是用来表达别的指称的一种不恰当语言手段，所以人们只能借助于对谈话具体语境的分析来识别说话者的私人指称，在这一过程中也可以使名称的错误使用得到纠正。有两种主要的情形：

①实指确定专名私人指称

私人指称中意向占据支配地位，如果说话人用实指方式表明他的意向，那么即使他了解相应指谓的描述涵义，也完全可以不去理会指谓功能，直接通过实指就能使人们识别他的私人指称。或者毋宁说，人们仅通过说话者的言语举止就足以确定其私人指称。实指之所以被语言共同体普遍接受，原因在于私人指称原本就是一种言语行为；作为一种行为，它最直观的表现形式莫过于手势等形体动作，这些非语言的形体动作能够恰到好处地将说话者意向与客观实在联系起来，是沟通主客体的最佳方式。

②摹状词的指谓确定专名私人指称

有些情况下说话者既对专名作了误用，客观实际又使得他无法实施实指行为，人们就只能通过特定谈话语境的提示、说话者对欲指称对象的述谓等提供的描述涵义形成相应的摹状词，并最终由摹状词的指谓确定私人指称。由于对意向对象的命名关系缺乏正确的了解，说话者只是对其属性有某些认识，并且这些属性认识又未必是正确的，因而人们对其私人指称的确定也就是模糊的。又由于无法通过其他途径明确私人指称，遂只能折中地权且利用那些摹状词来指谓专名的私人所指。但往往存在这样的情形，即说话者对自己意向对象的认识是错误的，甚至是互相矛盾，根本不存在这样的属性。这时，对于听话人而言对方的指称显然是不可理解的，指称的共融也成为不可能，从而造成思想交流的障碍。这种情况一方面说明摹状词指谓功能的局限性、可错性；另一方面也显示出若私人指称不可通过实指、指示表现出来，则摹状词的指谓功能具有举足轻重的重要性。克服这一困难的唯一途径就是不断加强语言主体的语言学习，因为在当代语言哲学家们看来，语言学习的过程其实就是在不断地认识外部世界。①

　　以上仅是从语用学角度对专名指称的概要性探究，其中若干论题尚需做进一步的深入研究。专名指称的语用学探究干系当今西方哲学两大传统——分析哲学与现象学的融通，是一项具有重大理论价值的工作，本文挂一漏万，唯愿能借此抛砖引玉，推动国内学界相关研究的拓展。

（原载《徐州师范大学学报》2010 年第 6 期，第 52—57 页）

---

　　①　参见蒯因：《翻译的三种不确定性》，张力锋译，连载于《徐州师范大学大学报》2009年，第 1、2 期。

普特南论自然种类词

—— 当代逻辑哲学视域下的本质主义研究

所谓自然种类词，就是非人造的天然物质或事物类别的名称。如，"水""黄金""柠檬"与"老虎"等通名都是自然种类词。对自然种类词的哲学考察，实际上是本质主义的形而上学论题在当代逻辑哲学、语言哲学研究中的复兴；换句话说，它是古老的亚里士多德本质主义论题在当代哲学研究中的表现形式。以其严格指示词理论为根据，克里普克（Saul Kripke）指出日常语言中的自然种类词也是严格指示词，它严格地指示着一类特殊的自然种类；这种指称严格性是由那些天然物质或事物类别的本质所决定的，后者是指它们的内部结构。普特南（Hilary Putnam）完全独立于克里普克的工作，发展出一种与克里普克理论类似的自然种类词理论。不过，普特南对他的理论做出了充分的哲学论证。正如有的评论者所指出的，"使克里普克感兴趣的主要是他那一套新构想中与模态哲学有关的新成果。凡是在提出某些类似于证明的地方，他几乎总是援引直观的语言用法。很多人会认为这是不充分的，甚至会遇到理解方面的困难，因为在他的思想中缺乏系统的语言哲学基础。而普特南恰好'弥补'了所缺乏的这种基础。"①

一 自然种类的本质：内部结构

一般地，人们认为可以在语言表达式中区分出两个组分，即涵义与指

---

① （德）施太格缪勒：《当代哲学主流》下卷，商务印书馆 2000 年版，第 307 页。

称。所谓指称，不严格地说就是表达式所指示的外部实在；而涵义则是表达式自身的语义特征，是用以辨识指称（即前述那些外部实在）的一些标准。比如，按照卡尔纳普（Rudolf Carnap）的观点：个体词的涵义是个体概念（individual concept），人们通过个体概念进而唯一地确定个体词所指的事物；谓词的涵义就是性质，通过它去确定谓词所指的外部实在中的事物类；句子的涵义则是它所表达的命题，通过命题人们可以确定句子在外部实在中的指称——真假二值。可见，涵义是一个认识论的范畴，并且在涵义与指称的关系上前者决定着后者。那么，作为日常语言中的一类特殊谓词，自然种类词的涵义是什么呢？自然种类词的指称又是如何确定的呢？普特南的答案是，自然种类词根本就没有涵义。他反对通过一组属性来辨识一个自然种类中的个体，因为任一自然种类中都有反常的个体，这些反常个体通常并不具备那组属性。比如，对于柠檬来说，人们可能规定一个事物是柠檬，当且仅当，它满足黄色的、酸味的、有某种果皮的等性质的合取；但显而易见的是，一只绿色的、尚未成熟的柠檬依然是柠檬。因此，这些关于某一种类正常个体的特征描述并不构成该种类的本质，它只是该种类的范型（stereotype），"说某物是柠檬就是说它属于一个其正常成员有着某些性质的自然种类，而不是说它自身必然有那些性质"①。但普特南认为，范型并不适合作为自然种类词的涵义，因为"（1）有关的自然种类的正常成员也许在实际上并不是我们认为是正常的那些成员；（2）自然种类的特征可能随着时间而变化，这可能是缘于条件的改变，但其'本质'却没有如此大的改变，以致我们将不再使用那同一个语词"②。相反，"这些特征的出现（如果它们出现了的话）可能被该物和这个自然种类的其他成员所共有的'本质属性'加以解释"③。很显然，在他看来，确定自然种类词外延的方法就是诉诸本质。普特南认为，对自然种类本质的探究应该是自然科学理论构造的问题。但他从哲学角度指出，自然种类的本质就是它的内部构造。

以水为例，普特南说明了无论在哪种情形下，水的本质都是它的内部

---

① ［美］马蒂尼奇编：《语言哲学》，牟博等译，商务印书馆 1998 年版，第 593 页。

② Hilary Putnam, *Mind, Language and Reality*: *Philosophical Papers*, *Vol. 2*, Cambridge: Cambridge University Press, 1975, p. 142.

③ 马蒂尼奇编：《语言哲学》，牟博等译，商务印书馆 1998 年版，第 592 页。

分子结构——H_2O。他指出，水具有一定的范型——无色无味的透明液体，可以用来解渴等，并且人们还可以针对范型作出操作定义，这种根据一定时期的经验概括出的理想化的描述定义为人们辨别水提供了重要的参数。尽管在不同的历史时期，根据水的范型的不同操作定义，人们可能会把别的物质也当作水，甚至可能将其他形态的水误认为不同于水的其他物质，但这一切都没有改变"水"这一自然种类词的外延，它永远指的是具有某种确定内部结构的物质，无论语言使用者是否意识到这一点：几百年前的人们虽然没有认识到水的分子结构是 H_2O，但他们和现代人用"水"一词所指的都是那种具有某一相同内部结构的东西。

为此，他构造了这样一个思想实验：在宇宙的某一个地方有一个与地球十分相似的行星——孪生地球，它与地球几乎一模一样，两者唯一不同的地方在于，地球上称为"水"的物质指 H_2O，而孪生地球上的人们所谓的水是一种分子结构为 XYZ 的物质。但是在常温常压下，根本无法将两个星球上的水区分开来：两者都是无色无味的透明液体，而且它们对动植物的益处也是一样的，孪生地球上的 XYZ 同水一样也可以解渴。因此，凡地球上出现水的场所，孪生地球则代之以 XYZ，比如那里的河流湖泊、海洋里流淌的是 XYZ，天上下的雨也是 XYZ 等。但是作为地球人，我们为什么不将这种外部特征与水几乎完全相同，而且也被孪生地球人称为"水"的液体当作水呢？普特南是这样来描述这一认识过程的。假设有一艘宇宙飞船从地球飞到了孪生地球，人们乍一接触 XYZ 很可能会以为它就是水，但当地球人经过各种科学手段的检验之后，特别是确定其分子结构之后，人们便会认定孪生地球上的"水"与我们的水不是同一类物质。于是，他们发回地球的报告就会说"在孪生地球上，'水'这个词意指 XYZ"。类似地，如果也有一艘孪生地球的宇宙飞船飞往地球，那么孪生地球人对水的反应应该是与上述的地球人一样的：起初以为地球上的水就是他们的 XYZ，但经过调查后，他们一样会判定两者不是同一种物质，从而向孪生地球发回如下的报告——"在地球上，'水'这个词意指 H_2O"。关于词项"水"的外延是没有异议的，只不过该语词有了两种不同的意义。按照我们在地球上使用这个语词的意义，即在水$_地$的意义上，孪生地球人称为"水"的东西根本就不是水；而按照孪生地球人使用这个词的意义，也即在水$_孪$的意义上，我们叫作"水"的液体并不是水。即使是在地球人和孪生地球人的文明都未发展到鉴别出他们各自所谓水的化学式的意义上，他们用水所指谓的东西也是不一样的，因为外延概念是实在论概念，指涉现实世界中的对象。而普特南认为，即使在化学知识匮乏的1750年，当时的地球人用"水"这个词所指的东西也是与现代地球人所指的一样。

二　范型、索引性和跨世界关系

普特南指出，如果有人指着一杯水说"这种液体被称作水"，那么，这一实指定义传达了关于水的这样一个思想——"成为水的充分必要条件，就是与那个杯子里的东西有相同液体关系"①。但他强调，这一实指定义有着自己的经验预设，即杯子里的物质本身应该与语言共同体称为"水"的东西具有相同的液体关系，否则它就是失败的。比如，如果做实指定义的那个人手指的不是一杯水，而是一杯杜松子酒，那么就没有说明水是什么。因此，某物能否成为水的关键在于是否具有相同液体关系。而相同液体关系是需要经验的科学研究来确定的，因此，1750年人们可能会根据当时的范型把 XYZ 当作水，而随着科学、特别是化学的发展，人们会逐渐认识到它与通常的水并不具有相同的液体关系，从而将其与水区别开来。但这并不说明水这个自然种类发生了变化，因为无论在1750年，还是1950年，人们都可以指着密歇根湖里的液体说"这种液体被称作水"，它只是说明了人们在1750年将 XYZ 误认为是水，而到了1950年人们则纠正了这个错误。尽管经验科学对相同液体关系的探索会发生偏差，但相同液体关系作为一种形而上学的存在是勿庸置疑的，普特南将其推广为跨世界的关系，认为"'水'就是那些与我在现实世界里所指的'这'种液体具有某种同一关系的东西"②。那么，这种跨世界的同一关系究竟是指什么呢？普特南明确地说，就是指两种物质在重要物理性质方面的同一，"一般来说，一种液体或者固体等等的'重要'属性，就是那些结构

---

① Hilary Putnam, *Mind, Language and Reality*: *Philosophical Papers*, *Vol.* 2, Cambridge: Cambridge University Press, 1975, p. 225.

② Ibid., p. 231.

上重要的属性，即那些表明该液体或固体最终由什么（比如基本粒子或者氢和氧，或者土、气、火、水，等等）构成的属性，以及表明它们如何被排列或者连接以产生那样的表面性质的属性"①，对于水而言也即相同的内部结构——H_2O 的分子结构。如果我们承认只具有水的表面性质而没有与其相同的微观结构的液体并不是真正的水，那么，即使在不知晓水的微观结构的情形下，我们也能够理解：为什么有些满足基于水的范型而对"水"所下的操作定义的液体仍然不是水。比如，尽管水$_{孪}$满足我们的操作定义，但由于它与同样也满足这个操作定义的水$_{地}$不具有相同液体关系，因而它就不是水（即水$_{地}$）；另外，即令地球上有某种物质，它也满足我们关于水的操作定义，但在微观结构上却不同于水$_{地}$，它也不是水，因为它与水$_{地}$的正常例子不具有相同的液体关系。

普特南还将"水"这样的自然种类词与索引词"我"、"这里"和"现在"等做了类比，认为这些索引词都是指当下语境的对象，并且它们的指称随着语境的变化而改变。比如，有两个人 A、B 都说"我头疼"，显然，A 说这句话时"我"指称他自己，而 B 说这句话时则指 B，人称代词"我"在不同的人口中说出时指当下语境的不同的说话者本人。普特南把这一点称为"显露的索引性"，他认为，像"水"这样的自然种类词则具有隐蔽的索引性成份——"'水'就是那种同这附近的水有着特定的相似关系的东西"②。"水"的指称是通过索引词组"这附近的"确定的，也就是说，凡能够成为水的东西必须要与当下语境中的水具有相同的液体关系。"水"指称的索引性和严格性不过是表达同一内容的两种不同方式，普特南采用索引性来说明"水"的指称更是强调了当下语境对于确定水的本质的突出重要性：水的本质就是当下语境的水的样本的内部结构，而不是某种其他的结构，这是一种形而上学的必然性。由于他特别地强调语言共同体的当下环境对自然种类词使用的影响，这就导致了水$_{孪}$尽管满足水$_{地}$的操作定义，但它的微观结构与水$_{地}$的内部结构——H_2O 不相同，因此水$_{孪}$就不是我们地球人所指谓的水，也就不能归入我们的自然种

① Hilary Putnam, *Mind, Language and Reality：Philosophical Papers*, *Vol. 2*, Cambridge：Cambridge University Press, 1975, p. 239.

② Ibid. , p. 234.

类——水之中。普特南进而认为，地球人所掌握的自然种类词"水"与孪生地球人所使用的自然种类词"水"是不同的，它们只是具有相同的拼写和读音而已，但它们并不指称相同的自然种类。当然"水是 H_2O"的必然真理性并没有否认人们可以设想水不是 H_2O，人们可以这样做，但这仅仅说明了该命题的认识论偶然性，即它是人们后天的经验科学研究发现的，表明了"人类的直觉并没有获知形而上学必然性的特殊权限"[1]，相反，科学研究为人们获取形而上学的必然真理敞开了大门。拿水来说，"实际上，一旦我们发现了水的本质，就不可能有一个可能世界，在其中水不具有这种本质。一旦我们发现水（在实际世界中）是 H_2O，就不可能有一个可能世界，在其中水不是 H_2O。特别是，如果一个'逻辑上可能的'陈述就是一个在某一个'逻辑可能世界'中能够成立的陈述的话，'水不是 H_2O'就不是逻辑可能的"。[2]

普特南特别指出，虽然水不是 H_2O 这种情形"是可以设想的，但不是可能的！可设想性根本不是可能性的证明。"[3] 这种内部结构就好像是一种形而上学的规定一样，科学技术一经掌握了它，也就决定了我们关于相应物质的反事实设想的限度，因此我们在形而上学的范围内难以设想水是 XYZ。当然随着科学的进步，人们对物质内部结构的认识会越来越深入、越来越精确，比如可能揭示出水有着两种"量子结构"，但并不能由此就认为原有的自然种类的基础出现了动摇，水没有一种唯一的本质。[4]普特南承认，"即使通过科学研究或者通过某种'常识性'的测试，我们得到了一个'确定的'答案，这个答案仍然是可以废止的：将来的研究可以推翻最'确定的'范例。"[5] 不过，他这是针对满足某自然种类的一定范型标准、符合相应的操作定义的样品而言的，对于科学所发现的内部

① Hilary Putnam, *Mind*, *Language and Reality*：*Philosophical Papers*，*Vol.* 2，Cambridge：Cambridge University Press，1975，p. 233.

② Ibid.，p. 233.

③ S. P. Schwartz（ed.），*Naming*，*Necessity and Natural Kinds*，Ithaca，NY：Cornell University Press，1977，p. 130.

④ 参见赵汀阳主编：《论证》1999 年秋季卷，辽海出版社 1999 年版，第 192 页。这种观点是以质疑普特南通名理论的形式出现的。

⑤ Hilary Putnam，*Mind*，*Language and Reality*：*Philosophical Papers*，*Vol.* 2，Cambridge：Cambridge University Press，1975，p. 225.

结构他未曾作出这样的断言；相反，他一再强调科学研究实际上发现的水的分子结构就是它的本质。对于水的两种量子结构这种情形，在他关于自然种类的论述中实际上已经蕴含着两种解决方案：其一，作为水的本质，H_2O 并未因其经验性而丧失形而上学必然性，它没有被新近发展起来的量子结构所证伪，它仍然是某一物质成为水的充分必要条件；量子结构加深了人们对水的本质的了解，我们可以依据它再把水分为两个亚类。其二，即使完全接受量子结构作为水的内部结构，放弃原来的分子结构学说，这也不会因此瓦解原有的水这一自然种类；普特南曾经提到过玉这一自然种类，它的成员并不具有一种统一的内部结构，而是有着两种差异极大的微观结构，但它们具有极其相似的纹理，这时中国人也没有否认其中的一些不是玉，而是分别称为"硬玉"和"软玉"，而如果事实上地球上遍布着不可分辨的 XYZ 和 H_2O，而且人们一直都是不加区分地这样称呼它们，那么也完全可以说它们是两类水：XYZ 类的水和 H_2O 类的水。类似地，对于没有统一量子结构的水，我们也不会拒绝其中任一类为水，我们会将它们视为两类水，当然此时成为水的充分必要条件就会是具有足够多的表面性质。普特南最后这样来总结自然种类的本质问题，"如果有一种隐藏结构，那么一般地它决定着什么可以成为一个自然种类的成员——不仅在现实世界中，而且也是在所有可能世界中……但本地的水，或者无论什么东西，可能有着两种或更多种隐藏的结构——或者隐藏结构如此之多，以致于'隐藏结构'都变得不再相干了，而表面的特征成为决定性的因素。"[1]

三　来自世界的贡献：科学实在论立场

以上普特南关于自然种类本质的论述表明了他的科学实在论立场[2]，而对于那些试图仅通过操作定义来识别自然种类的做法，他认为这反映了一种哲学上的反实在论观点。他以黄金为例比较了自己的观点和操作主义

---

① Hilary Putnam, *Mind, Language and Reality: Philosophical Papers*, Vol. 2, Cambridge: Cambridge University Press, 1975, p. 241.

② 普特南后期放弃了科学实在论，转向内在的实在论，这已经超出本文的讨论范围，故不予以考察。

的观点。在操作主义看来，黄金就是满足同一时代关于黄金范型的"操作定义"的东西。因而在阿基米德的古希腊时代黄金就是满足那个年代的关于黄金的"操作定义"的东西，而在当代则指那种满足现代的黄金"操作定义"的物质，在不同的历史时期自然种类词"黄金"的外延总是处于不断的变化之中，当然也就没有一个所谓客观的自然种类的存在。普特南指出，操作主义只承认理论内的实体，根本否认在理论之外还存在着独立的实体，因此我们无权用当代的先进理论去批判阿基米德时代对黄金的确认，只有那个时代的理论才是最适宜的标准，因为"在反实在论者看来，我们的理论和阿基米德的理论，并不是对同一个独立于理论的固定的实体领域的两种近似正确的描述；反实在论者对科学'会聚'的观点持怀疑态度——他并不认为，比起阿基米德的理论，我们的理论是对同一种实体的更好的描述。"① 但满足某一操作定义、"X 是黄金"为真都是外延性的，持反实在论的操作主义应该把它们当作完全无意义的东西抛弃掉，因此，采取操作主义形式本身就是与反实在论自相矛盾的。而在科学实在论看来，当阿基米德断言某个东西是黄金时，他并不是仅仅说这个东西满足了黄金的某些范型标准，还表达了这个东西与本地的黄金样品具有相同的隐藏结构。正是因为自然种类黄金的客观实在性，才需要科学去不断揭示它的内在本质。普特南这样来描述科学实在论，"无可争议的是，科学家们在使用那些词项的时候，并不觉得相关的标准就是这些词项的充分必要条件，而是把这些标准看作是对一些独立于理论的实体的某些属性的近似正确的描述；而且他们认为，一般而言，成熟的科学中一些更晚的理论，对较早的理论所描述的同样的实体做出了更好的描述。"② 普特南还分析了操作主义产生的另一个动机，即对不可证实的假设的厌恶。操作主义认为，只有经过关于范型的"操作定义"的检验，我们才能够确定某个东西 X 是不是黄金。因而在操作主义者看来，说古希腊的人们误以为某些满足他们的操作定义的东西（比如 X）是黄金——这是不对的，因为他们在原则上并不能够证实 X 不是黄金，做这样的假设是没有意义

---

① Hilary Putnam, *Mind, Language and Reality: Philosophical Papers*, *Vol. 2*, Cambridge: Cambridge University Press, 1975, p. 236.

② Ibid. , p. 237.

的。普特南并不认为像阿基米德这样的古希腊人在原则上不能够证伪 X 是黄金，他指出现代人可以告诉阿基米德很多种情况，在其中 X 表现出来的性状和其他真正的黄金很不相同，甚至于现代人可以当着阿基米德的面做关于这些情况的实验，这样他就会逐渐总结出规律，从而认识到 X 有可能不是黄金。而产生这些差异的根本原因在于，X 与黄金具有不同的本质——内部结构，不同的本质必然会表现出在外部性状上的差别。于是，如果现代人进一步向阿基米德解释黄金具有什么样的分子结构，而 X 之所以表现出不同的性状是因为它具有另外一种分子结构，那么阿基米德必定会赞同 X 不是黄金。非但如此，普特南又进而摧毁了操作主义的证实原则，认为"在任何一种合理的观点看来，当然任何时候都存在着一些是真的但却无法证实的事情"[1]。他以双子星为例，说明如果有无数个双子星，我们哪怕是在原则上也无法证实这一点。至此，普特南就在哲学本体论上论证了他所坚持的自然种类的内在结构本质说的合理性。

四 来自社会的贡献：语言分工

但自然种类的内部结构不是经验外显的，语言共同体中的一般成员不具备揭示这种结构的能力，因此，借助本质来确定自然种类词的指称这一方法显然不适用于他们。但奇怪的是，语言共同体的一般成员都可以有意义地使用这些自然种类词，其他成员也能够理解他究竟在谈论什么。如何解释这种现象呢？或者说，语言共同体的一般成员是如何实现这种"神奇的"指称确定的呢？与克里普克类似，普特南也将其归因于语言的社会性，但与前者不同的是，他提出了"语言分工假说"来具体说明自然种类词的指称确定。由于社会生活中存在着不同的劳动分工，人们在不同的社会领域从事着自己的工作、学习和研究，因而每个人对社会生活各方面的熟悉程度是各不相同的。按照普特南的说法，反映到语言现象上，上述特征就表现为语言共同体内部也存在着不同的社会分工。有许多常用的语词，它们的外延只能够为少数特定领域的专家所确定，例如，社会中只

---

[1] Hilary Putnam, *Mind, Language and Reality*: *Philosophical Papers*, Vol. 2, Cambridge: Cambridge University Press, 1975, p. 238.

有一小部分金属专家掌握了精确地确定"黄金"外延的理论和技术。语言共同体中的其他成员之所以也能自如地使用像"黄金"这样的语词，是因为：作为一种社会性的交流工具，语言是整个语言共同体通力合作的产物，而每个语言使用者对它的使用都必然依赖于共同体中的其他成员。这样，尽管普通老百姓或许根本不知道鉴别黄金的方法，但是依靠语言共同体中那些专家的工作，他们还是等于间接地掌握了这门技艺，从而也就使得他们能够正确地使用"黄金"这个自然种类词。可见，通过语言共同体内部的这种分工合作，"一般认为与通名有关的那些特征——比如成为其成员的充分必要条件，辨别某物是否属于它的外延的方法（标准），等等——都存在于被当成了一个集合体的语言共同体之中"①，而依赖于语言共同体的这种整体能力，每个语言使用者都可以毫无疑虑地使用那些或许他根本就不熟悉的通名及其他语词。据此，普特南概括出语言分工假设，即"每个语言共同体都表现出上面所说的那种语言分工，也就是说，至少拥有一些词汇，与之相关的'标准'只有少数掌握它的人知道，而其他人对它的使用则依赖于他们与上述少数人的有条理的分工合作。"②

　　反过来，语言的社会分工学说又进一步巩固和维持着自然种类词的指称严格性。拿前例中的自然种类词"水"来说，伴随近代化学的兴起，语言共同体中就有一部分人开始从事化学分析的工作；于是，其中的一些人就会去探求精确识别自然物质水的标准。他们的工作当然是首先采集自然物质水的样本，这些样品必须是得到语言共同体普遍承认的，它们应该满足人们已有的关于水的范型。经过对这些样品做化学的分子结构分析，专家们发现它们具有共同的内部分子结构——H_2O。正是 H_2O 这一本质性的"隐藏结构"，从科学角度将"水"的指称进一步固定下来，同时也从形而上学角度使人们认识到自然种类水的本质。随着水的分子结构的揭示，语言共同体对"水"意义的认识得到了极大的提高：虽然有一些物质，它们满足了水的操作定义，而语言共同体之前在原则上又不能将其区分开来，但自从认识到水的内部结构后，语言共同体已经可以将它们剔除

---

① Hilary Putnam, *Mind, Language and Reality*: *Philosophical Papers*, *Vol. 2*, Cambridge: Cambridge University Press, 1975, p. 228.

② Ibid.

出"水"之列。可以这么说,自然种类词"水"的指称严格性确保了自然种类水的内部结构发现的可能,而水的本质结构的发现又进一步巩固了自然种类词"水"的指称严格性。

普特南在对传统意义理论的批判中展开了他的这套理论。他指出,传统的意义理论建立在下面两个不能同时成立的假定之上:"(Ⅰ)知道一个词项的意义,就是处于某种心理状态(……)。(Ⅱ)一个词项的意义('内涵')决定它的外延(相同的内涵意味着相同的外延)。"① 他论证说,关于语言的这些观点是荒谬的,它们"反映着两种特殊的而且极有核心意义的哲学倾向:将认识当作纯粹个人事务的倾向,以及忽视世界(世界中的东西要多于个人所'观察'到的东西)的倾向。忽视语言的劳动分工,就是忽视了认识的社会性;忽视我们所说的大多数语词的索引性,就是忽视了来自环境的贡献。传统的语言哲学,就像大多数传统哲学一样,把他人和世界抛在了一边;关于语言,一种更好的哲学和一种更好的科学,应该把这两者都包括进来。"② 普特南所阐明的正面的观点是:"词项的外延并不是由个体说话者头脑中的概念决定的,这既是因为外延(总的来说)是由社会决定的(就像那些'真正的'劳动一样,语言劳动也存在着劳动分工),也是因为外延(部分地来说)是被索引性地决定的。词项的外延有赖于充当范例的特定事物的实际上的本质,而这种实际的本质,一般来说,并不是完全被说话者所知晓的。传统的语义学理论忽略了对外延起决定作用的两种贡献——来自社会的贡献和来自真实世界的贡献。"③

(原载《江海学刊》2006 年第 5 期,第 60—65 页)

---

① Hilary Putnam, *Mind*, *Language and Reality*: *Philosophical Papers*, *Vol.* 2, Cambridge: Cambridge University Press, 1975, p. 219.

② Ibid. , p. 271.

③ Ibid. , p. 245.

自然种类词的逻辑

克里普克（Saul Kripke）、普特南（Hilary Putnam）论证本质主义的前提之一是后天必然真理的存在，而后者则要求专名、通名等指示词的严格性。比起专名指称的严格性来，表达自然种类的通名引发了更广泛的争议。

一　质疑自然种类词的严格性：一种典型的反对意见

有人就以自然种类词（natural kind term）为突破口，发挥蒯因（Willard Van Orman Quine）著名的不确定性论题，试图否认表述自然种类本质的后天必然命题存在的可能性，从而在根本上驳斥任何一种针对自然种类的本质主义方案的合理性。

旅美学者李晨阳是这一观点的代表人物，他认为自然种类词在指称上具有不确定性，"在为自然种类命名的过程中，……对于被命名者总有一种不可避免的不确定性"，而"自然种类命名的这一特性决定了表达自然种类同一性的真命题绝不能表述必然真理"。① 他指出，与对个体的命名不同，给自然种类命名时人们所面对的并不是一个个具体的物种，这样就只能通过该自然种类的一些样本来完成命名。这里就出现了问题：这些样本究竟代表的是哪一个自然种类呢？众所周知，在物种分类上，同一个个体既可以属于某个表示属的自然种类，也可以隶属表示该属下的某个种的自然种类。比如，一只具体的蛇果既可以是自然种类"蛇果"的个体，

① Chenyang Li, "Natural Kinds: Direct Reference, Realism, and the Impossibility of Necessary a Posteriori Truth", p. 262, in *The Review of Metaphysics*, Vol. 47, No. 2, 1993, pp. 261 – 275.

也可以是自然种类"苹果"的个体；这时，当人们指着一只蛇果，对其所代表的自然种类做实指命名时，究竟是在为什么东西起名呢？为进一步增强其论证的力量，李晨阳教授效仿蒯因把为自然种类的命名推向"彻底翻译"（radical translation）的情形。他构想了一个可能世界 W，其中没有水果这样的东西，因而也就没有相应的自然种类名称。如果把一些蛇果放到可能世界 W 中，那么 W 里的人就会指着这些东西，将它们命名为"ABC"。但自然种类词"ABC"究竟是指蛇果或苹果，还是指更为宽泛的水果呢？这个问题是可能世界 W 中的人所无法回答的：当递给可能世界 W 中的居民一只麦金塔苹果或梨子，并问他们这是不是 ABC 时，仅根据命名时关于 ABC 的那些想法，他们是确定不了答案的。因为一只麦金塔苹果就造成了这样的困难："一方面，麦金塔苹果与蛇果共享足够多的相似处，以致成为同一类事物；另一方面，它们又与蛇果有足够多不相似之处，以致成为不同类的事物"①。既然缺乏一个确定 ABC 的标准，W 里的人唯一能做的就是决定或规定麦金塔苹果是不是 ABC。李晨阳教授特别提到，"这种决定也是决定 ABC 类个体都有什么本性或相互之间具有什么样的同一关系，以及它们是何类事物"②。他认为，自然种类词在彻底翻译情形下所出现的这种指称不确定性，实际上也是人们在现实生活中面临着的。李晨阳教授所举的一个例证是，在汉语里"象"最初仅指称亚洲象，后来才将非洲象也包括进来。他指出，对是否将新出现的个体纳入旧有的自然种类词的指称之列，人们的决定不是必然的；否则，同样的物种在不同的语言中应该有完全对应的物种名词。以汉语里的"雁"和"鹅"与英语里的"goose"为例，在中国人看来，雁和鹅是两种不同的动物，但英国人却"决定"它们是同一种动物——goose。对于这一普遍存在的自然种类命名、自然种类词指称上的不确定性，李晨阳教授将其总结为"一般说来，每当我们遇到一个新的对象 O，后者使我们不得不认真地考虑它是否属于一个种类（这个种类我们在过去已经命名过，但并未深入加以注意以决定像 O 这样的对象是或不是该种类的实例），我们就需

---

① Chenyang Li, "Natural Kinds: Direct Reference, Realism, and the Impossibility of Necessary a Posteriori Truth", p. 267, in *The Review of Metaphysics*, Vol. 47, No. 2, 1993, pp. 261 – 276.

② Ibid. , p. 268.

要决定它是否属于这个种类",而且"只要命名的整个过程尚未完结,自然种类词的最终指称（或范围）就是未定的,因而是不确定的。这个过程绝不可能完结"。① 也就是说,在李晨阳教授看来,人们认识中的自然种类永远是不确定的,甚至究竟什么算作自然种类在很大程度上是语言共同体率性而为的一件事情。

　　根据自然种类词的指称不确定性,李晨阳教授进而论证相应的后天必然真理的不可能性。关于自然种类的同一性命题的一般形式是：自然种类 K 是具有 i 特征的自然种类 I。按照李晨阳教授的论题,自然种类词 "K" 和 "I" 都是指称不确定的,两者都没有严格地指称同一物种,因而自然种类 K 和 I 的同一性就不具有必然性。以揭示水本质的同一命题 "水是 H_2O" 为例,李晨阳教授认为它并不是一个必然命题,这可以通过普特南著名的孪生地球上的 XYZ 是不是水得以说明。他指出,要判定 XYZ 是不是水,必须要有一个确定水在物质分类体系中位置的定义标准,而要得到这样一个定义标准,只有先解决 XYZ 是不是水的问题。因此,自然种类词 "水" 在指称上具有不确定性,XYZ 是不是水的问题应由语言共同体来决定。但根据李晨阳教授先前的建议,这种决定仅是一种习惯的约定,并不具有必然性;这样一来,XYZ 完全可能成为水。于是克里普克、普特南心目中的后天必然命题 "水是 H_2O" 就不再是必然的。将这一结论推广开去,关于自然种类同一性的后天必然命题是不存在的,任何表达自然种类本质的命题都不是必然的。

　　另一方面,针对一些辩护克里普克后天必然真理论题的意见,李晨阳教授指出,即使按照克里普克思想的内在逻辑,关于自然种类的后天必然真理也是不可能的。比如,有这样的一种辩护意见,它认为假如 XYZ 真的是水,那也只是证明了命题 "水是 H_2O" 是假的;而克里普克的原意是,如果这个同一命题是真的,那么尽管是后天经验发现的,它还是必然的;因此,这种反例并未构成对后天必然真理论题的反驳。李晨阳教授指出,在这种情形下对命题 "水是 H_2O" 的后天必然真理性的讨论就取决于相关命题的真值条件。但是,由于自然种类词的指称不确定性,人们永

---

　　① Chenyang Li, "Natural Kinds: Direct Reference, Realism, and the Impossibility of Necessary a Posteriori Truth", p. 270, in *The Review of Metaphysics*, Vol. 47, No. 2, 1993, pp. 261 – 276.

远无法知道相关的两个自然种类词的最终指称是否相同，这样就不可能得到一个真的相关同一命题，因此按照上述的理解，克里普克的论题就没有任何意义，我们根本无法得到所谓的后天必然命题。类似地，如果从经验的角度承认某些关于自然种类的命题的真理性，根据自然种类词指称的不确定性，这些命题总存在着为假的可能性，因而它们也是不必然的。将这两个方面综合起来，李晨阳教授就认为，克里普克关于后天必然真理的思想无论如何都内在地推论出后天必然真理的不可能性。

既然关于自然种类的后天必然同一真理是不可能的，因而表述自然种类本质的真理也就是不存在的，任何一种企图提供自然种类本质的方案都将是失败的。

二　不确定性论题探究

蒯因的不确定性论题是 20 世纪下半叶最为知名、影响也最为巨大的哲学学说之一，它是由三个相互关联、互为依托的部分组成的有机整体，即翻译的不确定性（the indeterminacy of translation）、指称的不可测知性（the inscrutability of reference）和科学理论的不充分决定性（the underde-termination of scientific theory）。[①] 蒯因以丛林语—英语的彻底翻译来阐发翻译不确定性。他设想一个田野语言学家来到一个完全陌生的土著部落，研究这个部落不为世人所知的丛林语。按照蒯因的语言习得理论，人们理解一个语言是从观察句入手的。这个田野语言学家发现，在出现兔子疾驰而过的场景下土著人都会说"Gavagai！"这样一个句子。于是，他尝试着当有兔子飞奔过来时模仿土著人说出"Gavagai！"，于是就会得到土著人的赞同；而在没有兔子出现的场合下说出"Gavagai！"，便会遭到土著人的反对。由此可见，"Gavagai！"是一个主体间可观察的场合句，并且土著人易于就不同语境下说出的"Gavagai！"达成一致意见，而"观察句就是共同体的成员可以通过令大家都满意的直接观察来处理的场合句"[②]，

---

① 翻译的不确定性、指称的不可测知性是与本文相关的，科学理论的不充分决定性则与本文联系不大，故不予考察。

② Willard Van Quine, "Three Indeterminacies", p. 2, in R. B. Barrett and R. F. Gibson（eds.），*Perspectives on Quine*, Oxford：Blackwell, 1993, pp. 1 – 16.

于是可判定"Gavagai!"乃是一个典型的观察句。正由于其主体间可观察性，才使得"Gavagai!"成为可理解、可翻译的，从而进一步产生其语言"意义"来。在英语中，但凡有兔子疾驰而过的情形，人们通常会说出"Rabbit!"（"兔子!"）这一单个词的句子（one-word sentence）。既然相同的场景刺激之下说丛林语者和操英语者分别被激发出"Gavagai!"与"Rabbit!"这两个句子，田野语言学家便试图将丛林语句子"Gavagai!"翻译作英语句子"Rabbit!"。田野语言学家的翻译实践体现了蒯因抱有的经验论语言观。在蒯因看来，语言学是一门经验科学，句子具有的意义就是它们的经验内容，所谓语言的"意义"就是刺激意义。感觉经验内容才是句子具有的意义，说出一个句子要表达、传递的，并能为他人所理解的东西正是这种刺激意义。

但是"Gavagai!"这样的观察句包含的经验内容，即有兔子飞奔过去的场合，在逻辑上完全可以激发出田野语言学家或任何丛林语初学者的不同翻译或理解。比如，田野语言学家完全有可能受到这类场景的刺激，将这样的经验内容表述为"Rabbit-hair!"（"兔毛!"）、"Running-rabbit image!"（"奔跑的兔子形态!"）等，按照戴维森（Donald Davidson）的意见甚至还可以表述为"Rabbit-fly!"（"兔蝇!"），进而这些句子都可以成为观察句"Gavagai!"的候选译文，翻译的不确定性得以显现。作为"Gavagai!"的翻译，"兔毛!"、"奔跑的兔子形态!"乃至"兔蝇!"与"兔子!"具有同等认识论地位；之所以如此，是因为翻译过程中翻译主体的概念结构、思维习惯、所属语言共同体的社会文化背景和心理特质等都不可避免地要占据先入之见的有利地位，它们被强行赋予对土著人语言的理解之中，导致同一个丛林语语句随着翻译者的不同生成若干互不相同的翻译或解释，并且这些不同版本的译文无所谓正确与错误的分别——蒯因认为在翻译中没有事实问题。由于人们翻译或者学习一个语言是由观察句开始的，或者说观察句是理解的基础，既然观察句的彻底翻译中存在着原则意义上的不确定性，一个语言的翻译或理解在整体上也就因而是不确定的。需要说明的是，这里的语言并不仅指外来语，也包括母语在内。我们可以想见，儿童学习母语的过程实际上类似于彻底翻译，同一个语句可以被几个儿童作各不相同的理解，这些理解甚至可以是逻辑不相容的，但仍可以确保刺激意义的同一。

　　与翻译不确定性相关，蒯因认为作为句子组分的词项也是指称不可测知的。词项"gavagai"是单个词的观察句"Gavagai！"的唯一组成部分，由"Gavagai！"的翻译不确定，自然可以逻辑地推断词项"gavagai"指称的对象也不确定：在某些翻译模式下，它指称的是兔子这类事物；在另一些模式下，它完全可以指的是兔毛、奔跑的兔子形态或兔蝇这些类对象。蒯因在晚年甚至说指称的不可测知性才是他当初设计彻底翻译思想实验的初衷："具有讽刺意味的是，在强意义下翻译不确定性并非我创造'Gavagai'这个词要说明的东西。作为一个词项来看，这个语词说明了指称的不可测知性……将'Gavagai！'翻译成'（瞧，一只）兔子！'不足以将作为一个词项的'gavagai'的指称固定下来；那就是这个例子的要点。"① 与翻译不确定性一样，指称的不可测知性不仅反映在丛林语等外语词项上，也表现在母语语词上。在学习母语的过程中，婴儿完全可以由同样的场景刺激赋予一个语词以不同的指称对象。

　　但需要指出的是，即令蒯因本人也意识到上述不确定性与不可测知性是需要加以限定的，仅仅限于极端的语言学习情形，不可将之推广至具有特定文化背景的语言共同体内部。蒯因用归谬法论证指称不可测知性是相对的，即他后来阐发的"本体论相对性"。假如丛林语词"gavagai"是否与英语单词"rabbit"意谓相同的东西是不确定的，则丛林语词"gavagai"是否指称兔子也是不确定的；假如丛林语词"gavagai"是否指称兔子是不确定的，则说英语的邻居是否用单词"rabbit"指称兔子也是不确定的。按照这个思路，蒯因推断出他自己是否使用"rabbit"有所指称也不确定的荒谬结论。"我都在主张捍卫行为主义的语言哲学，即杜威哲学——指称的不可测知性不是事实的不可测知性；这件事情根本就没有事实。但是，如果这件事情真地没有事实可言，那么不但邻家可以纳入指称不可测知性的情形，而且本家进而也是如此；我们可以将其运用于自身。假使甚至就其本人而言某人正在指称兔子、公式，而不是兔子时段、哥德尔数——这样的说法讲得通，则就别的人而言这样说也应该同样的有道理。正像杜威强调的那样，毕竟没有私人语言。"这样的推论是荒唐的，

---

① Willard Van Quine, "Three Indeterminacies", p. 6, in R. B. Barrett and R. F. Gibson（eds.），*Perspectives on Quine*, Oxford：Blackwell, 1993, pp. 1 – 16.

"我们似乎正使用计谋将自己置于荒谬之境，即任何词项在指称兔子与指称兔子部分或时段之间都没有差异，无论是语言间的，还是语言内的，也无论是客观的，还是主观的；或者在指称公式与指称它们的哥德尔数之间也没有差别。当然这是荒谬的，因为它意味着兔子与其各部分或时段之间没有差别，也意味着公式与其哥德尔数之间没有差异。指称似乎现在就变成无谓的了，不仅在彻底翻译中如此，在自家也是这样。"①

通过以上归谬论证，蒯因实际上针对的是一种"绝对的"、脱离背景理论的指称观念，指称无谓论断也是就绝对指称意义而言的，他对绝对指称持有虚无论（eliminativism）立场。正是按照日常意义理解的绝对指称观念，才会有兔子、不可分割的兔子部分及兔子时段等在本体论上没有差异的荒唐结论，因而在此意义下便没有指称这回事：任何语词都不指称对象。从这一较宏观的理论视角看来，指称不可测知性就不再是一个孤立的论题，它是绝对指称虚无论的重要一环。作为外延主义者，蒯因当然不能容忍指称的虚无，日常的绝对指称观必然会被他摒弃。为此，他提出指称和本体论的相对性学说，以相对指称观念取代绝对指称观。按照相对指称观，如果人们说"gavagai"指称 rabbit，那么这一定是相对于某一翻译手册。具体说来，首先根据一本翻译手册将"gavagai"译为英语普通名词"rabbit"，其次再去引号得到"rabbit"指称 rabbit，最后"gavagai"的指称得以确定为 rabbit。对于母语语词而言，第一个步骤就可以跳过，可以直接运用去引号确定它们的指称。在这个过程中，指称不再是脱离于语言或理论框架的，它总是相对于一个为感觉经验不充分决定的背景世界理论（去引号指称机制）和背景双语翻译手册；相对于特定的背景解释或翻译手册，指称便不再是不确定的。索姆斯（Scott Soames）正确地评论了这个学说，它的"主要特色被认为是：如果作'绝对'的考量，指称就是无谓的，但若理解为相对于某类背景理论或语言，它就不是无谓的"。②蒯因本人也就指称及本体论的相对性论题做出过以下精辟概括："较过去在那一标题下所作的讲座、所写的论文和书来，我现在可以更简明地说本

---

①　Willard Van Quine, *Ontological Relativity and Other Essays*, New York：Columbia University Press, 1969, pp. 47 – 48.

②　Scott Soames, "The Indeterminacy of Translation and the Inscrutability of Reference", p. 347, in *Canadian Journal of Philosophy*, Vol. 29, No. 3, 1999, pp. 321 – 370.

体论的相对性是相对于什么的。它是相对于翻译手册的。说 'gavagai' 指示 rabbit 就是选择了一本翻译手册，其中 'gavagai' 被译作 'rabbit'，而不是选择其他任何一本手册。……不确定性或相对性也可以某种方式推广至自家语言（home language）吗？在《本体论的相对性》一文中我说可以，这是因为通过实质上不遵循单纯同一变形（identity transformation）的排列，可以将自家语言翻译成它自身。……但是如果我们选择同一变形作为我们的翻译手册，这样就相信了自家语言的表面价值，那么相对性就得以解决。于是指称就在类似于塔斯基真理范式的去引号范式下得到详尽的阐述；这样 'rabbit' 意谓着 rabbit，无论它们是什么，而 'Boston' 指示 Boston。"① 按照我的理解，无论翻译手册还是去引号指称都反映了指称这个语义学概念是相对于语言共同体的，它是由语言使用者所属共同体的语言习惯等社会文化、心理特征不充分决定的。对于一个稳定的语言共同体来说，它的翻译专家总会依照自身的概念图式编制出公认的外来语翻译手册，概念图式是在长期的社会历史进程中形成的，带有鲜明的文化、心理特征。当然，逻辑地看既令基于同样的概念图式翻译专家也有可能编制出若干本差异不小的翻译手册来，这就是彻底翻译说明的指称不可测知性。但是，一旦选定其中一本作为公认的翻译手册，外来语词在该共同体内部就具有确定的指称。对于母语语词的去引号指称而言，情况更是如此。"rabbit" 指称 rabbit，"水" 指示水，这里不存在任何不确定性——长期形成的特定历史、文化、心理背景以及这些特定社会背景造成的语言共同体成员的先验概念图式，都使得 "rabbit" 是指出现在说话人面前善于奔跑、机警且食草的那一类哺乳动物，而不是它的不可分割的部分或时段，它指称它事实上指称的物种。在婴儿的母语学习中，逻辑地看尽管存在着语词指称的不可测知问题，但在父母的教导及语言共同体内环境的影响下，他会纠正这种不确定性，选择共同体采用的通用指称机制（也可视为一本特殊的翻译手册，只不过被翻译项是母语语词，翻译项是实体）将其作具有主体间性的理解，指称也就因而是确定的。

至此，指称的不可测知性得到较全面的辨析。我认为，李晨阳教授提

---

① Willard Van Quine, *Pursuit of Truth*, Cambridge, MA: Harvard University Press, 1992, pp. 51－52.

出的自然种类词不确定性可视为指称不可测知原理的一种具体表现。因此，原则上看，既然不可测知性是日常绝对指称观念的产物，超越于语言共同体，它出现在不同语言共同体之间，不可推广至母语或任一语言共同体内部，自然种类词在任一语言共同体中的使用就不再是不可测知的，它是指称确定的。当然，自然种类词在语言共同体内的使用有其特殊性，是一个相当复杂的问题，尚需做进一步的具体讨论。

三　自然种类词的指称与意义

对于一个相对稳定的语言共同体（当然，使用同一语言的这个共同体也就形成一个文化共同体），他们有统一的翻译手册，其中像"水"、"大雁"这样的自然种类词都有语境—确定的指称。作为群体的交流工具，语言不可避免地具有社会性，通过群体内部个体间的分工合作，语词和语句的意义才得以确定。不同语言共同体会对同样的刺激意义做不同的实体化（reification），这是社会、历史、文化、个人兴趣及心理等多重因素相互作用的结果。比如，在最初命名的时候，中国人是以自然种类词"苹果"表达苹果这个物种，还是更一般的物种——水果，带有一定的随意性，是特定语境之下语言使用者特定意向等心理因素选择的结果。李晨阳教授正确地看到直接指称理论在这个问题上的窘境，阐述了自然种类命名上的相对任意性。个体的命名形成名称与该个体之间一一对应的直接指称关系，不存在区分逻辑上可能的多种指称关系，于是即使没有关于专名的任何知识，语言共同体内成员都可以通过追溯至最初命名从而确定指称。因此，在克里普克看来无需通过意义的中介，就可以确定专名的指称；描述个体性状的意义既非确定专名所指的充分条件，也非必要条件，它们没有意义。自然种类词则与此不同，它与所指之间不可能存在类似专名—个体间的直观对应关系，样本再多也无法涵盖一个自然种类的全部外延，范例（paradigm）并不等同于自然种类自身，抽象的自然种类不会像个体那样直观地摆在命名者面前。即使这种直观对应可以实现，自然种类词仍然面临着李晨阳教授指出的更为艰难的困境：逻辑地看，一个自然种类词完全可能用以命名若干种类。这样，仅通过诉诸为样本所作的最初命名仪式，尚不足以确定自然种类词的所指。虽然存在这样的盲点，但并不意味直接指称理论是无法挽救的，这一盲点还是可以修补的。关键正是在于如何解决样本或范例的代表性（representation）。人们认识自然种类的过程大体是这样的：先得认识数量足够多的相关个体，之后才能作性质、状态的对比、概括与抽象，"分门别类"再形成自然种类的观念。因此，自然种类的命名是以特定性状为基础的，它也是消除自然种类词指称不确定质疑的重要依据。正如蒂莫西·麦卡锡（Timothy McCarthy）曾指出的，"……不仅它的范例，而且与自然种类词相联系的某些性质也在确定其指称中起到作用。与其范例一起，这样一个性质集合确定了一个种类，如果存在范例示范的一个性质，后者对于解释范例为何示例集合中的这些性质（或者适当权衡后，示例其中大多数性质）起着恰当作用"。① 作为确定指称的中间环节，这样的性状描述当然也就构成自然种类词意义的一部分。那么，究竟什么是自然种类词的意义呢？

　　如前文所述，按照蒯因的不确定性论题，语句或语词的意义是相对于翻译手册的：只有相对于特定的语言共同体，它们的意义才是确定的，语言的约定性或社会性得以彰显。那么，语言意义的这种相对确定性是基于什么样的机制形成的呢？蒯因并未给出答案。意义是确定指称的手段，弗雷格（Gottlob Frege）早就区分出语言符号的三个方面，"如今自然会想到与一个符号（名字、词组和字母）相联系的，除了这个符号所指的东西，后者可称作该符号的指称，还有我想要称为该符号意义的东西，其中包含着呈现的方式。"② 按照标准语义学的界定，语词的指称是个体或个体类（或 n 元个体组的集合），语句的指称是真值（真、假），因此语词意义就是借以确定相应个体或个体类的东西，语句意义就是决定句子或真或假的条件。作为一类特殊的语词，自然种类词的指称是相应的自然种类，意义当然也就是确定这些自然种类的方式。按照传统的描述理论，确定语词指称的手段就是一个或一组性状的描述，满足这一个或一组性状的个体或个体类就是该语词的所指。将意义作如是狭义的理解，实际上就等于视自然种类词为谓词或不确定摹状词。若采用这样的意义理论，理解语

---

① Timothy McCarthy, *Radical Interpretation and Indeterminacy*, New York：Oxford University Press, 2002, p. 128.

② Gottlob Frege, "On Sense and Reference", p. 57, in Peter Geach and Max Black（eds.）, *Translations from the Philosophical Writings of Gottlob Frege*, Oxford：Basil Blackwell, 1960, pp. 56 – 78.

词的唯一途径就是使语词意义具有主体间的客观性，只有这样语词才能合法地拥有交流工具的功能。为此，弗雷格甚至将意义实体化，以割断它与具有鲜明主体色彩的人的心理活动之联系。但是，这样的分割是简单化或理想化的。要想理解语词或把握其意义，语言使用者不可能不通过心理活动来完成；当把握一个描述性意义时，语言使用者一定处于某一心灵状态（mental state）或心理状态（psychological state）。当代语言哲学认为，即令带有主观特征，像心灵状态这样的东西也可以具有主体间性。将意义当做心灵状态不会有弗雷格担心的后果，即意义不再是公共的。"……在不同的人（即使处于不同时代）能够处于相同心理状态这个意义上，心理状态的确是'公共的'。"① 那么，有关一个或一组性状的心灵状态是否能唯一地决定一个自然种类呢？比如，人们通常有关于水的如下范型（stereotype）：无色、无味、透明、供人畜饮用并充满江河湖泊中的一种液体。但一个人处于描述以上性状的心灵状态时，他用"水"这个词是否指称那唯一确定的自然物质水呢？普特南提出著名的"孪生地球"模态论证，反驳自然种类词的描述理论。孪生地球上有一种外部性状与水十分相近的液体，孪生地球人用"水"去称谓它，因此使用"水"这一自然种类词的时候，孪生地球人和我们处于相同的心灵状态。但事实上孪生地球人所谓的"水"与地球水具有不同的内部结构，它的分子化学式为 XYZ，并非 H_2O；它是有别于地球水的另一自然物质。可见，描述性状的心灵状态并不能唯一地确定一个自然种类。

意义的确是确定指称的方式，但不能由此简单地将它等同于一个或一组狭义的摹状词。能够参与确定语词指称的因素很多，比如有关所指的知识、语言使用者相互间的依赖关系、范例的选取等，因此作为语言共同体成员都能理解的东西，应该将意义看做一种社会性的建制。就自然种类词而言，命名是形成指称关系的第一个环节，它肯定是与自然种类词的意义相关。当一个语言共同体的某些成员为一个自然种类命名的时候，他们总是带有一定的意向，即这个自然种类具有一些显著的标志，以区别于其他事物。被命名的样本正是具有这些显著标志才被挑选出来，所谓"物以

---

① Hilary Putnam, "The Meaning of 'Meaning'", p. 222, in his *Mind*, *Language and Reality*: *Philosophical Papers*, *Volume* 2, Cambridge: Cambridge University Press, 1975, pp. 215 – 271.

类聚，人以群分"也正因为它（他）们具有相同的属性或性情，没有相同的性状便无以形成种类。这些显著标志或范型一般是粗糙的、前科学的，也许不能为分辨自然种类成员提供终极、唯一的评判，但它们确实是自然种类词意义的重要部分。如果不掌握一个自然种类最起码的范型，顺畅的交流就无法展开。比如，作为一个语言共同体的合格成员，他最起码要知道水是一种流体或液体，否则，若没有任何相关范型知识的话，他就无法与他人就关涉水的话题进行交流。甲就是这样一位甚至不知道水是液体的说话者，当他对乙说"鸟不是水，尽管它们也有腿"时，乙一定会指出甲所犯的范畴错误："水"不是生物体，它是一种液体。此外，日常语言中充斥着大量包含自然种类词的词组，如"咖啡色"、"留兰香"、"薄荷味"等，这也充分说明自然种类有一些语言共同体所公认的范型，自然种类词因而具有一些得到共同体认同的范型意义。但我们知道，若干样本可以具有无数共同的性状，为什么偏偏是其中某些被选定为典型特征呢？我认为，这是一个由具体语境决定的问题。当汉语言共同体的一些成员挑选一些苹果样本作为范例，将之命名为"苹果"的时候，"苹果"的范型意义究竟是什么是由他们的兴趣或意向决定的。如果他们是出于食用目的，且已经先有"水果"的观念，那么这些样本的色泽、水分、口感等特征将顺理成为范型。假如同样出于食用目的，但他们觉得尚无必要区分不同水果，此时这些样本便不具有更广泛的代表性，或者说它们作为范例带有片面性；虽如此，人们仍然可以将"植物果实""含水份较丰富""可解除饥饿"等作为范型从诸共性中剥离出来，这时"苹果"实际上指的是水果这一自然种类。命名当下的具体语境决定着自然种类词的范型意义，后者在自然种类词的传播中不断得到丰富与修正，但核心部分不会有大的改变。

　　由于特殊语境下命名者的具体意向业已存在，那些粗糙、不精确的范型就在命名活动中发挥着重要辅助功能，它们将样本代表的自然种类大致确定下来。在李晨阳教授的反例情形下，一个语言共同体的成员用"ABC"是命名蛇果，还是苹果或水果，可以得到较妥当的处理。若在当下命名语境下，那些成员挑选蛇果样本作为范例的原因是它们具有现在通常赋予苹果的那些范型，那么尽管由于条件限制（例如，命名地区除了蛇果并不出产其他类型的苹果）这样的样本不具有普遍的代表性，语词

"ABC"仍然指的是自然种类苹果。随着这一命名关系（当然，连同其中的范型意义）被该语言共同体逐渐认同和接受，当看见一个梨子或麦金塔苹果时，人们就不会去"决定"或"规定"它是否 ABC，而是根据由附加范型信息确定的这种直接指称关系，判定前者不是，后者是，尽管二者与蛇果样本具有同等程度的相似性及差异性。另外一种情形是，命名地区盛产各种类型苹果，为突出或彰显蛇果之为蛇果的独特口味或其他显著特性，命名者有意选取那些具有上述典型性状的蛇果样本作为范例；或者说，当地只有蛇果这一类型的苹果，人们感兴趣的是那些样本之为蛇果这一特殊自然种类，而不是它们作为苹果这一属。这种情形下，"ABC"指的就是自然种类蛇果，而不是其所隶属的苹果，梨子和麦金塔苹果因而就顺理成章地都不是 ABC。

需要注意的是，范型是由语言共同体的意向、兴趣等生成的，它们因语言共同体而异，这就造成一个语言共同体所称的自然种类往往在另一个语言共同体中没有对应者，即尚未被命名。李晨阳教授提供了这方面的几个绝佳案例，如汉语自然种类词"雁"和"鹅"在英语中没有专门的自然种类词可以翻译，英语自然种类词"mouse"和"rat"之间的区别也无法通过汉语自然种类词显示出来。但这些案例说明的并非自然种类词指称的不确定性或人为任意性，相反，它们从反面体现了正是命名当下某些范型的缺失或在场才造成自然种类认识上的差异。正因为英语言共同体成员选取范例之时未考虑家养还是野生方面的差异，才造成该共同体只有作为属的自然种类——goose，而无雁、鹅之分；由于他们考虑到这方面范型上的类似差异，同时又未考虑这两类范例之间的共同特性，才造成英语有两个并列的自然种类词——"mouse"和"rat"，但没有相应于"老鼠"的自然种类词。

虽然范型意义是自然种类词语义的重要组成部分，但它并不是全部。仅凭借范型，尚不足以精确地辨别出自然种类成员。比如，我们通常认为柠檬是黄色的、酸味的、有着椭圆形状的一种水果。一般情况下依据这样的范型可以将柠檬与其他水果分辨开来，但面对一些特殊的柠檬个体，这个"标准"也往往会出现错判：一只未成熟的青柠檬就会被错误地判定为不是柠檬。因此，"说某物是柠檬就是说它属于一个其正常成员有着某些性质的自然种类，而不是说它自身必然具有那些性质"。① 另一方面，如前文提及过的，由于范型一般是事物外部的现象性特征，在一些特殊情况下其他物品可具有柠檬的范型，因此会在相反的方向被误判：具有柠檬大部分范型的一种人造食品被认同为柠檬。出现基于范型的"错误"判定，就要有人来纠正；通过诉诸"纠错者"的判断，语言共同体内一般成员便可社会性地最终确定自然种类词的所指。这些纠错者的职能属于自然种类词指称机制的另一个重要组成部分，按照普特南的假设，"每个语言共同体都表现出上面所说的那种语言劳动分工，也就是说，至少拥有一些词汇，与之相关的'标准'只有少数掌握它的人知道，而其他人对它的使用则依赖于他们与上述少数人的有条理的分工合作"。② 眼下的问题是，语言共同体内掌握这些"标准"的专家是否独断论者？换言之，被分配给专家的自然种类词的这部分社会意义是不是随意决定的？我认为，相关领域专家为自然种类提供的科学标准是解释性的，这些标准可以在理论上较充分地解释事物何以具有那些范型，它们是事物不可或缺的本质特征，因而不是专家个人喜好的产物。以柠檬为例，植物学家或园艺家能够从植物生态、体内组成等方面，令人信服地解释那些柠檬样本为什么具有以上范型，从而为柠檬提供一个既合乎理性又精确、易于操作的识别标准；同时，具有解释性的这一标准又是柠檬必须要具备的，缺乏这些特征的柠檬实例是无法想象的。根据专家提供的柠檬识别标准，未成熟的青柠檬及其他非常态的柠檬个体之所以也被当作自然种类柠檬的一员，是因为它们实际上符合那一标准，当正常的生长条件得到满足的时候，比如一定的成长阶段、适当的气温要求等，它们都可以具备柠檬的范型或大部分范型；而人造柠檬之所以被排除在该自然种类之外，是因为它不具有该标准规定的一些本质特征，例如它根本不是由细胞组成的、不具备最基本的生命特征等。

语言共同体内专家为自然种类词确定的外延标准是本质性的，它与范型不同。范型代表的是事物表面特征，完全可以为不同类个体共有。专家

---

① 普特南：《语义学是可能的吗?》，第 593 页，载于马蒂尼奇（主编）：《语言哲学》，牟博等译，商务印书馆 1998 年版，第 590—607 页。

② Hilary Putnam, "The Meaning of 'Meaning'", p. 228, in his *Mind, Language and Reality: Philosophical Papers, Volume* 2, Cambridge: Cambridge University Press, 1975, pp. 215 – 271.

使用的标准则是自然种类形而上学本质的表征，它是语言共同体所持自然种类信念的认识论基础。因此，即便一事物具有某自然种类的绝大部分甚至全部范型特征，假如它不隶属于该自然种类的话，它一定会在专家式标准那一层面的属性上有所差异。我们日常生活里经常说某人本质上是个好人，作为本质的品性，好、坏一定会在一些大是大非的根本事件上有所反映，否则谈论本质就是空洞的。专家为自然种类确定的辨别标准就属于类似的根本性特征。以孪生地球上的液体 XYZ 为例，尽管它在外部特征上与水的范型几乎完全一样，但在作为解释范型的化学反应基础上不可能一样。比如，在电解作用下水会发生分解反应，生成两个体积的氢气与一个体积的氧气，这就是某些语境下相关专家给自然种类词"水"提供的外延标准；根据现代化学理论，XYZ 不可能产生这样的化学变化，它因此和地球上的水不是同一种液体。如果仅因为 XYZ 与地球水具有差不多完全相同的范型，而不顾及专家提供的具有解释性的外延标准，语言共同体仍然坚持称孪生地球上的这一液体为"水"，那么这种情形下"水"就仅仅是一个名义上的自然种类词，它所指称的是一个松散的物质类型，而不是一个统一的自然种类，其范例之间也并不共享一个具有解释范型作用的形而上学隐藏结构，它们只有名义本质（nominal essence），没有真实本质（real essence）；即使在这样的情况下，人们也通常会有意识地区分开这两种液体，称它们是两种不同的水。于是，后天命题"水是 H_2O"是否必然的问题就需要分两种情况来讨论。第一种情况下"水"特指地球水，该命题实际上就是"地球水是 H_2O"，它的必然性显而易见；第二种情况下"水"泛指那个名义上的自然种类，既然缺乏统摄范型、起解释作用的真实本质，诸如"水是 H_2O"那样表达其本质的语句就既不可能，也无任何意义和必要。

　　总之，自然种类词是有意义的，它的意义就是广义上理解的确定自然种类词严格性指称的方式，被分配至语言共同体内不同人群，其中包括命名（涉及命名语境、命名者意向等若干要素）、一般成员理解的范型意义、只有相关专家掌握的能够解释范型的识别标准意义等诸多方面。通过这套复杂的指称机制，就能够较稳妥地应对李晨阳教授向直接指称理论提出的挑战。

（原载《学术研究》2011 年第 12 期，第 26—33 页）

论模态柏拉图主义

作为可能世界语义学的基本概念，可能世界被用来说明可能性、必然性等模态概念，以及模态推理的有效性问题。但可能世界究竟是什么呢？自从可能世界语义学产生以来，这个问题就一直困扰着模态哲学家。它之所以成为当代逻辑哲学的一个重要论题，是因为若不能从哲学角度合乎情理地辩护"可能世界"这个概念，则可能世界语义学将遭到釜底抽薪式的打击，模态逻辑对于哲学论证、推理的方法论、工具论地位也将受到怀疑。

一 D. 刘易斯的可能世界学说

近代德国哲学家莱布尼兹（G. Leibniz）首次将"可能世界"概念引入哲学讨论之中，他认为事物的存在方式是多种多样的，只要不包含逻辑矛盾的事物组合都构成了可能世界，这些可能世界存在于上帝的观念中。"既然在上帝的观念中有无穷个可能的宇宙，而只能有一个宇宙存在，这就必定有一个上帝进行选择的充足理由，使上帝选择这一个而不选择另一个。""这个理由只能存在于这些世界所包含的适宜性或完满性的程度中，因为每一个可能的世界都是有理由要求按照它所含有的完满性而获得存在的。"①而现实世界是众多可能世界中完满性程度最高的，因而上帝选择了它加以现实化。可见，莱布尼兹赋予了可能世界独立的本体地位，它是存在于上帝心灵中的实体。模态柏拉图主义哲学家 D. 刘易斯（D. Lewis）追随莱布尼兹，也对可能世界持实在论的看法：

---

① 北京大学外国哲学史教研室编译：《西方哲学原著选读》上卷，商务印书馆 1995 年版，第 486 页。

我相信，有不同于我们所恰巧居住的世界的可能世界。如果需要证明，那么它就是这样的。事物有可能不同于它们现有的这个样子，这一点是毫无争议的真理。我相信，并且你们也相信，事物可能以无数种方式表现出差异。但这意味着什么呢？日常语言允许的解释是：除其现有的存在方式外，事物还可能具有许多种存在的方式。表面看来，这个句子是一个存在量化式。它要说的是，存在着多种适合某一描述的实体，即"事物可能具有的存在方式"。我相信，事物可能通过无数种方式表现出差异；我相信对我相信东西的所许可的解释；因此，从其表面的意思来解释，我相信可被称作"事物可能具有的存在方式"的实体的存在。我宁可称它们为"可能世界"。①

这些可能世界是原初的"第一实体"，是同我们的现实世界一样的实在，不能够将它们再进一步还原为其他种类的实体。D. 刘易斯并不是在比喻的意义上来使用"可能世界"的，他明确地说：

当我声称关于可能世界的实在论时，我的意思是按照它的字面意义来理解的。可能世界就是它们所是的东西，而不是其他的某些事物。如果被问及它们是哪类事物，我不会给出我的提问者所可能期待的任何类型的答复：即，将可能世界还原为别的事物的建议。

我只能请他承认他知道我们的现实世界是哪类事物，然后再解释其他世界就是更多的那类事物，它们不是在种类上有差别，而只是在其中发生的事情上有差异。②

他认为这些可能世界就像遥远的行星一样，只不过它们大部分都要比行星大许多，而且它们也不是遥远的。听起来有点儿怪，其实这是由可能世界相互之间的关系造成的。D. 刘易斯的可能世界"是孤立的：属于不

---

① Michael Loux (ed.), *The Possible and the Actual: Readings in the Metaphysics of Modality*, Ithaca, NY: Cornell University Press, 1979, p. 182.

② Ibid., pp. 183 – 184.

同可能世界的事物之间根本就没有任何时空关系。"①既然各个可能世界间是时空孤立的，也就谈不上它们之间的远近了：它们之间既不是遥远的，也不是邻近的，"遥远的行星"不过是一个比喻罢了。那么，按照这种对可能世界的认识，有人可能会认为它是一种对现实中物理实在所包含内容的夸大其辞的表述。绝对不是这样的。基于对这些可能世界（当然也包括现实世界在内）相同本体地位的认识，D. 刘易斯进而提出他对现实性问题的独到见解。所谓现实世界是相对于可能世界的居住者而言的，说话人所居住的可能世界就是他所指的现实世界。就如同"我""这里"和"现在"等索引词一样，"现实的"一词也是依赖于使用语境的，因而这种对现实性的分析也称作索引词分析。

　　在这些具体的可能世界中都存在着种类繁多的对象，这些对象可以跨世界而存在吗？或者说，同一个个体可以存在于不同的可能世界吗？莱布尼兹的回答是否定的，他认为难以想象同一个个体可以存在于不同的可能世界中，每一个个体只能存在于唯一的一个可能世界中。② D. 刘易斯继承了这一思想，也认为个体是受世界约束的：如果个体 a 存在于世界 w 中，并且世界 u w，那么 a 不存在于 u 中。实际上，假如我们严肃地看待 D. 刘易斯的模态实在论，受世界约束的个体的结论也就是很自然的了。具体的个体都存在于一定的时空中，而每一个可能世界都各自具有自己的时间和空间，这些时空相互之间又是孤立的、没有关系的，因此同一个个体当然不能存在于多个可能世界中。虽然个体不能跨世界存在，但它们在别的可能世界中可以有自己的对应体（counterpart）。那么什么是对应体呢？可能世界 w 中的个体 a 在另一可能世界 u 中的对应体，是在可能世界 u 中比起任何别的个体都更像 a 的个体。D. 刘易斯用跨世界的对应体关系取代了跨世界的同一关系，并通过对应体来解释 de re 模态。例如，根据对应体理论，"戈尔可能赢得了美国总统大选"要表达的就是，在一个可能世界中戈尔的某个对应体赢得了美国总统的大选。对应体可以看作是跨世界同一在模态柏拉图主义理论形式下的另一种说法：

---

① David Lewis, *On the Plurality of Worlds*, Oxford: Oxford: Blackwell, 1986, p. 2.

② Cf. Susan Haack, *Philosophy of Logics*, Cambridge: Cambridge University Press, 1978, p. 192.

　　非正式地来讲，我们的确可以说你的对应体就是在其他世界中的你，他们和你是相同的。但是，这种相同就如同今天的你和明天的你之间的相同一样，不再是一种字面意义上的同一了。最好还是这样说，如果世界是另外的样子，你的对应体就是你将会是的人们。①

　　据此，D. 刘易斯建立起别具特色的对量化模态逻辑起翻译作用的系统——对应体理论。这个系统的初始谓词有：

W（x）（x 是一个可能世界）；

I（x，y）（x 在可能世界 y 中）；

A（x）（x 是现实的）；

C（x，y）（x 是 y 的一个对应体）。

对于这些初始谓词尚有若干公设：

P1：$\forall x \forall y$（I（x，y）$\rightarrow$W（y））；

P2：$\forall x \forall y \forall z$（I（x，y）$\wedge$I（x，z）$\rightarrow$y = z）；

P3：$\forall x \forall y$（C（x，y）$\rightarrow \exists z$I（x，z））；

P4：$\forall x \forall y$（C（x，y）$\rightarrow \exists z$I（y，z））；

P5：$\forall x \forall y \forall z$（I（x，y）$\wedge$I（z，y）$\wedge$C（x，z）$\rightarrow$x = z）；

P6：$\forall x \forall y$（I（x，y）$\rightarrow$C（x，x））；

P7：$\exists x$（W（x）$\wedge \forall y$（I（y，x）$\leftrightarrow$A（y）））；

P8：$\exists x$A（x）。

　　这些公设实际上大都是关于对应体及关系的一种形式刻画：P1 要求任何个体都存在于可能世界中；P2 则指明同一个体不可存在于两个世界中；P3 表明任何对应体都是在可能世界中的；P4 有对应体的个体也是在可能世界中的；P5 规定在同一个可能世界里没有个体是其他任何别的个体的对应体；P6 说的是任何个体是它所在可能世界里的自己的对应体；P7 表明有一个世界恰好包含了所有的现实个体；P8 则申明有现实的东西。由此可见，作为一种相似性的关系，对应体关系和同一关系还是有着显著区别的。首先，对应体关系不是等价的。虽然对应体关系是自返的，也即，每个个体

---

　　① Michael Loux（ed.），*The Possible and the Actual*：*Readings in the Metaphysics of Modality*，Ithaca，NY：Cornell University Press，1979，p. 112.

在自己的世界里的对应体都是自身，但它却不具有传递性和对称性。假设世界 w、u 和 v 中分别有个体 a、b 和 c，并且 b 是 a 的对应体，c 是 b 的对应体，那么由于对应体关系是一种相似性关系，在世界 v 中完全可能有一个个体比起 c 来更像 a，c 不一定就是 a 的对应体，所以对应体关系不具有传递性。另外，由 b 是 a 的对应体也不能够保证 a 就是 b 的对应体：可能有这样一种情形，b 相对世界 u 中的其他个体来说更像 a 和 d（世界 w 中的另一个个体），因而 b 就同时是 a 和 d 的对应体，但 a 和 d 比较起来 d 又更相似于 b，从而 d 是 b 在 w 中的对应体，a 则不是。由此，对应体关系也不具备对称性。其次，同一个个体在一个可能世界中可能有多个对应体。对于可能世界 w 中的个体 a 而言，在世界 u 中或许会有两个个体 b 和 c 在相似性程度上一样，但又都比该世界中的其他个体更像它，这样 b 和 c 都是 a 在可能世界 u 中的对应体。最后，同一世界中的两个个体可能会在某个别的可能世界中有相同的对应体。比如，相对于某个可能世界中的一对双胞胎兄弟（或姐妹），现实世界中的你比起其他人来都要跟他（她）俩更相像得多，于是这对双胞胎就在现实世界中有了一个共同的对应体。

随之，D. 刘易斯给出了一个翻译方案，据此可以将模态谓词逻辑中的任何一个公式转换成对应体理论中的公式。若 α 表示任一模态谓词逻辑的公式，α^w 表示 α 在可能世界 w 中成立，则它的翻译方案是：

T1：公式 α 的翻译是 $\alpha^@$（α 在现实世界中成立），用初始记法表示即，$\exists w (\forall x (I(x, w) \leftrightarrow A(x)) \wedge \alpha^w)$。

关于 α^w 则有一系列相应的递归定义[①]：

T2a：如果 α 是原子公式 A，那么 α^w 就是 A^w；

T2b：$(\neg \alpha)^w$ 是 $\neg \alpha^w$；

T2c：$(\alpha \wedge \beta)^w$ 是 $\alpha^w \wedge \beta^w$；

T2d：$(\alpha \vee \beta)^w$ 是 $\alpha^w \vee \beta^w$；

T2e：$(\alpha \rightarrow \beta)^w$ 是 $\alpha^w \rightarrow \beta^w$；

T2f：$(\alpha \leftrightarrow \beta)^w$ 是 $\alpha^w \leftrightarrow \beta^w$；

---

① 根据 D. 刘易斯的本意，通过添加可达关系 R，对原文 "Counterpart Theory and Quantified Modal Logic" 中的 T2i 和 T2j 做了修正。Cf. Michael Loux（ed.），*The Possible and the Actual：Readings in the Metaphysics of Modality*，Ithaca，NY：Cornell University Press，1979，pp. 123 – 125.

T2g：$(\forall x\alpha)^w$ 是 $\forall x\ (I\ (x,\ w)\ \rightarrow\alpha^w)$：

T2h：$(\exists x\alpha)^w$ 是 $\exists x\ (I\ (x,\ w)\ \wedge\alpha^w)$：

T2i：$(\square\alpha\ (x_1,\ \cdots,\ x_n))^w$ 是 $\forall u\forall y_1\cdots\forall y_n\ (W\ (u)\ \wedge R\ (w,\ u)$ $\wedge I\ (y_1,\ u)\ \wedge C\ (y_1,\ x_1)\ \wedge\cdots\wedge I\ (y_n,\ u)\ \wedge C\ (y_n,\ x_n)\ \rightarrow\alpha^u\ (y_1,$ $\cdots,\ y_n))$，意即：在可能世界 w 可达的任一可能世界 u 中，个体 $x_1,\ \cdots,$ x_n 各自的对应体之间都具有关系 α；

T2j：$(\diamondsuit\alpha\ (x_1,\ \cdots,\ x_n))^w$ 是 $\exists u\exists y_1\cdots\exists y_n\ (W\ (u)\ \wedge R\ (w,\ u)$ $\wedge I\ (y_1,\ u)\ \wedge C\ (y_1,\ x_1)\ \wedge\cdots\wedge I\ (y_n,\ u)\ \wedge C\ (y_n,\ x_n)\ \wedge\alpha^u\ (y_1,$ $\cdots,\ y_n))$，意即：有一个可能世界 w 可达的可能世界 u，其中个体 $x_1,$ $\cdots,\ x_n$ 各自的对应体之间具有关系 α。

D. 刘易斯仅停留在对对应体理论的阐述上，并没有在上述思想的基础上进一步给出系统的可能世界语义学，因为他主要关注的是可能世界的哲学讨论。

二　模态柏拉图主义的不足之处

D. 刘易斯关于可能世界是具体实在的论点遭致很多批评。主要的反对意见来自两个方面：第一，刘易斯的可能世界是与模态不相干的；第二，刘易斯的可能世界是不可知的。先来看第一个方面。我们是用可能世界来解释模态语句的，因此可能世界的状况决定着模态语句的真假，两者之间存在着因果关系。但是，既然刘易斯的可能世界相互之间是时空、因果孤立的，凭什么他又认为其他可能世界就决定着现实世界的模态特性呢？正如有人所指出的，刘易斯必须"要面对这样的一个问题，即去解释如果有任何的可能世界，那么这些事物将会与模态有什么样的关系。"[1]具体来说就是，为什么对于我们的世界所可能具有的任何一种存在方式，都相应地有着跟我们的现实世界同一种类的，并且按照那种方式存在的一个可能世界呢？按照刘易斯的说法，这些可能世界是完全独立于我们的现实世界的，那么它们和这种可能性又可能具有什么关系呢？只可能是一种神秘的关系了。举例来说，按照刘易斯的解释，"汉弗莱可能赢得总统大

---

[1]　J. Tomberlin and P. van. Inwagen（eds），*Alvin Plantinga*，Dordrecht：Reidel，1985，p. 119.

选"的真值条件就是：在另外一个与我们时空孤立的可能世界内有一个汉弗莱的对应体，他赢得了总统大选。但为什么关于另一个人的事实就会同汉弗莱的模态属性相干呢？尽管前者是后者的对应体，但对应体关系只是一种相似关系，而不是同一关系，他们终究还是两个不同的人。因此，汉弗莱不会在意另一个人在别的可能世界是否取得了总统大选的胜利。进一步说，即使那个可能世界不存在，这又会对我们做出上面的模态陈述产生什么样的影响呢？即使不存在刘易斯意义上的可能世界，我们和汉弗莱依旧相信他可能会赢得总统大选，他仍然具有这样的模态性质。①再看来自第二个方面的批评。既然刘易斯的可能世界相互之间是时空因果孤立的，那么现实世界中的我们就无法知道别的可能世界中发生了什么。这样的话，我们该怎样去判断模态陈述的真假呢？因为按照刘易斯的对应体理论，现实世界中模态陈述的真假取决于其他可能世界内的事态，我们只有通过检验其他可能世界中发生着的"事实"，才能够确定模态陈述的真值。"尽管可能世界语义学的确给出了可能性陈述的真值条件……但是这种真值条件却是这样的状况：对于任一给定的陈述，一般而言是不可能确定其真值条件是否得到满足的，因而是否该陈述是真的。"②可见，刘易斯的极端实在论的可能世界学说比克里普克（S. Kripke）所比喻的远方的异国他乡还要糟糕，后者按照克里普克的说法毕竟还是能够用望远镜模模糊糊地看到它里面的居住者。既然这些认识论上不可知的可能世界根本无助于说明模态语句的真值，它们存在的意义又何在呢？这是刘易斯的可能世界学说遭遇到的又一个棘手问题。③

---

① 本例曾参考了克里普克在《命名与必然性》（上海译文出版社版 2001 年版）第 24 页脚注中的一个例证，但该例证是不恰当的，因此对其做了修改。

② T. Richards, "The Worlds of David Lewis", in *Australasian Journal of Philosophy*, 53 (1975), p. 109.

③ D. 刘易斯对这个责难的答复是不能令人满意的。他将我们关于可能世界的知识类比于人们关于集合的知识，后者也是与人们在因果、时空上孤立的，它们是数学家为了理论的统一性和经济性而设定的存在物。既然我们能有关于集合的知识，我们同样也就应该有关于可能世界的知识。姑且不论关于集合存在的争议，这里的问题在于集合是抽象的概念，而 D. 刘易斯的可能世界是同我们的现实世界一样的具体实在，两者是不能相提并论的，如果我们没有获取同类的用以支持关于现实世界的知识的证据，我们就不能断言我们对可能世界有任何认识。因而，我们不能从我们拥有集合的知识从而推论出我们也能有关于可能世界的知识。

另外，刘易斯的对应体理论在技术上的最大困难是它否定了必然同一原则 LI，即否认：

x = y→□x = y 的有效性。我们来看必然同一原则的一个实例：

a = b→□a = b

其中 a、b 分别是个体常元或专名。根据对应体理论的翻译方案，可将其转换为：

$(a = b)^@ → ∀u∀x∀y$ （W （u） ∧R （@，u） ∧I （x，u） ∧I （y，u） ∧C （x，a） ∧C （y，b） → $(x = y)^u$）[①]

其大意为，一个个体在所有可能世界中的对应体是同一的。这个要求是违背对应体理论的原意的，对应体理论完全允许在别的不同于 w 的可能世界中，可能世界 w 内的个体 a 有两个在与 a 的相似性程度上一样的个体 c 和 d，同时 c 和 d 又都比该世界内的其他个体更像 a，即 c 和 d 都是 a 的对应体，但 c≠d。因此，必然同一原则在对应体理论的语义学下失效。

但必然同一原则"是绝大部分模态逻辑学家所接受的一个结论"[②]，他们认为它是不可动摇的。我们来看看持这种态度的原因何在。必然同一原则 LI 的证明如下：

（1） x = y→ （□x = x→□x = y）　　　　　　　　　　　　I2

（2） （x = y→ （□x = x→□x = y）） → （□x = x→ （x = y→□x = y））

　　　　　　　　　　　　　　　　　　　　　　　　　PC 定理

（3） □x = x→ （x = y→□x = y）　　　　对 （1）、（2） 运用分离规则

（4） x = x　　　　　　　　　　　　　　　　　　　　　I1

（5） □x = x　　　　　　　　　　　　　对 （4） 运用必然化规则

（6） x = y→□x = y　　　　　　　　　　对 （3）、（5） 运用分离规则

我们知道，必然同一原则的成立的前提是：

I1　x = x

①　本文中为行文的方便并未采用 D. 刘易斯翻译方案的初始记法，实际上只需利用罗素的摹状词理论，就可以将该式中的专名"a"和"b"作为初现的摹状词消解掉，同时再运用关于 @ 的翻译规则 T1，便可最终将该式转换成初始记法。

②　L. E. Hahn and P. A. Schilpp （eds.）, *The Philosophy of W. V. Quine*, La Salle, IL: Open Court, 1987, p. 100.

I2 x = y→（α→β）（其中 β 是通过将 α 中的 0 处或多处自由出现的 x 代换以自由出现的 y 而得到的公式）。

I2 实际上就是作为莱布尼兹律一部分的同一者不可分辨原则（indiscernibility of identicals）：

（1） x = y→（P（x）→P（y））（P 表示任一性质）。

I1 看来无论如何也是不可反驳的，在任一可能世界中我们对同一变元的赋值总应是确定的、自身同一的。而莱布尼兹律却是刘易斯一直固守的一条基本原则，否则他怎么可能用对应体关系来取代跨世界同一关系？他怎么会坚持受世界约束的个体观点呢？既然 I1 和 I2 都是刘易斯所承认的，他就没有理由否认作为二者推论的必然同一原则。这里就反映出对应体理论的自相矛盾及困难所在。

其实，克里普克已经在哲学上从正面有力地论证了必然同一原则的正确性。从语义学的角度，克里普克论证了"凡当'a'和'b'是专名，如果 a 同一于 b，那么 a 同一于 b 是必然的；如果专名之间的同一性陈述要成为真的，那么它们一定是必然的。"①他首先在单称词项中区分了专名和摹状词：专名是严格指示词，而摹状词一般是非严格指示词。所谓严格指示词，克里普克"指的是，在所有可能世界内都指称了同一个对象的词项"②。严格指示词的典型代表就是专名，比如"尼克松"，它在所有可能世界中都指称了同一个人；有些表达了事物的必然、本质属性的摹状词也是严格指示词，比如"25 的正平方根"，它在任一可能世界中都指称了5。一般的摹状词，比如"行星的数目"和"双焦点透镜的发明人"等，都是非严格指示词，因为它们没有在所有可能世界内均指称同一个对象。既如此，就不难理解凡是具有"a = b"这样逻辑形式的同一性陈述若是真的，则是必然真的。因为很显然，如果 a 和 b 指称了同一个对象，而由 a、b 均为严格指示词，那么 a 和 b 在所有可能世界内都指称了同一个对象。而所谓的偶然同一性陈述的反例不过是混淆了专名和摹状词。比如有人曾反驳说"亚里士多德是第一本《形而上学》的作者"这个同一性陈

---

① S. P. Schwartz（ed.）, *Naming, Necessity and Natural Kinds*, Ithaca, NY: Cornell University Press, 1977, p. 73.

② Ibid. , p. 78.

述为真，但"必然地，亚里士多德是第一本《形而上学》的作者"却为假。其实，在这个反驳论证中出现的单称词项"第一本《形而上学》的作者"并非专名，它不是严格指示词，而仅是一个摹状词，这并不构成克里普克论题的反例。因此根据罗素（B. Russell）的摹状词理论，可以将该摹状词消解掉，从而揭示陈述本来的逻辑结构。以第一个陈述为例，它的逻辑形式应是：

（2）（∃y）（∀x）（（φ（x）↔x = y）∧y = a）。

其中"φ（x）"表示"……是第一本《形而上学》的作者"，而"a"则代表"亚里士多德"。由此可见这个陈述的真实逻辑形式并非一个等式，因而这个论证并没有给出一个所谓的偶然同一性陈述的反例，也没有威胁到克里普克论题的正确性。接着，克里普克又从哲学的角度澄清了对必然同一性原则认识上的一些谬误。有人认为，像"长庚星是启明星"这样的同一性陈述，它们的真理性是通过经验研究（天文观察等）发现的，而人们的经验信念可能被证明是错误的，因此这些陈述就必定是偶然的。上述论证的先决条件是将后天经验性等同于偶然性，而克里普克则指出必然性、偶然性和先天性、后天性是两类不同的哲学范畴，不应将它们混为一谈。先天性、后天性是"与知识有关的，同关于现实世界的哪些事物能以某种方式被认知有关。"而必然性、偶然性则"与形而上学有关，与世界可能会是怎样的有关；给定世界是现在这样的，它可能会在哪些方面不是如此吗？"①先天性与必然性、后天性与偶然性这两组概念在外延上不是相同的，因此后天陈述不等同于偶然陈述，存在着后天必然陈述。拿"长庚星是启明星"来说，尽管在认识论上它是建立在后天经验的基础上做出的，但如果它是真的，那么它就表述了一个形而上学的事实，也就是金星的自身同一性；而我们知道任何事物的自身同一性都是必然的，因此该陈述就是一个必然陈述。所以，仍如上文的断言，一个同一性陈述如果是真的，那么它就是必然的。

---

① S. P. Schwartz（ed.），*Naming*，*Necessity and Natural Kinds*，Ithaca，NY：Cornell University Press，1977，p. 85.

三　模态实在论方案的出路

由于模态柏拉图主义过分夸大了可能世界的实在性，将诸可能世界视为与现实世界一样的具体实在，这就必然派生出上述众多的理论困难，因此若要对可能世界持实在论的立场，就应该将它看作抽象的实在，从而避免极端实在论面临的上述困境。首先，抽象的存在是能够为人们的思想和意识所把握的，不必然要通过实证的感觉经验去获知。比如，我们可以先验地得知"没有一个人比自己高"这一命题的真理性。其次，如果把可能世界看成是依附于客观事物的一种抽象存在，那么源于客观事物的这种可能世界实在性就保证了可能世界与模态的相干性。例如，作为总统候选人就保证了依附于汉弗莱的一个可能世界的实在性，即，他当选为美国总统，而后者又决定着模态陈述"汉弗莱可能当选美国总统"的真理性。

但仅仅对可能世界做上述的承诺，并不能解决可能世界的主要问题。对于可能世界而言，最要紧的问题是个体的跨世界同一性（transworld identity）和跨世界识别（transworld identification）。可能世界语义学在对 de re 模态的说明中承认个体可以存在于不同的可能世界之中，也就是承认跨世界个体（transworld individual），从而导致了所谓的跨世界同一性和跨世界识别问题。简言之，这两个问题就是，人们根据什么标准去辨别、识别存在于不同可能世界里的同一个个体。模态柏拉图主义最主要的失误，在于用不同可能世界内个体的对应体关系取代个体的跨世界同一性，试图回避个体的"跨世界同一性"问题。但问题并不因此就得到解决，相反，它以另一种形式表现了出来：既然某个可能世界的个体在别的世界中有自己的对应体，我们又是如何在众多的可能个体中确定它的对应体呢？换言之，确定个体间对应体关系的标准是什么？按照 D. 刘易斯的观点，对应体关系是一种相似关系，但相似性具有极强的相对色彩，不易于作定量的比较。从各自不同的立场、角度出发，每个人会对各种相似性指标的重要性有不同的认识，从而对个体间的相似关系作出不同的判断，甚至于同一个人在不同情况下也会有不同的判别标准。比如对于现实世界 w* 中的个体亚里士多德来说，在另一个世界 w 中有两个个体 d_1 和 d_2 与其十分相似，不同之处仅在于 d_1 不再是一个哲学家，而是马其顿王国的一个宫廷医生，而 d_2 则不再是古希腊雅典城邦的市民，而是古斯巴达的一位贵族；那么，d_1 和 d_2 谁更像亚里士多德呢？谁更有资格成为亚里士多德在 w 中的对应体呢？对于这个问题，不同的人自然有不同的看法：在哲学家们看来，当然是 d_2 更像亚里士多德，亚里士多德可以不是古希腊雅典城邦的市民，但他不可以不是哲学家；而在历史学家们看来，则是 d_1 更像亚里士多德，因为根据历史的考证，亚里士多德的确是古希腊城邦雅典的人，他不会是野蛮的斯巴达人。可见对亚里士多德对应体的判定可谓仁者见仁，智者见智，无法给出一个统一的衡量尺度。因而即使像 D. 刘易斯那样通过将跨世界同一性弱化为不同可能世界内个体间的对应体关系，来回避"跨世界同一性"问题，也无法使"跨世界识别"问题的另一版本形式——"对应体关系的识别"问题得到令人满意的回答。最后，D. 刘易斯不得已也只得求助于本质，想通过后者来解决对应体的识别。他说，"事物的本质属性就是它与其所有的对应体共有的性质，"并进一步指出"事物与其所有对应体共有的性质是那个事物的一个本质属性，是其本质属性的一部分。而其全部本质属性则是它的众本质属性的交集，即它与其所有对应体共有，并且只与其对应体共有的性质。"①既然本质就是恰为事物及其所有对应体共有的性质，"本质和对应体就可以相互定义。"②据此，我们就可以得到事物对应体的识别标准："事物的对应体就是任何具有为其本质的性质的事物。"③但这种本质到底是什么，D. 刘易斯从来没有加以明确的阐明，在这个问题上他又一次故伎重演，试图回避它。由于无法对本质做定性的描述，他就将它等同于形而上学的基质（haecceity）草草了事。基质这个词源于拉丁语 haecceitas，后者是中世纪唯名论哲学家邓斯·司格特（Duns Scotus）造的词，

---

① Michael Loux（ed.），*The Possible and the Actual: Readings in the Metaphysics of Modality*, Ithaca, NY: Cornell University Press, 1979, p. 120.

② Ibid., p. 121.

③ Ibid.

意指使个体互相区别的特殊形式，也即"此性"（"thisness"）。①根据卡普兰（D. Kaplan）的权威阐述，同样的基质上可能会构成极度的性质差异，而在不同的基质上又可能造成极度的性状相似，正是由于这些基质的存在，我们才可以不顾及个体外在性状及行为的异同，去断定它在不同可能世界的同一性。② D. 刘易斯对这种基质观做了修正，他认为不但个体有基质，而且个体及其在其他可能世界中的所有对应体也有一个共同的基质。但基质是完全脱离于外在性质的，它是事物的非定性的性质，无法对其做定性的描述；我们怎么能够借用基质来作为事物的本质，进而以其作为识别对应体关系的标准呢？我们来看看 D. 刘易斯笔下对基质的定义。他对性质做了外延的处理，即把性质等同于所有具有该性质的可能个体组成的集合。并进一步认为，"对无论什么样的可能个体组成的任一集合，都有一个性质。"③这样，仅由个体与其所有对应体所组成的一个集合就确定了一个性质——它们共有的基质，而根据 D. 刘易斯先前关于事物本质的说明，这个基质便是事物的本质。但这样的解决方案丝毫于事无补，因为我们要求 D. 刘易斯给出的是个体本质的定性描述以判别对应体关系，用他本人的术语表达就是恰为个体及其所有对应体所共有的性质，但他给我们的答案却是这个性质（本质、基质）就是它们组成的集合，这相当于又把问题推回给了我们。至此，本质、基质只能是某种神秘的"隐德来希"。

因此，成功的可能世界实在论必须要能够对个体的"跨世界同一性"和"跨世界识别"问题做出合理的说明，后者是衡量模态实在论成败的一项极重要指标。像 D. 刘易斯那样由于持极端的可能世界实在论，从一开始就否认、回避问题的存在，到最后以至于对甚至弱化了的问题采取无奈的搪塞、敷衍，而问题的实质性依然存在。总之，根据极端实在论的教训，如果要在可能世界问题上坚持实在论的立场，那么我们须持温和的实

① 参见斯蒂芬·里德：《对逻辑的思考》，辽宁教育出版社 1998 年版，第 126 页；另参见苗力田、李毓章主编：《西方哲学史新编》，人民出版社 1990 年版，第 193 页。

② Michael Loux（ed.），*The Possible and the Actual：Readings in the Metaphysics of Modality*，Ithaca，NY：Cornell University Press，1979，p. 216.

③ Ibid.，p. 225.

在论观点；更为重要地，还需要认真对待"跨世界同一性"和"跨世界识别"问题，并对之展开详尽的剖析、论证与回答，以支持温和实在论的可能世界观——这才是模态实在论方案的真正出路。

（原载《科学、技术与辩证法》2006 年第 6 期，第 36—40 页）

普兰丁格的模态形而上学

模态（modality）是指可能性、必然性等哲学范畴，它直接关系到事物本体的存在方式，因而对模态问题的讨论已成为当代形而上学的一个重要课题。但与以往不同，当代模态问题的讨论是在可能世界语义学的理论框架下展开的，可能世界语义学重新激发了人们对模态范畴的兴趣。现代模态逻辑根据对可能性和必然性不同的直观理解，建立相应的公理系统，并给出其语义解释，再从元逻辑的角度去探究这些公理系统的可靠性、完全性、独立性和可判定性等性质。其中，可能世界语义学起着举足轻重的作用。简单地说，可能世界语义学运用可能世界、可达关系等基本概念，来消除模态公式里的可能、必然等模态词项，从而以外延的方式来处理这些模态语句，给内涵语句以外延的解释，进而揭示其内在的逻辑结构。事实上，可能世界语义学用非模态的一阶语言来对模态语句加以释义（paraphrase）。因此，对可能世界概念的认识直接干系到可能性、必然性等哲学范畴。

那么什么是可能世界呢？实在论者和唯名论者给出了不同的解决方案。以 D. 刘易斯（David Lewis）为代表的模态柏拉图主义认为，可能世界是具体的存在，是同现实世界一样的实在；以卡尔纳普（Rudolf Carnap）、亚当斯（Robert M. Adams）为代表的语言替代论（linguistic ersatzism）则主张，可能世界没有自身独立的本体论地位，不过就是某种语句或命题的极大一致集。这两种理论各自都存在着严重的困难，于是一部分哲学家寻求以温和实在论的方式回答可能世界的系列问题，普兰丁格（Alvin Plantinga）就是其中的一个杰出代表。

一　普兰丁格的可能世界观

既不像卡尔纳普等人那样否认可能世界的本体存在，也不像 D. 刘易斯那样视可能世界为具体的实在，普兰丁格认为可能世界是一种抽象的存在。在普兰丁格看来，一个可能世界就是一种可能事态。可能事态也可以采用其他的表述方式："事物的可能存在方式""世界的可能存在方式"等。①克里普克（Saul Kripke）对可能世界问题曾表达过完全相同的主张，他反对"把可能世界看成遥远的行星，看成在另外一个空间里存在的、与我们周围的景物相似的东西"，同时也不满足于给人们留下这样的印象，即他完全摈弃了可能世界的说法，而仅将它们当作是纯粹的形式技术手段，他认为"'可能世界'完全是'世界可能会采取的各种方式'，或是整个世界的状态或历史"。②但他并没有对这一观点作系统的讨论和阐述，真正将这一论题充分展开的人是普兰丁格。事态是具有独立本体论地位的东西，指的是事物所处的状态，它在英语中以动名词结构来表达。比如，"苏格拉底之为塌鼻子"（"Socrates' being snubnosed"）"大卫之画圆为方"（"David's having squared the circle"）都表达了事态。第一个事态已经实现（actuality）或达成（obtaining）了，也就是说它已成为了事实；凡是在广义的逻辑意义③上能够实现的事态，就称作可能事态。因此，第一个事态就是可能事态，而第二个事态则是不可能事态，因为它是不可能实现的。但并非任何可能事态都是可能世界，它还需要满足一个条件——极大性或完全性。所谓可能世界 S 的极大性或完全性，指的是对任一个可能事态 S′来说，或者 S 包含

---

① Alvin Plantinga, *The Nature of Necessity*, Oxford：Oxford University Press, 1974, p. 44.

② 克里普克：《命名与必然性》，梅文译，上海译文出版社 2001 年版，"绪言"第 15—18 页。

③ 此处采用普兰丁格对该词的使用，意指命题逻辑、一阶量词逻辑、集合论、算术、数学以及一般认为是分析的命题，比如"单身汉都是未婚的""没有谁比他（她）自己还高"和"没有一个数是人"等等。

S′，或者 S 排斥 S′。① 于是，可能世界就是极大的或完全的可能事态。现实世界就是已经达成或实现了的完全可能事态，它是一个特殊的具体的可能世界。由于可能事态是一种抽象的存在，它或者已经成为现实了，也可能仅仅是一种可能物，但不论它具有上述两种性质的哪一种，它的存在是勿庸置疑的，它是绝对的存在，而可能世界就是完全的可能事态，由此普兰丁格认为"每一个世界都存在于每一个世界中"。② 拿我们所生活的现实世界来说，任何一个别的可能世界作为未达成的抽象完全可能事态存在于其中，而现实世界自身则作为具体的存在物存在；而说我们的现实世界存在于其他可能世界中是从这个角度而言的：当某个别的可能世界成为现实的时候，我们的现实世界就转化为抽象的存在，它以这种形式存在于那个可能世界中。照此看来，现实世界是由两部分组成的，一部分就是那已现实化了的完全可能事态（即事实）；另一部分则是以其他完全可能事态为代表的抽象存在。其他可能世界并非外在于我们现实世界的某种异物，它仍是现实世界的存在；正是在这个意义上，普兰丁格自称其理论是现实论的。

　　既然可能世界是抽象的存在，现实世界里的个体该怎样跨越世界而在这些可能世界中存在呢？普兰丁格的解释是，"说对象 x 存在于世界 W 中，就是说，如果 W 成为现实的话，那么 x 就会存在；更确切地，x 存在于 W 中，当且仅当，不可能 W 达成了而 x 不存在"③。实际上，这是对可能世界中个体的实体性存在附加了一个条件，即该可能世界的现实化，这样一来具体的个体和抽象的世界之间的矛盾就化解了，我们也就可以合乎情理地谈论个体的跨世界存在了。按照同样的思路，谈论个体在可能世界中的性质也成为可能了：x 在可能世界 W 中具有性质 P，无非是说，若 W 成为现实则 x 就具有性质 P；换句话说，W 包含了可能事态 x 之有性质 P。

---

　　① 所谓可能事态 S 包含 S′，意指在广义的逻辑意义上不可能 S 达成而 S′未达成。类似地，可能事态 S 排斥 S′（指的是在广义的逻辑意义上不可能两者都达成。例如：我们可以说，可能事态珠穆朗玛峰之为世界最高山峰，包含了可能事态珠穆朗玛峰之为一座山峰，但排斥了可能事态勃朗峰之为世界最高山峰）。

　　② Michael Loux（ed），*The Possible and the Actual：Readings in the Metaphysics of Modality*，Ithaca，NY：Cornell University Press，1979，p. 262.

　　③ Alvin Plantinga，*The Nature of Necessity*，Oxford：Oxford University Press，1974，p. 46.

但既然承认了个体的跨世界同一性，承认了个体在不同可能世界可以具有不同的性质，莱布尼兹的同一者不可分辨原则似乎也就遭到了破坏。比如，苏格拉底在现实世界是塌鼻子的，而在另一个可能世界 w 中他不是塌鼻子的；由于承诺了个体的跨世界存在，则此苏格拉底和彼苏格拉底是同一的，根据同一者不可分辨原则 x = y→（F（x）→F（y）），苏格拉底在现实世界具有的属性必然也为他在 w 中所具有，因此苏格拉底在 w 中也应是塌鼻子的。这样就与前提不相一致，也就意味着普兰丁格的可能世界理论否认了莱布尼兹律的有效性。但莱布尼兹律是哲学家们普遍接受的一条定律，因而普兰丁格的温和实在论自身似乎出现了危机。普兰丁格并不同意上述的说法，他认为问题出在对莱布尼兹律的运用上，并别出心裁地提出了一类新的性质——世界索引性质（world - indexed property），以使自己的理论能够自圆其说。现实世界里的个体都是在一定的时空范围下具有相应的性质，随着时空的变化，个体具有的性质也会发生改变。仍以苏格拉底为例，在公元前 460 年，古希腊雅典城邦的苏格拉底只是一个乳臭未干、目不识丁的儿童；而到了公元前420 年，他已经成长为一位满腹经纶、能言善辩的哲学家，他在不同的时空位置具有不同的性质。但我们不能由此就根据同一者不可分辨原则断定，这两个时空位置的苏格拉底不是同一个人。相反，我们会对"一个乳臭未干、目不识丁的儿童"和"一位满腹经纶、能言善辩的哲学家"这两个性质加以时空的限制或修饰，把它们分别转换成时空索引性质"公元前 460 年的一个乳臭未干、目不识丁的儿童"和"公元前 420年的一位满腹经纶、能言善辩的哲学家"，这样就不存在违反莱布尼兹律的问题，也不会将前后两个阶段的苏格拉底当作不同的个体，因为两个阶段的苏格拉底都具有上面那两个时空索引性质。类似地，普兰丁格认为，个体在不同可能世界里具有的性质也是受制于相应的世界的，莱布尼兹律并没有要求同一个个体在不同的可能世界具有完全相同的性质。这是因为在论及不同可能世界里同一个个体的性质时，我们考虑的是它的世界索引性质。什么是世界索引性质呢？普兰丁格的定义是，"一个性质 P 是世界索引性的，当且仅当，或者（1）有一个性质 Q 和一个世界 W，满足对于任一对象 x 和世界 W*，x 在 W* 里有 P 当且仅当 x 在 W* 里存在，并且 W 包含 x 之有 Q，或者（2）P 是一个世界索引性质的补"①。比如"在现实世界中是塌鼻子的"就是一个世界索引性的性质，它为苏格拉底在其存在的所有世界中都具有。按照普兰丁格的说法，当运用于跨世界个体时，同一者不可分辨原则要求的是：同一个体无论在哪个可能世界都应具有相同的世界索引性质。拿苏格拉底来说，尽管他在现实世界是塌鼻子的，但莱布尼兹律并不要求他在可能世界 w 中也一定是塌鼻子的，它只是要求苏格拉底在 w 中具有事实上（在现实世界中）是塌鼻子的属性，而这一点与苏格拉底在 w 中不是塌鼻子的是无关的，两者是相容的。若依据这一种理解，普兰丁格的模态实在论就不存在违反莱布尼兹律的痼疾，从而也就扫平了在个体跨世界同一性问题上的障碍，达到了理论的自足。

与个体跨世界同一性问题紧密相联的还有另外一个问题，即个体的跨世界识别问题。这个问题的大意如此：若承认同一个个体可以存在于不同的可能世界中，则我们如何在那些另外的世界中识别出该个体呢？换句话说，我们凭借什么从各个可能世界的众多个体中挑选出那个个体呢？人们一般认为，跨世界识别问题是跨世界同一性问题的认识论基础，如果不能为个体提供跨世界的识别标准，那么谈论某个体在其他可能世界具有这样或那样的性质就会成为不可理解，因为我们甚至不能确定在谈论哪个对象。这种识别标准应当是个体在其存在的所有可能世界都具有的性质，这样我们就可以不加区分地在任一可能世界运用它来挑选个体，从而保证了该标准的普遍性。比如，"因腐蚀青年灵魂而被鸩酒毒死的古希腊哲学家"就不能用来作为苏格拉底的跨世界识别标准，苏格拉底完全可以在另一个可能世界 w 中是一名勤劳朴实的农夫，这个性质并不是在苏格拉底存在的所有可能世界中都为其所具有，它只是现实世界中苏格拉底的一个识别标准。但上述要求还只是个体跨世界识别标准的必要条件，不能仅依据这一条就确定出个体的跨世界识别标准。比如，苏格拉底在其存在的所有可能世界中都是人，但"是人"这一属性并不足以识别出可能世界中的苏格拉底，甚至在现实世界都不能挑选出那唯一的苏格拉底，更不用说够格成为苏格拉底的跨世界识别标准。因此，对个体的跨世界识别标准还应有一个充分条件的要求。对某个体 a 而言，它的跨世界识别标准的充

---

① Alvin Plantinga, *The Nature of Necessity*, Oxford: Oxford University Press, 1974, p. 63.

分条件就是，没有哪一个不同于 a 的个体在某可能世界中具有作为该识别标准的性质。于是，根据任一满足这个要求的性质，我们就可以识别任一可能世界中具有该性质的个体为 a。比如，在任一可能世界中，具有"苏格拉底性"（人为制造的一个性质）这一性质的个体只能是苏格拉底，因此我们就可以把该性质作为苏格拉底的跨世界识别标准。但仅仅满足这一条的性质也不足以构成个体的跨世界识别标准，某些可能世界中不具备该性质的同一个体会成为这一标准的漏网之鱼。例如，复合属性"是苏格拉底性的并且是哲学家"，它也满足个体跨世界识别标准的充分条件，在任一可能世界中只能为苏格拉底所具有，但若以它为识别标准，就会在某些可能世界中识别不出苏格拉底：如世界 w 中的苏格拉底是一名农夫，此时以该复合属性就识别不出 w 中的苏格拉底。因此，只有将上述两个要求结合起来，满足充分必要条件要求的性质才能充当个体跨世界识别的标准。若以 E 表示某个体 a 的跨世界识别标准，则 E 须满足下列充分必要条件：任一可能世界 w 中的个体 x 是 a，当且仅当，x 具有 E。实际上，具备上述充分必要条件要求的 E 就是个体 a 的个体本质（individual essence）。

在普兰丁格看来，能够称为个体本质的只有个体的某些世界索引性质和人为制造的性质。如果个体 a 在可能世界 w 中存在，并在其中具有某独特的性质 F（即 w 中再没有其他个体例示性质 F），那么由此所形成的世界索引性质"在 w 中是 F"就是 a 的个体本质。很显然，在任何可能世界中都不会有其他的个体具有性质"在 w 中是 F"，而不论 a 在哪个可能世界中存在，它都会具有该性质。比如"在现实世界中因腐蚀青年灵魂而被鸩酒毒死的古希腊哲学家"就是这一类型的性质，它是苏格拉底的个体本质。另外，直接从个体 a 本身人为构造的一些性质，如"a 性的""是与 a 同一的"等，也是 a 的个体本质，它们不可能为其他任何个体所例示，而且只要 a 存在就会具有这些性质。但这两类性质都不能实际用来做个体的跨世界识别，它们都窃取了论题（begging the question）。比如，如果我们能以"在现实世界中因腐蚀青年灵魂而被鸩酒毒死的古希腊哲学家"来识别另一可能世界 w 中的苏格拉底，那么我们就是首先将个体的识别问题转移到现实世界，挑选出现实世界里的那个因腐蚀青年灵魂而被鸩酒毒死的古希腊哲学家（即苏格拉底），并进而能够识别可能世界 w 中的任一个体是否和现实世界中挑选出来的那个个体同一。也就是说，运用这些世界索引性质做个体跨世界识别的前提乃是我们已经能够跨世界识别同一个个体。而对于那些人为制造的个体本质，情况则更是如此。以"苏格拉底性"和"是与苏格拉底同一的"为例，它们是被事先人为地规定了苏格拉底并且只有苏格拉底才具有的属性，所以若在跨世界识别苏格拉底的实践中能够以它们为标准的话，那只能说明我们在这之前已经知道或能够识别各可能世界中谁是苏格拉底。因此，作为个体跨世界识别标准的个体本质都是空洞的，它们根本无助于个体跨世界识别问题的解决。这样，正如前文所述，人们一般将跨世界识别问题视为跨世界同一性问题的认识论基础，既然前者得不到令人满意的解决，后者自然也就受到了动摇。基于此，普兰丁格开始反思个体跨世界识别问题的合法性，再进一步地审查它与个体跨世界同一性问题的关系。①

　　与克里普克一样，普兰丁格也把个体的跨世界识别问题比喻成这样一幅图像：我们通过儒勒·凡尔纳的望远镜凝视着另一个世界，通过观察其中居民的行为和特征来判定我们世界里的某个人（比如苏格拉底）是否存在于其中，进而识别他（或她）是谁。但普兰丁格所理解的可能世界是抽象的完全可能事态，在这样的一些抽象存在物当中，当然没有办法去挑选和识别具体的个体，因而个体的跨世界识别问题在他看来就是不合法的，"根本就没有'窥视'另一个可能世界并观察那里正在发生什么这一回事"②。非但如此，他还割断了跨世界同一性问题和跨世界识别问题的联系，认为我们完全可以讨论同一个个体在不同可能世界的存在和性质，而不必顾及那不合法的个体跨世界识别问题。这是因为，我们谈论同一个个体 a 在某个可能世界 w 中具有一个性质 F，只不过是表达了有这样一个可能世界 w，a 在其中存在且具有性质 F，除此之外我们对 w 和 a 并没有任何更多的了解，我们不知道 w 还有哪些个体，我们也不知道 a 还具有哪些非本质属性，我们不必也不可能知道得

　　①　克里普克也曾对此表达了与普兰丁格相同的态度，但他的论述带有较浓厚的独断论色彩，且未做慎密的分析论证，故在此处不加以介绍。

　　②　Alvin Plantinga, *The Nature of Necessity*, Oxford: Oxford University Press, 1974, p. 96.

更多；既然我们根本就没有涉及其他对象和性质，从世界 w 的众多个体中识别出该个体来的问题根本就不会产生，从而也就是与我们对跨世界个体的谈论是没有干系的。如果真要问我们是否知道我们在谈论的个体是世界 w 中的哪一个，那么答案当然是肯定的，但也是不足道的，那就是 a。由此普兰丁格认为，按照他的可能世界学说，个体的跨世界识别和跨世界同一性之间的关系问题"或者是不足道的，或者是混乱的"①。

二　普兰丁格温和模态实在论的理论得失

普兰丁格的可能世界学说充分吸收了语言替代论在可能世界问题上的理论优势，使得可能世界不再是 D. 刘易斯意义上的神秘之物，作为抽象的可能事态的存在是能够为人们的思想和意识把握的。同时，这种温和实在论又可以免受语言替代论所面临的指责。完全的可能事态有自己的独立本体存在，它不是命题或语句，后者是语言形态的东西，具有或真或假的属性，而这一点并不为可能事态具有。既然可能事态是独立于人类的语言和思想的抽象存在，它也就和构造的问题无关。我们不能用逻辑—语言的手段构造出一个完全的可能事态，这只能说明现实中语言的贫乏，只能说明人们对它的认识有限，正如尽管卡尔纳普构造世界的逻辑主义纲领失败了，但这并没有妨碍现实世界的客观实在性，现实世界的存在与此不相干。但我们将可能世界当作完全的可能事态，是否犯有与语言替代论相同的循环定义的错误呢？需要澄清的是，普兰丁格并不是将世界定义为完全的可能事态，同克里普克一样他只是换了个说法而已，可能世界在本体论上是独立的存在，它是初始的，并不是通过构造定义出来的，因此在这里也就不存在循环定义的问题，普兰丁格所做的工作不过是描述这样的完全可能事态而已。最后，完全可能事态的非语言特征使它可以免于语义悖论；而它也不是一个集合，自然也就没有康托尔基数悖论的困扰。总而言之，正由于普兰丁格赋予了完全可能事态的实在性质，才使得这种可能事

---

①　Alvin Plantinga, *The Nature of Necessity*, Oxford：Oxford University Press, 1974, p. 97.

态说避免了语言替代论的种种弊端。①

　　但普兰丁格有着过分夸大事态的抽象存在的倾向，他甚至有时候将现实世界也视为抽象的存在物，称"现实世界 α 是一个抽象对象"②。也就是说，在具体存在和抽象存在的关系问题上，他认为前者是从属于后者的，前者不过是达成了的后者。这样一来，就承认了不可能世界的存在，于是就产生了一个问题：我们该如何区分可能世界和不可能世界呢？根据普兰丁格对可能事态和不可能事态的区分标准，即事态的可达成性或可实现性，可能世界应该就是可达成的完全事态，不可能世界则是不可达成的世界。但可达成性和可实现性明显地就是模态词项，它们的意思分别是可能达成的性质和可能实现的性质，这些模态词项本身就需要用初始的概念——可能世界去定义、解释，不能再用它们去界定可能世界与不可能世界，否则就会出现循环。因此，普兰丁格的可能世界在概念上是不清晰的、混乱的。

　　另外，普兰丁格对个体跨世界同一性问题的辩护也是难以令人满意的。通过类比于同一者不可分辨原则在现实世界中运用时要考虑时空索引性特征，他认为，只要对个体的性质做世界索引性的修饰，那么跨世界的同一个体也就是不可分辨的，因而在个体的跨世界同一性问题上并没有违反莱布尼兹律。但同一者不可分辨原则在现实世界内和跨世界间的运用有一个重大的差别，正是因为这一差别，从而出现了下面的反差：虽然现实世界中运用莱布尼兹律来比较的是时空索引性质，但是所谓世界索引性质在实践中无法适用于跨世界间的同一者不可分辨原则的应用；普兰丁格正

　　① 康托尔基数悖论是语言替代论面临的一项责难：按照可能世界的语言替代论，w 是一个可能世界，当且仅当（1）对于任一个命题 p，或者 p∈w，或者 ¬ p∈w，和（2）w 的元素是相容的。任取一可能世界 w，设其基数 Card（w）＝k，其幂集为 P（w）。那么，根据康托尔幂集定理，P（w）的基数 Card（P（w））＝2^k，且 2^k＞k。但是，对于每一元素 e∈P（w），都相应地存在着一个命题 P——例如，"e 是一个集合" "e 是一个世界" 或 "e 是 P（w）的元素"。因此，w 的基数 Card（w）将会与 P（w）的基数 Card（P（w））相等——因为根据（1），对于 P（w）的每一个元素，在 w 中都相应地有一个元素，P 或者 ¬ P。所以，w 的基数 Card（w）（至少）是 2^k，但根据最初的假设 Card（w）＝k，而已知 2^k＞k。由于本文主要是讨论普兰丁格的温和模态实在论，因而没有过多地论述语言替代论，相关的内容可参见 John Divers, *Possible Worlds*, London: Routledge, 2002.

　　② Michael Loux（ed）, *The Possible and the Actual: Readings in the Metaphysics of Modality*, Itha-ca, NY: Cornell University Press, 1979, p. 258.

是在这里做了论证上的一次思维跳跃。现实世界中个体的发展变化都具有时空的连续性，在个体存在的一定时空范围内，我们总可以沿着该个体变化发展的四维时空坐标的轨迹，上溯和下行至某一确定的时空坐标点，从而做性质的比较；由此可见，既然每一个体都有自己的唯一的确定的时空运动轨迹，而在这一轨迹的任一坐标点上个体的性质都是确定的，个体 a 和 b 若是同一的，则它们的运动轨迹就应是相同的，因而它们在自己轨迹的任一坐标点上的性质都相同，莱布尼兹律成立。以 t_1 时刻、p_1 位置的苏格拉底和 t_2 时刻、p_2 位置的苏格拉底为例，如果他们是同一个人，那么他们的成长发展的轨迹应完全相同，这样若前者在那同一轨迹内的某时空点 $<t_3, p_3>$[①]具有性质 F，则后者在同一时空位置必定也具有该性质。正因为个体时空变化发展的连续性所形成的那条曲线的客观存在，才使得我们能够在实践中将莱布尼兹律正确地运用于现实世界。但各可能世界间情况就大不一样了，我们无法在实践中对个体做所谓的世界索引性质的比较。正如蒯因所指出的，"由于位移的连续性、变形的连续性、化学变化的连续性，瞬时的对象被断言为同一物体的各个时段"。[②]正因现实世界中个体变化发展的时间延续性产生了一条连续的曲线，我们才能识别它的个体性，据此我们也才能进一步比较这同一个体在不同时空位置的性质。但我们不能将这种在现实世界里使用的个体化方法用在可能世界上，因为不同可能世界的个体的变化发展之间根本不存在那种连续性，"这些考虑不可能推广至世界之间，因为你可以从容不迫地经由某个相互关联的可能世界系列将任何事物转变为任何事物"[③]。蒯因将两者之间的差别概括为："不论怎么样，我们真实世界的系列瞬时截面图是独一无二地强赋于我们的，而从一个可能世界到另一个可能世界的连续渐变的各类途径都是任由想象的。"[④] 由于在各可能世界间并没有这样一条客观的连续曲线，我们便无从沿着一条起个体化作用的个体变化发展的轨迹曲线，去确定某可能

[①]　实际上该时空点的四维坐标应该是 $<t_3, p_{x3}, p_{y3}, p_{z3}>$，其中 p_{x3}、p_{y3} 和 p_{z3} 分别表示上下、左右和前后方向的空间坐标，为简便起见，我们采用 $<t_3, p_3>$ 这种缩略记法。

[②]　Willard V. Quine, *Theories and Things*, Cambridge, MA：Harvard University Press, 1981, p. 125.

[③]　Ibid. , p. 127.

[④]　Ibid.

世界中的个体在另一个可能世界中该具有怎样的性质，因而无法判定该个体是否具有普兰丁格所谓的那些世界索引性质，也即无法像普兰丁格所称的那样，用世界索引性质去辩护同一者不可分辨原则对于跨世界同一性的有效性。

最后，普兰丁格否认个体跨世界识别问题的合法性及其与跨世界同一性问题的密切联系也是缺乏说服力的。本来他是承认个体的跨世界同一性的，所给出的解释是：a 在可能世界 w 中存在，当且仅当，若 w 达成或实现，则 a 存在。但在处理个体的跨世界识别问题时，为什么普兰丁格就不能按照这个解释模式去分析论证，偏偏要按照字面意义去在抽象的可能事态中寻找一个个具体的个体呢？我以为，普兰丁格用两种前后不一致的研究方法来说明跨世界的个体是带有明显的先入之见的，也就是说，在探讨个体的跨世界识别问题之前，普兰丁格的意识中已经取消了它的合法地位，因而他并没有给这个问题在其可能世界学说中的理论地位以良好的论证。与此相关，在讨论个体跨世界同一性问题和跨世界识别问题的联系时，他也停留于对后者做表面化的处理，从而掩盖了问题的真相。不错，普兰丁格对跨世界同一性问题的理解是正确的：当我们说某个体 a 在另一个可能世界 w 中具有性质 F 时，我们说的是有这样一个世界 w，使得 a 存在于其中且具有性质 F。表面上看来，我们不知道 w 中是否还有其他事物，也不知道 a 还具有其他什么性质，我们只是在谈论 a 在这个可能世界中的情况，我们似乎并没有面临个体 a 的跨世界识别问题，而且这个问题似乎也没有妨碍 a 的跨世界存在。但这仅仅是个表象。我们凭什么设定有一个可能世界 w_1，a 在其中具有性质 F，却不能设定也有一个可能世界 w_2，a 在其中具有性质 G 呢？比如，我们凭什么可以设定出一个可能世界 w_1，亚里士多德在其中是马其顿王国的宫廷御医，而不能设定另一个可能世界 w_2，亚里士多德在其中是一只猪呢？我们凭借什么使人们相信在涉及可能世界时我们仍然是在谈论、指称那同一个个体——亚里士多德，而不是另外一个个体，即使部分性质已经发生了变化？即使在我们不知道可能世界中是否还有其他个体的情形下，这类问题还是存在着，实际上它们与可能世界中有否其他个体并没有关系。事实上，即令是普兰丁格本人也隐约意识到了这类问题的存在，他在讨论个体 a 在可能世界 w 中具有某属性时，特别提到了非本质属性是与他的谈论无关的，言下之意个体 a 的本质与谈论有关。正是依据个体的本质属性，我们才能知道对于哪些性质而言，可以谈论有一个可能世界使得该个体具有它们，才能知道对于什么样的性质而言，不可以谈论该个体在某个可能世界中具有它们；我们也才能使别人相信我们在谈论跨世界的同一个个体。个体的跨世界存在这个本体论问题是不能脱离其认识论基础的，没有无差别的纯粹殊相（bare particular），任何个体的同一或差异都有着认识论上的根据。因此，上面所论及的个体的本质属性就是个体跨世界同一的认识论基础，就是个体跨世界识别的标准，而以上所表明的那类问题才是个体跨世界识别问题的实质所在。

有人可能会反驳说，决定人们能否谈论个体 a 在某可能世界具有性质 F 的本质属性还不足以作为跨世界识别的标准，它只相当于个体跨世界存在的必要性条件。比如，虽然"是人"这一亚里士多德的本质属性决定了我们不能谈论亚里士多德在某一可能世界 w 中是一只猪，但它并不就等同于亚里士多德的跨世界识别标准，因为具有人这一本质属性的个体实在是太多了，我们无法仅凭它就识别出跨世界的亚里士多德来。因而，这些人认为上述类型的问题并非跨世界识别问题的实质。但我会在下面论证，决定人们能否谈论个体 a 在某可能世界具有性质 F 的本质属性不但要具备必要性条件，而且要具备充分性条件，也就是说它应具备充要条件。

假定 E 是任一作为人们谈论跨世界个体 a 的认识论基础的本质属性，并且它只是 a 跨世界同一性的必要条件，那么对于这样的一个性质 F，它是另一个个体 b 跨世界存在的充分条件，也即凡在某可能世界具有性质 F 的个体都是 b，能否根据谈论个体 a 跨世界同一的"认识论基础" E，确定有一个可能世界 w，a 在其中具有性质 F，或者这样的可能世界根本不存在呢？显然，没有这样的一个可能世界存在，否则 a 将成为 b，因为只有 b 才能具有性质 F；也就是说，我们不能谈论有一个可能世界 w，a 在其中具有性质 F。但是，作为这种谈论、指称的认识论基础的 E 能提供依据吗？由于 E 只是 a 跨世界同一性的必要条件，因而它也完全可以是 b 等其他个体跨世界同一的必要条件。比如，"是人"既是亚里士多德跨世界存在的必要条件，也是苏格拉底跨世界存在的必要条件。若 b 即是也具有 E 作为跨世界同一性必要条件的个体之一，则性质 F 就蕴涵了性质 E。因为由凡具有性质 F 的个体都是 b：

（Ⅰ）∀x（F（x）→x＝b），

和 E 是 b 跨世界存在的必要条件：

（Ⅱ）∀x（x＝b→E（x）），

很容易得到上面的结论：

（Ⅲ）∀x（F（x）→E（x））。

也就是说，我们有下述定理：

（Ⅳ）∀x（F（x）→x＝b）∧∀x（x＝b→E（x））→∀x（F（x）→E（x））

形式证明如下：

（1）∀x（F（x）→x＝b）→（F（x）→x＝b）PC 公理

（2）∀x（x＝b→E（x））→（x＝b→E（x））PC 公理

（3）∀x（F（x）→x＝b）∧∀x（x＝b→E（x））→（F（x）→x＝b）∧（x＝b→E（x））（1）、（2）做 P 变形

（4）（F（x）→x＝b）∧（x＝b→E（x））→（F（x）→E（x））P 定理

（5）∀x（F（x）→x＝b）∧∀x（x＝b→E（x））→（F（x）→E（x））（3）、（4）运用三段论规则

（6）∀x（∀x（F（x）→x＝b）∧∀x（x＝b→E（x））→（F（x）→E（x）））（5）做 PC 变形

（7）∀x（F（x）→x＝b∧∀x（x＝b→E（x））→∀x（F（x）→E（x））（6）做 PC 变形

因此，在这种情况下仅根据 E 我们尚不能判定是否有一个可能世界 w，a 在其中有性质 F。可见，作为个体跨世界同一谈论的认识论基础的本质属性仅满足个体跨世界同一的必要条件是不够的，它还必须是跨世界同一的充分条件：对个体 a 而言，作为它的跨世界同一谈论认识论基础的本质属性 E，凡具有 E 的个体都是 a。根据 E 也是个体 a 跨世界存在的充分条件，我们就能判定能否谈论 a 在某可能世界中具有性质 F。由于 a≠b，且 E、F 分别是 a 和 b 二者的跨世界同一的充分条件，也即

（Ⅴ）∀x（E（x）→x＝a）

和（Ⅰ），易于得到性质 E 蕴涵了性质¬F，即

（Ⅵ）∀x（E（x）→¬F（x））

因而没有一个可能世界 w，a 在其中具有性质 F。也就是说，我们有这样的结论：

（Ⅶ）∀x（E（x）→x = a）∧∀x（F（x）→x = b）∧a≠b→∀x（E（x）→¬F（x））

其形式证明过程如下：

（1）∀x（E（x）→x = a）→（E（x）→x = a）PC 公理

（2）∀x（E（x）→x = a）∧E（x）→x = a（1）做 P 变形

（3）x = a→（a≠b→x≠b）同一替换原则

（4）∀x（E（x）→x = a）∧E（x）→（a≠b→x≠b）（2）、（3）运用三段论规则

（5）∀x（E（x）→x = a）∧a≠b→（E（x）→x≠b）（4）做 P 变形

（6）∀x（F（x）→x = b）→（F（x）→x = b）PC 公理

（7）（F（x）→x = b）→（x≠b→¬F（x））P 定理

（8）∀x（F（x）→x = b）→（x≠b→¬F（x））（6）、（7）运用三段论规则

（9）∀x（E（x）→x = a）∧∀x（F（x）→x = b）∧a≠b→（E（x）→x≠b）∧（x≠b→¬F（x））（5）、（8）做 P 变形

（10）（E（x）→x≠b）∧（x≠b→¬F（x））→（E（x）→¬F（x））P 定理

（11）∀x（E（x）→x = a）∧∀x（F（x）→x = b）∧a≠b→（E（x）→¬F（x））（9）、（10）运用三段论规则

（12）∀x（∀x（E（x）→x = a）∧∀x（F（x）→x = b）∧a≠b→（E（x）→¬F（x）））（11）做 PC 变形

（13）∀x（E（x）→x = a）∧∀x（F（x）→x = b）∧a≠b→∀x（E（x）→¬F（x））（12）做 PC 变形

综合上述论述，我实际上已经证明了谈论、指称跨世界个体的认识论基础就是个体跨世界同一的充要条件，满足这一要求的本质属性正是该个体的个体本质，而后者则恰是个体跨世界识别的标准。因此，谈论跨世界个体的认识论基础问题乃是个体跨世界识别问题的实质所在，跨世界识别问题作为跨世界同一性问题的认识论基础是不可回避的；我们无法像普兰

丁格那样割裂两者之间密切的联系，必须给予其全面的回答。而所谓的回答，即是找到识别的标准——个体本质，因此只有给出一个系统的本质主义方案才是对这个问题的最终回答。

（原载《西南民族大学学报》2005 年第 5 期，第 285—288 页）

可能世界的语言替代论方案及其困境

认为可能世界概念不是初始的，可以进一步还原为逻辑——语言的构造物，可能世界的本体地位就是一类语言实体，这样的一种观点称为可能世界的语言替代论（linguistic ersatzism）[①]，其主要代表性学说有卡尔纳普（Rudolf Carnap）的状态描述理论、亨迪卡（Jaakko Hintikka）的模型集理论及亚当斯（Robert M. Adams）的世界故事说。作为当代最为重要的一种可能世界方案，语言替代论有着自身发展的内在逻辑，但随着理论形态地不断完善，一些理论痼疾也逐步显露出来，某些甚至是该方案所无法克服的。

一　语言替代论的原初形态

卡尔纳普的状态描述（state - description）指的是一个句子集 Λ，其中对于任意一个原子句 p，或者 $p \in \Lambda$，或者 $\neg\ p \in \Lambda$，此外 Λ 中就不再有其他的句子了。相对于系统内的谓词所表达的所有性质和关系，状态描述实际上是为个体域中的个体可能具有的状态做出了一个完全的描述。不将其他句子纳入 Λ 中，这可能是源于维特根斯坦（Ludwig Wittgenstein）的影响，维特根斯坦曾认为基本事态决定了其他事态的存在。在卡尔纳普的

---

① 语言替代论是在"代用"意义上的，指的是存在一类实体，我们既可以用"可能世界"来称呼它，也可以用"语句集"等来称呼它，也就是说，用另一个名称来替代使用（代用）原有的名称。D. 刘易斯最先使用"语言替代论"来表示这种模态实在论，国内有些学者也将其归类为关于可能世界的语言学观点。由于语言替代论有多种版本，各自的表述又不尽相同，因此对语言替代论的笼统批评常常显得较含混，针对一种形式的语言替代论的批评往往不适用于另一种形式。

状态描述理论中，这种基本事态决定其他事态的思想是通过给定的语义规则表现出来的。这些语义规则是：

（1）一个原子句在给定状态描述里成立，当且仅当，它属于该状态描述；

（2）¬α在给定状态描述里成立，当且仅当，α在该状态描述里不成立；

（3）α∨β在给定状态描述里成立，当且仅当，或者α在该状态描述里成立，或者β在该状态描述里成立；

（4）α↔β在给定状态描述里成立，或者α、β都在该状态描述里成立，或者二者都不在该状态描述里成立；

（5）∀xα在给定状态描述里成立，当且仅当，对α中自由变元x作的所有替换实例都在该状态描述里成立。

根据上述语义规则，我们能确定该语言中任一句子α在任一状态描述Λ下成立与否，也即α在Λ下的真值。据此，每一个状态描述都唯一地确定或相应于维特根斯坦的一个可能事态，但又由于卡尔纳普是逻辑经验主义者，他一贯地拒斥形而上学，所以他声称"状态描述表达了莱布尼兹的可能世界或维特根斯坦的可能事态"①，将可能世界等同于他的状态描述。这样，当我们断言"汉弗莱可能赢得总统大选"时，按照卡尔纳普的状态描述理论，这不过就是说：在某些特定的意义公设（比如"汉弗莱是个美国人"等）成立的状态描述中，有一个状态描述使得"汉弗莱赢得总统大选"成立。这里丝毫不会涉及令一般实在论者头痛的个体跨世界同一和跨世界识别问题，因为可能世界仅是一些语言的构造物，任一模态语句所表达的东西都可以最终还原为某些原子句是否属于特定的状态描述的问题。蒯因（Willard V. Quine）所提出的本质主义问题似乎也被巧妙地化解了："∃x□F（x）"被解释为有一个专名，比如说a，使得在所有的特定状态描述（特定的意义公设在其中成立的状态描述）下都有F（a）成立，此处只有某一语言表达式在另一些逻辑——语言构造物下的语义特征问题，而并不牵涉到个体的跨世界存在而引发的本质主义问

---

① Rudolf Carnap, *Meaning and Necessity*, Chicago, IL: The University of Chicago Press, 1956, p. 9.

题。卡尔纳普对可能世界的认识开辟了可能世界学说的另一个方向，但它还只是语言替代论的雏形，许多技术上的困难尚未加以解决，比如还不能依照这种语义学给出相应模态系统的完全性证明。直至亨迪卡在卡尔纳普工作的基础上构造出模型集理论，以及典范模型的思想方法的出现，才使得可能世界的语言替代论发展完善了起来。

二　语言替代论方案的演进

亨迪卡在对可能世界的认识问题上是比较含蓄的，他说"在不出现不同于语句联结词、量词和等词的逻辑常项的情况下，一个模型集可以被视为对一个可能事态或一个可能事件过程（'可能世界'）的不完全的描述。"[①]那么，他所谓的模型集又是怎么一回事情呢？一个模型集 μ 就是满足下列条件的公式集合：

（C. ¬）如果 μ 含有一个原子式或等式的元素，那么它的否定不属于 μ；

（C. ∧）如果（F∧G）$\in \mu$，那么 F$\in \mu$ 并且 G$\in \mu$；

（C. ∨）如果（F∨G）$\in \mu$，那么 F$\in \mu$ 或者 G$\in \mu$；

（C. ∃）如果（∃x）F$\in \mu$，那么至少有一个个体符号（指单称词项）a，使得 F（x/a）$\in \mu$；

（C. ∀）如果（∀x）F$\in \mu$，那么对于 μ 中出现的每一个个体符号 a，都有 F（x/a）$\in \mu$；

（C. 自身≠）μ 中没有任何形如¬（a=a）的公式；

（C. =）如果 F 是原子式或等式且 F$\in \mu$、（a=b）$\in \mu$，那么，若 G 和 F 不同之处仅在于，F 中出现 a（或者 b）的一些或所有地方在 G 中为 b（或 a）所取代，则 G$\in \mu$；

（C. M）如果 MF$\in \mu \in \Omega$，那么在模态系统 Ω 中至少有一个 μ 可选择的（即可达的）模型集，它含有 F 为元素；

（C. N）如果 NF$\in \mu \in \Omega$，那么若 υ 是模态系统 Ω 中 μ 可选择的模型

---

① Michael Loux（ed. ），*The Possible and the Actual*：*Readings in the Metaphysics of Modality*，Ithaca，NY：Cornell University Press，1979，p. 66.

集，则 $F \in \upsilon$。

这里需要澄清一个问题，并不是像人们一般所以为的，模型集就是亨迪卡眼中的可能世界，一个模型集中所有不包含模态算子的公式所形成的集合才可以看作是一个可能世界，因而一个可能世界仅是它所在模型集的子集。这是因为，一方面，从技术上看，模型集 μ 的形成条件（C. M）、（C. N）表明了：模态公式是否归属于某个模型集的问题，是由可选择关系及其他模型集中是否含有某些相应的非模态公式决定的，因此它们不仅单纯地关涉该模型集。另一方面，从哲学角度来看，各可能世界的"事实"或事态中也不应包括事物是否具有怎样的模态属性，模态语句并没有表示出任何世界的事态。可以说，在这一点上，亨迪卡继承了卡尔纳普的做法，不将模态语句列入可能世界中；同时他又不拘泥于卡尔纳普的做法，将那些并非原子句或其否定的非模态语句也纳入可能世界中，它们毕竟表达的是一个可能世界内的"事实"，这样就能更好地区分开可能世界的内外要素，从而界定出可能世界来。比起他的前辈来，亨迪卡的另一个进步是意识到了模态的相对性，修改了传统的对可能性、必然性的理解，将模态相对于模型集之间的可选择关系，从而使得模态具有更大的一般性，而不是像卡尔纳普那样仅探究特殊的逻辑模态系统。但可能世界的模型集理论并非处处都优于卡尔纳普的状态描述学说，它在某些方面的处理依然是不及后者的，这就是亨迪卡本人也认识到了的对可能世界描述的"不完全性"。虽然亨迪卡构造的模型集具备了一致性，但它不是极大的，即使是在原子公式的意义上。由上文已知，卡尔纳普秉承基本事态决定复合事态的理念，在他的状态描述中，对于任一个原子公式 p 而言，或者 $p \in \Lambda$，或者 $\neg p \in \Lambda$；因而，状态描述在原子公式的意义上是极大的，它给出了可能世界在基本事态方面的完整的描述，从而也就派生出对整个可能世界的完全描述。而对一个模型集 μ 而言，总有一个公式 α，使得 $\alpha \notin \mu$ 且 $\neg \alpha \notin \mu$；所以，模型集并没有给出对可能世界的完整描述，甚至是在基本事态方面，它只是对可能世界的一个局部、片面的描述。

综合状态描述说和模型集理论，现实论者亚当斯提出了可能世界的语言替代论的最完整的表述，即世界故事（world – story）说。亚当斯也否认可能世界的独立存在，认为唯一存在的只有现实世界，可能世界不过是现实事物的一种构造——世界故事。那么亚当斯的世界故事是什么呢？"让我们这样来说，世界故事就是一个极大一致的命题集。也即，它是一个集合，该集合以每一对相互矛盾的命题中的一个作为元素，而且该集合中所有元素一起为真是可能的。可能世界的概念就可以通过世界故事得到语境的分析"①。同卡尔纳普的状态描述相比较，世界故事表达了 P，当且仅当，P 是世界故事里的一个元素，我们称此为显性的语言表达（explicit linguistic representation）；而状态描述表达了 P，当且仅当，P 为状态描述推出（entail），这种表达称作隐性的语言表达（implicit linguistic representation）。两者的区别可以通过下面的例子表现出来。语句集 ｛"哈克是分析哲学家"，"哈克是女性"｝显性地表达了哈克是分析哲学家和哈克是女性，因为它们都是该语句集的元素，同时它又进一步推出有一个女性的分析哲学家、分析哲学家是存在的，也即隐性地表达了后两者。显性表达也可以看作是隐性表达的特殊情形，因为语句或命题集的元素当然同时也就为该集合所推出。因而，每一个世界故事可以看作是对相应的状态描述的完善，即把状态描述所隐性表达的东西显性化。但又不能把两者所表达的东西简单地等同起来。对于命题逻辑而言，由于任一命题（语句）都可以看作是原子命题（语句）的真值函项，因而原子命题（语句）是否属于某一状态描述（即是原子语句还是它的否定属于状态描述）就决定了其他命题（语句）是否为状态描述的隐性表达。这种情形下世界故事只是起到把状态描述所隐性表达的语句显性化的作用，并没有表达更多的东西。而对于一阶谓词逻辑来说，量化式显然就不是原子命题的真值函项，它也不能由原子命题决定是否为状态描述所隐性表达（即量化式还是其否定为状态描述所隐性表达）：对于具体的语言来说，总是缺乏对某些对象的指称手段，这样即使对每一单称词项 t_i（$i=1, 2, \cdots, n$）都有 $F(t_i) \in D$（F 是一个一元谓词，D 是一个状态描述），也不能就此断定 $\forall xF(x)$（此处是对量词作对象解释，有别于卡尔纳普的替换解释）为状态描述所隐性表达。从这个角度看，亚当斯的世界故事说推进了语言替代论方案，使构造出来的可能世界的表达更加完全，更趋于全面。但为着

---

① Michael Loux (ed.), *The Possible and the Actual: Readings in the Metaphysics of Modality*, Ithaca, NY: Cornell University Press, 1979, p. 204.

理论的统一性和经济性，我们约定：一个句子或命题为某一极大一致集所（隐性）表达，当且仅当，它被该集合推出。

三　语言替代论的困境

卡尔纳普、亨迪卡和亚当斯等人所持有的语言替代论否定了可能世界概念的初始性，试图以语句或命题的极大一致集来构造或定义可能世界，从纯逻辑技术的角度来看是行得通的，并且已为典范模型的思想方法证明是成功的。但它却经不起哲学上的推敲。

把可能世界视为极大一致集的语言构造，首先得要求构造可能世界的语言（worldmaking language）具有足够强的表达力。但是，D. 刘易斯（David Lewis）的研究表明，任何一种现有的语言原则上都无法满足这一要求。无论自然语言还是人工语言，任何现实语言都只能有穷多（至多是可数无穷多）的字母或词汇，再按照特定的句法规则由这些字母或词汇形成有限长度的符号串，即句子。按照哥德尔配数法，由这些句子所组成的集合可与自然数集的某一子集形成一一对应，因此这些句子的个数最多是可数无穷的，也就是说，任一现实语言的句子最多只能有 $\aleph_0$ 个。根据幂集定理，句子集最多也只能有连续统基数多个，即 $\aleph_1$ 个。这就是说，任一现实语言构造出来的"可能世界"最多只能有 $\aleph_1$ 个。但是，我们易于证明可能世界所表示的可能性数目至少是大于连续统基数 $\aleph_1$。首先，毋庸置疑的是现实世界中至少有 $\aleph_1$ 个时空点，因为康托尔（G. Cantor）早已证明任一正方形有 $\aleph_1$ 个点。任一时空点要么为物质占据，要么是空的，那么按照是否为物质占据的标准，$\aleph_1$ 个时空点的任何一次配置都会形成一种可能性。根据幂集定理，这样的时空点配置情形至少是多于 $\aleph_1$ 个，也就是说，至少有 $\aleph_2$ 种这样的时空点配置可能性。既然可能世界是用以表示可能性的，因此可能世界的数目也至少为 $\aleph_2$。任一现实语言构造出的可能世界替代物最多只能有 $\aleph_1$ 个，可能世界的数目至少为 $\aleph_2$，而我们又都知道 $\aleph_1 < \aleph_2$，很显然任一现实的可能世界语言替代物都无力取代如此众多的可能世界。

此外，构造可能世界的语言还应有足够多词汇，诸如名称、谓词等，否则这样构造出的可能世界就不能表达某些基本事态。正如我们在论述状态描述和世界故事的语言表达时指出的，对于任一个现实的语言（无论是自然语言，还是人工语言），都不可能有足够多的名称去指称每一个现实个体。这是由于人类理性认识能力的局限性，人们不可能认识、命名所有的个体，尚有很多人类未知的个体，比如宇宙中遥远的未知天体，宏观世界中远离人类视野的神秘生物，微观世界中人们根本无法描述、观察的基本粒子，不可数的实数集中的元素等等，它们都是人类的语言无法指称的。既然无法命名这些个体，无法用原子语句去表达相关的基本事态（它们具有什么样的性质，以及它们相互之间具有哪般关系），有人可能就会转而用摹状词来描述那些个体，再运用罗素的摹状词理论以一个量化语句来表达该基本事态。比如将原子语句 F（X）转换成 F（（ιx）（φ（x）））（其中 X 是假想的未命名个体的名称，（ιx）（φ（x））表示与其相应的摹状词），再利用摹状词理论消去该摹状词得到一个量化式：

（Ⅰ）　$\exists x$（φ（x）$\wedge \forall y$（φ（y）$\leftrightarrow y = x$）$\wedge$ F（x））

　　但问题在于，有的未知个体根本不向我们敞开任何特征，我们将凭借什么去描述它们呢？更为关键的是，任何现实语言的谓词都是有限的，无论我们构造怎样的复合谓词，在原则上都存在着我们的语言不能摹状的个体。因此，现实的语言总是对一些未知的（未命名的、不可摹状的）个体无所言说，这样所构造出来的可能世界也是不完全的。另外，总有些个体在现实语言中有多个名称，这样就会出现如此尴尬的境地：可能世界的语言替代物会以不同的名称同时断定和否认同一个个体满足某一谓词。比如，我们的日常语言中西塞罗这个人有两个名字"图利"和"西塞罗"，于是按照语言替代论对可能世界的构造，原子语句"西塞罗是古罗马雄辩家"或其否定和"图利是古罗马雄辩家"或其否定是协调一致的，因而就有这样的一个世界 w，使得 ｜"西塞罗是古罗马雄辩家"，"并非图利是古罗马雄辩家"｜ $\subseteq$ w。于是，w 既表达了西塞罗是古罗马雄辩家，又表达了西塞罗不是古罗马雄辩家，从而出现了可能世界 w 构造上的不一致，这个 w 只能是一个不可能的世界，而不是我们要求构造的可能世界。基于现实语言词汇的有限性等复杂情况造成了上述语言替代论方案的困难，人们只好去求助于一种理想化的语言——拉格东尼亚语言（Lagadonian language)①。这种语言规定每个个体都命名它自身，每个性质都指称它自身，于是在这种理想化的情形下上述困难就可以克服了。但它毕竟是一种理想化的东西，是无法现实化的，而且即令是在拉格东尼亚语言的情形下，语言替代论在基本思想上依然存在着很多漏洞。

　　我们知道，可能世界语义学中的可能世界概念是用来阐明、分析可能性和必然性等模态概念的，因此如果要定义可能世界，那么在给出的定义中就一定不能包含上述的模态概念。不幸的是，亚当斯等人为可能世界作出的定义项"极大一致的语句或命题集"包含了"一致性"这样的词项，而亚当斯明确地表明后者意指"集合中所有元素一起为真是可能的"②，这样在定义项中就包含了可能性这样的模态词项，使得定义出现了循环。实际上，无论是从语形方面，还是从语义方面，人们对"一致性"所作的分析中都包含了模态词组。③ 从语形方面来看，一个集合 Φ 是一致的，当且仅当，不存在一个语句 p，使得 $\Phi \vdash p$，并且 $\Phi \vdash \neg p$。但是，若以"H（x，y）"表示 x 高于 y，"a""b"和"c"分别表示三个不同个体的名字，由此可以形成三个原子语句"H（a，b）""H（b，c）"和"H（a，c）"。依据语言替代论的思想，就有一个可能世界 w，使得 ｛H（a，b），H（b，c），¬ H（a，c）｝$\subseteq w$。而我们知道 ｛H（a，b），H（b，c）｝$\vdash H（a，c）$，则 $w \vdash H（a，c）$，而又已知 $w \vdash \neg H（a，c）$，所以 w 就是一个不一致的语句集，也即它是一个不可能的世界。那么如何避免构造出这样的不可能世界呢？解决问题的办法似乎就只有在每一个极大一致集中增加非逻辑的公理④，诸如：

---

　　① 拉格东尼亚语言是英国作家斯威夫特（J. Swift）的小说《格列佛游记》里假想的一种理想语言，彼格娄（J. Bigelow）在《语境与引语：第一、二部分》（"Contexts and Quotation：Parts Ⅰ and Ⅱ"，in *Linguistische Berichte*，38 and 39，1975）一文中首次在哲学意义上使用它，D. 刘易斯在《论世界的多样性》一书中将其当作语言替代论者构造可能世界的一种语言。

　　② Michael Loux（ed.），*The Possible and the Actual：Readings in the Metaphysics of Modality*，Ithaca，NY：Cornell University Press，1979，p. 204.

　　③ 由于本文所讨论的可能世界均是哲学直观意义上的，用以构造可能世界的极大一致语句集指的是带有非逻辑公理（意义公设）的系统意义下的极大一致语句集，因而这里所谓的"一致性"指的是带有非逻辑公理（意义公设）的系统一致性，并非一阶逻辑意义上的一致性。

　　④ 这也是卡尔纳普提倡使用的方法，参见洪谦主编：《逻辑经验主义》上卷，商务印书馆1982年版，第189页。

（Ⅱ）　$\forall x \forall y \forall z$（$H$（$x, y$）$\wedge H$（$y, z$）$\rightarrow H$（$x, z$））

（Ⅲ）　$\forall x \neg\, H$（x, x）。

这样就可以避免上述不可能世界的出现。但什么又是非逻辑公理呢？只能是那些必然真的语句或命题了。也就是说，我们是用必然真理作为元素来构造和定义可能世界的，但必然真理本身又是一个模态词组，因此这种定义就犯有循环之忌讳。而从语义方面来看，一个集合 Φ 是一致的，当且仅当，对任一 $\Psi \subseteq \Phi$，Ψ 的所有元素的合取式有模型。仍然来看上面的例子，一个模型 M 会给专名"a""b"和"c"指派相应的个体 a^M、b^M 和 c^M，并且给谓词"H"指派相应的外延 H^M——一个有序二元组的集合。很明显，若 $< a^M, b^M > \in H^M$，则 $< a^M, b^M > \notin$（$\neg H$）^{M}，因此 H（a, b）$\wedge \neg\, H$（a, b）便没有模型，集合 $\{H$（a, b）$, \neg\, H$（a, b）$\}$ 也就是不一致的。根据是否可以构造出可行的模型（admissible model），似乎就可以判定语句集的一致性问题，从而进一步避免构造出那些不可能的世界来。但是，一方面"可行的（admissible）"这个词本身就有着浓重的模态意蕴，用它来间接地定义一致性似乎不大合适；另一方面，仅仅根据模型的集合论公理还不能识别出所有不一致的集合来，比如我们仅由集合论公理没有理由反对 $< a^M, a^M > \in H^M$，进而可得 $\{H$（a, a）$\}$ 是一致的，从而有 w 满足 $\{H$（a, a）$\} \subseteq w$；但这个 w 显然是不可能的，因为没有东西会比自身高。如何避免这一结论呢？只有引入非逻辑公理（Ⅲ）。这就又回到从语形学角度来分析一致性问题所面临的老问题了，只不过这一次是在元语言的、语义的层面上，而不是在对象语言的层面上罢了。同样，只能用必然真理（即在每一个模型中都成立的语句或命题）来充当非逻辑公理，又一次出现了循环！因此，综合起来，通过语言学的构造来定义、还原可能世界在基本策略上是成问题的。这里想附带地指出，对于语言替代论的循环定义批评，国内外一些学者不以为然，他们以极大一致语句集构造中使用的模态词组属于元语言层面，因而没有出现同一对象语言层面上的模态循环定义来应对这一批评。这种态度实际上是一种搪塞。循环或者无穷倒退的问题在逻辑研究中并不鲜见，它们涉及逻辑的一些根本原则，若没有对这些问题的清醒认识，很多逻辑工作将丧失其理应具有的价值。事实上，中外很多重要的逻辑学家、哲学家都就与上述模态循环定义极其类似的演绎推理的无穷倒退问题做出过系统辩明，如达米特（Michael Dummett）、哈克（Susan Haack）和陈波等人。[1] 套用苏格拉底的名句"未经省察的人生是没有价值的"，我们也可以说未经哲学反思的逻辑是没有价值的，逻辑哲学无小事。

　　另外，语言替代论还面临着来自集合论上的困难，这一难题又称康托尔式构造悖论（Cantorian Paradox of Constitution）。根据可能世界的语言替代论，w 是一个可能世界，当且仅当（1）对于任一个命题 p，或者 $p \in w$，或者 $\neg p \in w$，和（2）w 的元素是相容的。任取一可能世界 w，设其基数 Card（w）= k，其幂集为 P（w）。那么，根据康托尔幂集定理，P（w）的基数 Card（P（w））= 2^k，且 $2^k > k$。但是，对于每一元素 $e \in P$（w），都相应地存在着一个命题 P——例如，"e 是一个集合"，"e 是一个世界"或"e 是 P（w）的元素"。因此，w 的基数 Card（w）将会与 P（w）的基数 Card（P（w））相等——因为根据（1），对于 P（w）的每一个元素，在 w 中都相应地有一个元素，P 或者 $\neg$ P。所以，w 的基数 Card（w）（至少）是 2^k，但根据最初的假设 Card（w）= k，而已知 $2^k > k$。易见，对于由原子命题或其否定所构成的极大一致集的情形，上述论证仍然成立。因此，语言替代理论还必须包含一个解决悖论的手段，否则，一旦出现了悖论，通过语言来构造可能世界的计划就将落空。亚当斯意识到了这个困难，"这可能产生这样的怀疑，即不产生语义悖论的类似物，真实的故事理论就不可能得到精确的表述。只有令人满意的精确表述才能将这种怀疑搁置到一边去，而我却不能在此提供这样的表述。"[2]实际上亚当斯心目中令人满意的表述是限定构造可能世界的语言，将它严格限定在一阶的对象语言的层面上，从而避免悖论。通过极大一致的语句或命题集来构造可能世界，之所以有引发悖论的危险，究其根源在于，悖论是语言或者说思想特有的现象。但实在是协调一致的，其中是不包含悖论

　　① Cf. Michael Dummett, "The Justification of Deduction", in his *Truth and Other Enigmas*, Cambridge, MA: Harvard University Press, 1996, pp. 290 – 318 and Susan Haack, "Justification of Deduction", in her *Deviant Logic*, *Fuzzy Logic*: *Beyond the Formalism*, Chicago, IL: The University of Chicago Press, 1996, pp. 183 – 191。以及陈波：《一个与归纳问题类似的演绎问题——演绎的证成》，载于《中国社会科学》2005 年 2 期，第 85—96 页。

　　② Michael Loux（ed.）, *The Possible and the Actual*: *Readings in the Metaphysics of Modality*, Ithaca, NY: Cornell University Press, 1979, p. 208.

的；语言替代论者千方百计地要在语句或命题集中避免悖论，这一事实本身即已从一个侧面说明了：可能世界是实在的，它是先于状态描述或世界故事这些极大一致集的，后者是从属于前者的，可能世界的实在性决定了表述它的语句或命题集中不应有悖论的出现。

最后，如果可能世界是极大一致的句子集，那么作为众多可能世界中的一员，现实世界就应该也是一个极大一致的句子集。但这显然是错误的，现实世界是实在的，而非语言的。

由此可知，语言替代论是一条困难重重、荆棘遍布的解决可能世界问题的方案。

（原载《人文杂志》2008 年第 5 期，第 24—29 页）

一种温和的模态实在论纲要

模态哲学是当代最为活跃的哲学分支之一，它吸引着来自逻辑学、形而上学及知识论等领域众多学者的浓厚兴趣。之所以如此，是因为它加深和拓宽着人们对一些基本哲学范畴的认知。目前，在模态哲学研究中有三种主要的学说：柏拉图主义、语言替代论和温和实在论。已有的这些理论都存在着这样或那样的痼疾，鉴于此，我尝试提出一种新温和模态实在论，旨在澄清或解决模态哲学领域内的一些重大问题。在这里，我将概要性介绍这一新版本的温和模态实在论，以期抛砖引玉，推进国内学界的模态哲学研究。

一 可能世界的本体地位

人们的前哲学直觉告诉我们事物可能以别的方式存在，比如尼克松没有因水门事件而被弹劾下台、拿破仑取得了滑铁卢战役的胜利等。正是凭借这些事物的存在方式，我们才得以判定模态语句的真假。例如，根据无论事物有什么样的存在方式，都有 $9 > 7$，可以判定"必然地，$9 > 7$"是一个真句子。换言之，模态语句"必然地，$9 > 7$"断言的是，无论在什么样的事物存在方式下，包括现实情形在内，都有 $9 > 7$。因此，可能性、必然性等模态概念就是对这些事物存在方式的量化，后者则提供了理解前者的基础或根据。可能世界就是这种直观意义上理解的事物的存在方式，它是完全的事物存在方式，或者说是所有事物共存的方式①。所有事物实

---

① 在本文中，事物仅指客观世界中存在的物理对象，但本文并不绝对排除在另一些事物存在方式下会有旧的事物消失，新的事物出现，这些新的事物中甚至于可以包括独角兽，因为即使仅以时态的观点观察我们生活的现实世界，都会有新陈代谢、物种更替的现象。因本文的讨论不涉及仅仅是可能的事物（possibilia），故不考虑它们的存在。

际地都具有各种各样的性质，相互之间都实际地具有种类繁多的关系，它们这种实际的共存方式就是所谓的现实世界。当然，所有事物还有无穷多种其他的共存方式，这些不同的共存方式都是可能世界。现实世界也是一个可能世界，它与其他可能世界的不同之处在于它的当下性、具体性，其他可能世界则仅具有抽象性。但这些不同于现实世界的可能世界并未因其抽象性而丧失其客观实在性，它们并不像克里普克（Saul Kripke）所说的那样"是由我们赋予它的描述条件来给出的""是被规定的"①。以克里普克的微型可能世界——掷骰子的可能状态为例，对于两个骰子 A、B 来说，尽管每次我们实际掷出时两者的实际点数代表了一个具体的客观可能状态，也即一个微型的现实世界，但谁也不能否认其他 35 种抽象可能状态的客观实在性，谁也不能否认其他 35 个微型可能世界中的任一个也许会在下次掷出时被现实化。骰子 A、B 本身就决定了这 35 种可能状态是客观实在，只是由于外在的因素——我们的随意一掷，使得其中某个成为具体的现实状态，而其它的仍处于抽象形态。如果这些抽象的微型可能世界是人为规定的，不具有客观实在性，那么为什么没有人规定有第 37 个微型可能世界——（A，7；B，6）呢？而可能世界无非是更多个不同种类"骰子"的组合状态，其中的骰子既可以是人、动植物，也可以是江河湖泊、天体等，甚至可以是以物理对象为基础的逻辑构造物——类，所以由此微型可能世界模型我们可以推知正是这些客观事物决定了诸多可能世界的客观实在性。基于此，我们的可能世界是依附于客观事物的，它的客观性是来源于物理对象的客观存在。

　　可能世界是一种依附性存在②，它从根本上是依附于客观物理对象的。其实存在要远比实体性存在宽泛，它有着不同的层次，除了唯名论者所认可的物理对象存在外，还有依附于这些实体的存在等别的类型。我们不能说只有实体才能存在，尚有大量的非实体性的东西存在着。蒯因（Willard V. Quine）为本体论所设定的认可标准——"没有同一性，就没

---

① 克里普克：《命名与必然性》，梅文译，上海译文出版社 2001 年版，第 23 页。
② "依附性存在"这一本体论哲学范畴最初由陈波提出，我对这一范畴的使用基本上采用他所做的界定，参见陈波：《逻辑哲学导论》，中国人民大学出版社 2000 年版，第 298 页。

有实体"①，实际上只适用于物理对象及其逻辑构造物——类等外延性实体，而大量不能个体化的非实体性存在被他否认。事实是，性质、关系和事实虽然不能被视为实体，但它们的存在是毋庸置疑的。像物理对象、类这些实体并不是赤裸裸地、没有任何规定性地、孤立地存在着的，它们总是具有一定的性质，并且与其他实体处于一定的关系中，由于这些实体的客观实在性，它们的性质及相互之间的关系自然也就具有了客观性。而这些实体具有一定的性质，它们相互之间处于一定的状态，这些就又构成了事实，尽管后者诚如蒯因所说的是无法实体化的，但几乎没有人会否认事实的客观存在性。所有事物的实际共存方式，即现实世界，就是由大量的这些事实组成的，它的存在自然也就难以否认；非但如此，对于那些抽象的所有事物的共存方式，这些实体本身即已决定了它们的客观存在性。可以这样看待这些依附性存在之间的关系，事物具有的性质、关系存在于或反映在事实或事态中，而事实或事态又存在于现实世界或其它可能世界中。但我们并不能将可能世界归结为事态或事实的某种构造或定义，可能世界始终是一个初始概念，它是非构造的，一切对它的构造或定义都必然要循环地使用可能、必然等模态概念。因此，在本体论上，新温和模态实在论坚持可能世界先于性质、关系、事态等依附性存在，只有在一定的可能世界中事物才具有相应的性质和关系。总之，虽然可能世界不能通过蒯因的本体论实体性认可标准，但它的依附性存在特征使得它仍不失为一种客观的存在。

正由于可能世界的客观存在，才使得人们对模态语句的使用具有实在意义，也才使得人们对模态词项有了透彻的了解。以可能世界为初始概念，可能性可理解为存在量词，必然性理解为全称量词，两者约束的变元都是可能世界。具体来说，"有的人长生不老，这是可能的"可以更精确地表述为"有一个可能世界，其中存在着长生不老的人"，而"有的人必然地长生不老"则可释义作"存在一个人，他（她）在所有的可能世界中都是长生不老的"。可见，以可能世界为初始概念就可以给模态词项构

---

① Willard V. Quine, "Speaking of Objects", in *Ontological Relativity and Other Essays*, New York, NY: Columbia University Press, 1969, p. 23.

造出语境定义，它们实际上是对可能世界的量化[①]：

(1) $\Box \alpha =_{df} \forall w \alpha^w$

(2) $\Diamond \alpha =_{df} \exists w \alpha^w$

(3) $\exists x \Diamond (F(x) =_{df} \exists x \exists w F^w(x)$

(4) $\forall x \Box (F(x) =_{df} \forall x \forall w F^w(x)$

而说某个体 a 在可能世界 w 中具有性质 F，实际上就是说在所有事物的共存方式 w 下，a 具有性质 F；这也就等于是说，当共存方式 w 具体化时，a 具有性质 F。以苏格拉底为例，说他在可能世界 w 中是一个农夫，意思就是在所有事物以 w 方式共存的情形下，或者 w 具体化时，苏格拉底是一个农夫。在这里没有出现任何以模态词项来说明可能世界的情况，因而非循环原则得到了有效的贯彻。有人可能会反驳道：按照这种温和的模态实在论，现实世界和其他可能世界在客观实在性方面没有区别，现实世界是具体化了的可能世界，其他可能世界都可以被具体化，因此可具体化这一模态词组就成为识别可能世界与不可能世界的标准，可能世界的界定最后还得求助于模态词项，它最终还是出现了循环论证。这里需要说明的是，可具体化并非区分可能世界和不可能世界的标准，相反它倒是从属于可能世界的，它要表达的不过是某可能世界是所有事物共存的一种方式。也即可具体化预设了可能世界的存在，它是可能世界派生出来的。另一方面，作为所有事物的共存方式，可能世界本身即与所谓"不可能世界"有了明确的界定，因为所有事物的共存这一先决条件已经排除了所有的事物有所谓不可能的共存方式这样的依附性存在，换言之，所有事物的客观存在决定了它们根本就没有不可能世界这样的依附性存在，从而也就没有区分可能世界和不可能世界这样的问题。比如对于甲、乙二人来说，他们具有甲是乙的音乐启蒙教师、乙是甲的最得意的音乐继承人这样的共存方式，但他们不会以甲是乙的音乐启蒙教师、乙也是甲的音乐启蒙教师这种方式共存，他们二人的共存即已排除了这种依附性存在。我们之承认可能世界的客观性是以所有物理对象的客观存在为基础的，那些根本

---

① 严格来讲，可能性、必然性等模态词项都是相对于特定的可能世界的可达的可能世界而言的，因而对相应于可能算子和必然算子的量词的量化变元应限制于该可能世界可达的世界，比如 $(\Box \alpha)^u =_{df} \forall w (uRw \rightarrow \alpha^w)$。为行文之便，此处均未加以显示。

不能依附于实体的东西当然不会为我们所承认，我们的本体论里也没有它们的位置。不像普兰丁格（Alvin Plantinga）的本体论夸大这种依附性存在的独立性，以至于可以允许不可能事态、不可能世界的存在①，我们的本体论是以客观物理对象为第一实体的，其他的存在物或者是物理对象的逻辑构造物，或者是依附于它们的抽象存在物，一切存在物都是以物理对象的客观性为根据的，完全脱离客观物理对象的所谓不可能事态、不可能世界是没有本体论地位的，它们充其量不过是人类思维的玄思冥想。既然这种新的温和模态实在论否认不可能世界的存在，当然也就无所谓区分可能世界与不可能世界了。

二　跨世界同一性问题

由于新温和模态实在论承认了个体的跨世界存在，因而它一样面临着齐硕姆（Rodrick M. Chisholm）所提出的个体的跨世界同一性问题（problem of transworld identity）。齐硕姆认为，跨世界个体的存在会致使同一者不可分辨原则（indiscernibility of identicals）失效。根据可能世界语义学，一般而言，同一个体在不同的可能世界中可具有不同的性质。比如，在现实世界 w_1 中亚当活到 930 岁，而在另一个可能世界 w_2 中他活了 931 岁，这样同一者不可分辨原则便出现了反例。另一方面，齐硕姆指出，如果允许个体跨越可能世界而存在，那么通过逐次对两个个体的性质做细微的交换，我们总可以达到一个可能世界，在其中这两个个体分别与对方成为同一个体。下面简要地介绍他的论证。在现实世界 w_1 中亚当和诺亚分别具有性质集合 $\{A_1, A_2, \cdots, A_n\}$ 和 $\{B_1, B_2, \cdots, B_n\}$，我们通过交换两者的性质 A_1 和 B_1，并且对现实世界中其他个体的性质做相应的调整，于是我们就得到了可能世界 w_2，在这个世界中亚当具有性质集合 $\{B_1, A_2, \cdots, A_n\}$，而诺亚具有性质集合 $\{A_1, B_2, \cdots, B_n\}$。因为我们仅仅对个体的性质做了细微的调整，因而 w_2 中的亚当同一于 w_1 中的亚当，w_2 中的诺亚同一于 w_1 中的诺亚。经过 $n-1$ 次这样类似的性质调整，我们将进入可能世界 w_n 中，在这个世界中亚当具有性质集合 $\{B_1, B_2, \cdots,$

---

① 参见拙文《普兰丁格的模态形而上学》，载于《西南民族大学学报》2005 年第 5 期。

B_n}，诺亚具有性质集合 {A_1, A_2, …, A_n}。而由已知 w_1 中的亚当同一于 w_2 中的亚当，w_2 中的亚当同一于 w_3 中的亚当，……，w_{n-1} 中的亚当同一于 w_n 中的亚当，根据同一关系的传递性，我们知道 w_1 中的亚当同一于 w_n 中的亚当。另外，由 w_1 中的诺亚同一于 w_2 中的诺亚，w_2 中的诺亚同一于 w_3 中的诺亚，……，w_{n-1} 中的诺亚同一于 w_n 中的诺亚，我们同理能够知道 w_1 中的诺亚同一于 w_n 中的诺亚。此时，我们由 w_n 中亚当所具有的性质集合 {B_1, B_2, …, B_n} 就是 w_1 中诺亚具有的性质集合，根据不可分辨者同一原则（identicals of indiscernibility），可推断 w_n 中的亚当就是 w_1 中的诺亚。于是再根据同一关系的传递性，我们就能够得到这样的结论：w_n 中的亚当同一于 w_n 中的诺亚。而这显然是荒谬的，所以同一关系的传递性在个体跨世界存在的情形下遭到了破坏。同一者不可分辨原则、不可分辨者同一原则和同一关系的传递性是一般逻辑学家和哲学家不愿意放弃的，因此个体的跨世界存在出现了问题。这就是个体的跨世界同一问题。

对于这个问题，首先，我不认为个体的跨世界同一违反了同一者不可分辨原则。在实践中，同一者不可分辨原则表现为同一时空位置上的同一个体具有相同的外显性质，这一点是显然的；但如果未作时空的限制，即使是同一个体也不会遵循这条原则。对于跨世界的个体则更应做类似的限制，否则当然会出现齐硕姆所指称的违反同一者不可分辨原则的情形。个体处于不断的变化发展之中，它的外显性质、关系自然也是变换不定的，莱布尼兹当然不会无视这一现象，他的同一者不可分辨原则反映的是：在任一确定的时空位置上同一个体的外显性质、关系是不可分辨的；若在一个时空位置上两个个体的外显性质、关系不相同，则两者便不是同一的。也就是说，同一者不可分辨原则不是针对跨时空位置的个体性状比较。因而，齐硕姆指责个体的跨世界同一违反莱布尼兹律是不正确的，这源于他对同一者不可分辨原则的不当运用。若按照他的逻辑，则现实世界中的个体也都违反了这条原则。事实上，可能世界语义学对这条原则有效性的解释也是立足于确定的可能世界的。对于任一框架 F，$F \vDash x = y \rightarrow (F(x) \rightarrow F(y))$，当且仅当，在框架 F 的任一模型 <F, V> 的任一可能世界 w 中，对于任一指派 μ，都有 $<F, V>_\mu \vDash_w x = y \rightarrow (F(x) \rightarrow F(y))$。也即是，在框架 F 的任一模型 <F, V> 的任一可能世界 w 里，对任意的指

派 μ，如果 μ（x）＝μ（y），那么若＜μ（x），w＞∈V（F），则＜μ（y），w＞∈V（F）。通俗地讲，可能世界语义学对同一者不可分辨原则的表达也就是：如果两个个体 x 和 y 是同一的，那么对任一可能世界 w 而言，若 x 在 w 中具有性质 F，则 y 在 w 中也具有性质 F。简言之，同一个体在同一可能世界中是不可分辨的，当然也还需要进一步将个体定位在确定的时空坐标上。因此，可能世界语义学对同一者不可分辨原则的运用也是限定在确定的可能世界内部，而没有所谓的跨世界个体不可分辨之说。

其次，个体的跨世界同一也没有破坏不可分辨者同一原则和同一关系的传递性。齐硕姆得出这一错误结论的原因在于他可以无限制地变换个体的性质、关系，仍保持个体间的同一关系，最后根据同一关系的传递性，他当然可以轻易地将任意两个不同的个体同一化。个体的属性有本质属性和非本质属性之别，后者可以为齐硕姆任意变换、增减，而前者是个体不能缺乏的，否则它将不复存在。如果像齐硕姆那样不做这种区分，那么人们可以很容易地将亚里士多德变为一只猪。与其说齐硕姆反驳的是个体的跨世界同一性，还不如说他驳斥的是基质主义。基质主义承认没有差别的纯粹殊相，即个体的同一或差异不是通过外在的性状表现出来，而只是由超验的基质来决定。因此，两个个体只要它们的基质是相同的，即使其经验外显性质、关系毫无共同之处，它们也还是同一的；而如果两个个体的基质是不同的，那么尽管它们的经验外显性质完全相同，它们还是两个不同的个体。因此，判定个体间同一关系的标准将不再是个体的经验外显性质，而是个体超验的基质。这样自然就与不可分辨者同一原则——个体间同一关系的经验判别标准相冲突，而后者又是齐硕姆的反驳中所运用的主要论证手段。对于可能世界 w_1 中的两个个体 A、B，当齐硕姆像基质论者那样无限制地变换个体 A 的经验外显性质，而根据同一关系的传递性却仍然保持着 A 的自身同一性，他就总可以在一个可能世界 w_n 中将 A 的经验外显性质变换得与 B 原来的性质一模一样，这时根据不可分辨者同一原则，w_n 中的 A 与 w_1 中的 B 就是同一个体，但 w_1 中的 B 也是与 w_n 中的 B 同一的，再由同一关系的传递性，齐硕姆当然就得到了一个荒谬结论——w_n 中的 A、B 是同一的。但问题产生的原因并不是像齐硕姆所称的那样——个体的跨世界同一性或者违反了同一者不可分辨原则，或者破坏了同一关系的传递性，真正的原因是个体按照基质主义的方式跨世界存在。因此，他批评的实际上是个体跨世界存在的基质主义方式。但新的温和模态实在论否认个体以基质主义的方式跨世界存在，尽管同一个体可以在不同可能世界具有不同的性质，但有一些属性，即它的本质属性，是它在其存在的任何可能世界中都具有的，它们与个体同在，是不能任意将其从个体身上去除的。因而齐硕姆关于个体跨世界同一性的第二个反驳并不适用于我的新温和模态实在论，他并不威胁我的关于个体跨世界同一性的观念。但要想从根本上反击齐硕姆的批评，仅停留于在个体的跨世界同一上单纯地拒斥基质主义、主张本质主义是不够的，这样就会显得过于软弱无力。普兰丁格就是这样的一个极好反面例证，他虽然也承认个体有不可或缺的个体本质，但他所提出的个体本质却是空洞不足道的，或者是个体的自身同一性，或者是世界索引性质，而这些性质或关系都不是经验外显的，因而从原则上并不能阻止齐硕姆利用跨世界同一性将两个不同的个体同一化。比如对于两个个体 A、B 而言，我们知道它们具有相同的非个体本质属性（non‑individual essential property），如"是人"，于是齐硕姆在做个体 A 的跨世界性质变换时，即令按我们的要求不把个体的本质属性包括在内，他也一样可以很方便地最终在某个可能世界中将个体 A 同一于个体 B，因为既然 A、B 两个体的非个体本质属性相同，在由 A 到 B 的同一化过程中根本就不要求做这类性质的变换，而在 A、B 的经验外显性质中又没有它们各自的个体本质。因此，对齐硕姆反驳的最佳回应方式是建构一个可行的本质主义方案，这才是对跨世界同一性问题的最好辩护。

三　跨世界识别问题

　　同跨世界同一性问题相关联的，还有卡普兰（David Kaplan）提出的个体跨世界识别问题（problem of transworld identification）。后者也是新温和模态实在论必须要正视的。个体的跨世界识别问题大意如下：若承认同一个体可以存在于不同的可能世界中，则我们如何在那些另外的世界中识别出该个体呢？换句话说，我们凭借什么从各个可能世界的众多个体中挑选出那个个体呢？人们一般认为，跨世界识别问题是跨世界同一性问题的认识论基础，如果不能为个体提供跨世界的识别标准，那么谈论某个体在其他可能世界具有这样或那样的性质就会成为不可理解，因为我们甚至不能确定在谈论哪个对象。卡普兰认为"该问题是内涵逻辑的发展中具有哲学趣味的主要问题。其他问题都是技术性的"[①]。但是有不少著名的逻辑哲学家将它视为一个伪问题而抛弃，我所主张的新模态实在论对此则另有澄清。

当我们说某个体 a 在另一个可能世界 w 中具有性质 F 时，我们说的是有这样一个世界 w，使得 a 存在于其中且具有性质 F。表面上看来，我们不知道 w 中是否还有其他事物，也不知道 a 还具有其他什么性质，我们只是在谈论 a 在这个可能世界中的情况，我们似乎并没有面临个体 a 的跨世界识别问题，而且这个问题似乎也没有妨碍 a 的跨世界存在。但这仅仅是个表像。我们凭什么设定有一个可能世界 w_1，a 在其中具有性质 F，却不能设定也有一个可能世界 w_2，a 在其中具有性质 G 呢？比如，我们凭什么可以设定出一个可能世界 w_1，亚里士多德在其中是马其顿王国的宫廷御医，而不能设定另一个可能世界 w_2，亚里士多德在其中是一只猪呢？我们凭借什么使人们相信在涉及可能世界时我们仍然是在谈论、指称那同一个个体——亚里士多德，而不是另外一个个体，即使部分性质已经发生了变化？即使在我们不知道可能世界中是否还有其他个体的情形下，这类问题还是存在着，实际上它们与可能世界中有否其他个体并没有关系。正是依据个体的本质属性，我们才能回答上述问题。个体的跨世界存在问题是不能脱离其认识论基础的，没有无差别的纯粹殊相（bare particular），任何个体的同一或差异都有着认识论上的根据。因此，个体的本质属性就是其跨世界同一的认识论基础，就是跨世界识别的标准，而以上所表明的那类问题才是个体跨世界识别问题的实质所在。

有人可能会反驳说，决定个体 a 的跨世界谈论的本质属性还不足以作为跨世界识别的标准，它只相当于 a 跨世界存在的必要条件。比如，虽然本质属性"是人"决定了我们不能跨世界地谈论亚里士多德是一只猪，但它并不等同于亚里士多德的跨世界识别标准，无法仅凭它就识别出亚里士多德。因而，这些人认为上述类型的问题并非跨世界识别问题的实质。但我会在下面论证，决定个体跨世界谈论的本质属性不但要具备必要条

---

① Michael Loux（ed.），*The Possible and the Actual: Readings in the Metaphysics of Modality*, Ithaca, NY: Cornell University Press, 1979, p. 94.

件，而且要具备充分条件，也就是说它应具备充要条件。

　　假定 E 是作为个体 a 跨世界谈论的认识论基础的任一本质属性，并且它只是 a 跨世界同一的必要条件，那么对于这样的一个性质 F，它是另一个体 b 跨世界存在的充分条件，也即凡具有性质 F 的个体都是 b，能否根据 a 的跨世界谈论的"认识论基础"E，确定有一个可能世界，a 在其中具有性质 F，或者这样的可能世界根本不存在呢？显然，没有这样的可能世界存在，否则 a 将成为 b；也就是说，我们不能谈论有一个可能世界，a 在其中具有性质 F。但是，作为这种谈论、指称的认识论基础的 E 能提供依据吗？由于 E 只是 a 跨世界同一性的必要条件，它也完全可以是 b 等其他个体跨世界同一的必要条件。若 b 即是也具有 E 作为跨世界同一性必要条件的个体之一，则性质 F 就蕴涵了性质 E。因为由凡具有性质 F 的个体都是 b：

　　（Ⅰ）∀x（F（x）→x = b）

　　和 E 是 b 跨世界存在的必要条件：

　　（Ⅱ）∀x（x = b→E（x）），

　　很容易得到上面的结论：

　　（Ⅲ）∀x（F（x）→E（x））。

　　因此，在这种情况下仅根据 E 尚不能判定是否有一个可能世界，a 在其中有性质 F。可见，作为个体跨世界谈论的认识论基础的本质属性仅满足个体跨世界同一的必要条件是不够的，它还必须满足充分条件：作为 a 的跨世界谈论认识论基础的本质属性 E，凡具有 E 的个体都是 a。根据 E 也是个体 a 跨世界存在的充分条件，我们就能判定能否谈论 a 在某可能世界中具有性质 F。由于 a≠b，且 E、F 分别是 a 和 b 二者的跨世界同一的充分条件，也即

　　（Ⅳ）∀x（E（x）→x = a）

　　和（Ⅰ），易于得到性质 E 蕴涵了性质¬ F，即

　　（Ⅴ）∀x（E（x）→¬ F（x））

　　因而没有一个可能世界，a 在其中具有性质 F。

　　综合上述论述，我实际上已经证明了个体跨世界谈论的认识论基础就是个体跨世界同一的充要条件，满足这一要求的本质属性正是该个体的个体本质，而后者则恰是个体跨世界识别的标准。因此，个体跨世界谈论的

认识论基础问题乃是个体跨世界识别问题的实质所在，跨世界识别问题作为跨世界同一性问题的认识论基础是不可回避的；无法像普兰丁格、克里普克等人那样割裂两者之间密切的联系，必须给予其全面的回答。而所谓的回答，即是找到识别的标准——个体本质；同上述对齐硕姆第二个反驳的分析相类似，作为个体跨世界识别标准的个体本质也必须要具有经验外显的特征，否则我们就不能在可能世界中将一个体与其他个体区分开来，我们也就不能藉此去说服别人我们在谈论、指称跨世界的同一个体。因此，同样地，为不至于沦为独断论者，建构一个可行的本质主义方案才是解决该问题的最终归宿。

（原载《社会科学战线》2008 年第 1 期，第 34—39 页）

论个体本质的起源说

个体本质乃是克里普克（Saul Kripke）所持严格指示词理论的最终形而上学落脚点，借用蒯因（Willard V. Quine）对严格指示词理论的评论，"严格指示词不同于其他指示词之处在于，它根据其对象的本质特性挑选出那个对象。它在该对象存在的所有可能世界中都指称了那个对象。谈论可能世界乃是从事本质主义哲学的一种生动方式，但也仅是如此；它并非是一种阐释。从一个可能世界到另一个可能世界，是需要本质来识别对象的"①。为使个体常元的这一新语义学在理论上更为自足，克里普克等人提出个体本质的起源说，并做出相应的哲学论证。

一　个体本质的起源说

克里普克认为，对于一个个体 a 来说，如果它在现实世界中产生于某一特定的源头，那么在 a 存在的任一个可能世界中，a 都会有这同一个起源，也就是说，a 的起源是它的个体本质。他以伊丽莎白女王为例，提出这样的问题：她可能不是她亲生父母生的吗？克里普克首先澄清了对这个问题的一种混淆，即有些人把认识论上可设想的情况与这个问题混淆到了一起。比如，从认识论的角度来看，当人们宣布伊丽莎白女王实际上是杜鲁门夫妇的女儿时，无论这是多么地异想天开，这则告示本身都不是矛盾的。克里普克认为他的问题并不是这样提出来的，而是从既定的事实出发，从伊丽莎白事实上的亲生父母出发，即形成伊丽莎白本人的那对精

---

①　Willard V. Quine, *Theories and Things*, Cambridge, MA: Harvard University Press, 1981, p. 118.

子、卵子由以来源的人，无论他（她）们是谁，"让我们假设，女王确实是她的这对父母所生"。① 那么在这个前提下，伊丽莎白女王还可能不是她的亲生父母所生的吗？她还可能是杜鲁门夫妇所生的吗？克里普克提出的问题实际上是，在形而上学的本体论意义上，由特定的亲生父母所生育的孩子是否可能起源于另一对夫妇的精子、卵子，具体的人能否有另一种起源。克里普克认为杜鲁门夫妇可能有一个孩子，她在外貌及很多特征上与伊丽莎白女王相似，甚至这个孩子在另一个可能世界中成为英国女王，但这一切仍然不能说明伊丽莎白女王可能是杜鲁门夫妇的女儿，而只是表明了可能有另外一个女人具有伊丽莎白女王的很多特征，那个女人是杜鲁门夫妇的孩子。克里普克反问道："一个由别的父母生育的，由另一对精子和卵子合成的人怎么能够成为这个女人呢？"② 他承认，伊丽莎白女王可以像马克·吐温的小说所描写的那样从未成为过女王，但难以想象她是由另一对父母生育的，因为"任何来自另一来源的事物都不会成为这个对象"。③ 克里普克是把起源于那个特定的受精卵作为伊丽莎白女王的个体本质。事实上，克里普克本人并没有对"个体起源说"做充分的论证，倒是麦克金（Colin McGinn）做了这方面的工作。

麦克金在不同的实体之间区分出三种关系：第一种关系是受精卵和它将要发育成的那个特定的人之间的关系；其次是配子即精子、卵子和受精卵（以至那个人）间的关系；第三种关系是配子和生育那个人的父母之间的关系。他认为这三种关系都具有严格性，也就是，当在现实世界实体间具有上述关系时，它们在其存在的任何可能世界中都处于同现实世界中一样的关系之中，或者说，它们必然具有这些关系。麦克金把有机体之间的起源关系看作一种特殊的同一关系，试图以同一关系的必然性来论证生物起源的必然性。他认为，有机体之间存在着延续性关系，比如对一个特定的人来说，中年的他和少年的他就有着延续性关系，而这种生物体的延续性正构成了生物体间同一关系的充分必要条件。"成人一般地同一于儿童，儿童同一于婴儿，婴儿同一于胎儿，而胎儿又同一于受精卵。任何试

---

① 克里普克：《命名与必然性》，梅文译，上海译文出版社2001年版，第90页。
② 同上书，第91页。
③ 同上书，第92页。

图割裂此处明显的生物延续性的做法，都当然地是武断的"。① 既然同一性关系是严格的，当然这种延续性关系也就是严格的，从而就是必然的了。因此，麦克金在这里实际上已经论证了伊丽莎白女王起源于那个特定的受精卵是必然的。

那么，为什么伊丽莎白女王和产生她的那对配子之间也具有严格性的关系呢？麦克金首先诉诸直觉来说明它的严格性：假定麦克金产生于实际上形成尼克松的那两个配子，而在这同一个可能世界中事实上形成麦克金的那对配子也融合并成长为另一个成年人，那么这两个个体中谁更有资格成为麦克金呢？麦克金说他的直觉似乎会明确地赞成后一个个体。接着，他指出："偏好一个人的实际配子作为同一性标准的原因，我推测，是某类时空延续性的问题"。② 于是，与延续性相联系，他提出了 d - 延续性的概念。不像延续性关系是一对一的，d - 延续性关系是多对一或一对多的，如果多个有机体 a，b，c 等的融合产生了某个有机体 Y，而有机体 X 又是与 Y 相延续的，或者有机体 Y 的分裂产生了若干个有机体 a，b，c 等，而有机体 Y 又是与 X 相延续的，那么此时我们就可以称 X 是与 a，b，c 等相 d - 延续的，或者，a，b，c 等是与 X 相 d - 延续的。比如，一个特定的人与他（她）由以产生的一对特定的精子、卵子间就具有 d - 延续性关系。d - 延续性关系的前项和后项之间不具有延续性关系的前后项间的同一关系，因为它们之间根本就不是一对一的关系。但这并没有影响到 d - 延续性关系的严格性，即如果在某个可能世界中 X 与 a，b，c 等有 d - 延续性关系，那么在任一个 X 存在的可能世界 w 中，X 都与 a，b，c 等处于 d - 延续性关系（当然也就蕴涵了 a，b，c 等存在于 w 中）。d - 延续性与延续性是非常类似的，它们都是这样一个直觉的产物——有机体来自另一个或另一些有机体。既然延续性关系是严格的，与其相似的 d - 延续性关系也应该是严格的。麦克金认为生物细胞的融合就反映了一种 d - 延续性关系，某个生物体不可能产生于不同于它实际上由以产生的另外一些生物体的融合，融合后形成的生物体与原有生物体之间的 d - 延续性关

---

① 　Colin McGinn, "On the Necessity of Origin", p. 132, in *The Journal of Philosophy* (73) 1976, pp. 127 - 135.

② 　Ibid.

系具有严格性。他还将阿米巴的分裂、树木的分枝都列为这种 d - 延续性关系的严格性的实例，由此他认为正是 d - 延续性关系的严格性才说明了成人起源于他（她）事实上的那对配子的必然性，从而也就论证了伊丽莎白女王起源于由以产生她的实际上的那对精子、卵子的必然性。

最后，对于配子和产生配子的人而言，两者之间的关系也是一种 d - 延续性关系，由于这一关系的严格性，从而"对于特定配子的同一性，它产生于它实际由以产生的动物似乎就是本质的"。① 这样，形成伊丽莎白女王的那对配子就必然产生于她的亲生父母。因此，将上面的三个结论放在一起，我们就能够得知伊丽莎白女王必然是她的亲生父母生育的，她不可能由另一对夫妇生育，因为伊丽莎白女王和她的亲生父母之间具有 d - 延续性关系。将这个特例加以推广，麦克金事实上得到的是这样的一个结论——对于任一个体而言，他（她）的实际亲生父母必然是他（她）的双亲。

二　个体本质的构造说

既然对于生物体而言，它的起源是其本质，非生物个体的本质又是什么呢？对此，克里普克提出了与"个体起源说"堪称姊妹学说的"个体构造说"，这一学说认为如果某一个体 a 在现实中有某一种起源上的构造，那么在 a 存在的任何其他可能世界中 a 也都会有这同样的起源构造，也即这同一个起源构造是 a 的本质。实际上，可以把"个体构造说"看成是"个体起源说"在非生物个体上的一个应用，构造物体的材料、物质本身就可以视为是该物体的来源。对于桌子这样的物质对象，克里普克认为它实际由以制造的特殊材料就是本质的。他以他演讲中的讲台或桌子为例，做反事实的设想：一张由木头制作的桌子可能用与原来完全不同的另一块木料制成吗？或者更极端地，它可能用泰晤士河里捞出来的冰做成吗？② 克里普克认为，如果这张桌子确实是由某块特定的木料做成的，那么尽管

① Colin McGinn, "On the Necessity of Origin", p. 134, in *The Journal of Philosophy* (73) 1976, pp. 127 – 135.

② Cf. Saul Kripke, "Identity and Necessity", p. 411, in J. Baillie (ed.), *Contemporary Analytic Philosophy*, Upper Saddle River, NJ: Prentice - Hall, Inc., 1997, pp. 400 – 422.

人们可以设想用另一块完全不同的木料，甚至用冰来制作成一张与眼前的这张在外表上一模一样的桌子来，但它都不是眼前的这张桌子。人们实际上是在设想另一张桌子，而不是眼前的这一张。对于此例，他还给出了如下的论证。若设"B"为一张桌子的名称，"A"是实际用来制造 B 的那块木料的名称，"C"是另一块木料的名称，则很显然的是，与此同时由 C 制造出的某张桌子 D 与 B 是不同的，即 $B \neq D$。那么，B 可能是用 C 制造出来的吗？也就是说，用 C 制造出来的某张桌子 D 有可能同一于 B，即有一个可能世界 w，使得 $B = D$ 吗？克里普克用归谬法来说明这是不可能的。假如有这样一个可能世界使得 $B = D$，则由"B""D"都是严格指示词，根据必然同一原则有 $\square$（$B = D$），因此在现实世界中应有 $B = D$，而这与前提矛盾。由此，克里普克得出结论说，"如果某一个物质对象是由某一块物质构成的，那么它就不可能由任何其他物质构成"。[①]

　　需要加以注意的是，作为非生物体的物质对象的起源构造，这些材料必须是与其实际的构造材料完全同一的，不能有丝毫的差别，哪怕是一丁点儿的不同都会造成个体同一性的改变。也就是说，没有弱化的"个体构造说"的表达方式。以提修斯之船（the ship of Theseus）为例[②]，假定它实际上最初由一百块船板组成，这些船板分别是 p_1，p_2，p_3，$\cdots$，p_{100}，那么按照克里普克的"个体构造说"，任何一艘船如果最初是由不同的船板构成的，即令是由 p_1，p_2，p_3，$\cdots$，p_{99}，p_{101} 这一百块船板所组成，那么无论它与提修斯之船在外观上多么相似，两者都不是同一的。或许，乍听之下这个论题太强了。但是我们可以证明，即使在提修斯之船的最初构造上有最微弱的差异，都会改变个体的同一性。如果按照弱化的个体构造说来理解的话，我们可以把对最初构造材料的相同标准由 100% 降低为 97%，那么我们就可以认同，在某个可能世界 w_1 中一艘以 p_1，p_2，p_3，$\cdots$，p_{98}，p_{101}，p_{102} 为最初构造材料的船 S_1 同一于提修斯之船，因为 S_1 与提修斯之船在最初构造的船板上只有两个百分点的差别，这符合我们弱化了的标准。按照这一标准，我们同样可以承认，在另一个可能世界 w_2 中

---

　　① 克里普克：《命名与必然性》，梅文译，上海译文出版社 2001 年版，第 92 页。
　　② 提修斯（Theseus）是古希腊神话中的雅典王子，曾经进入克里特迷宫斩妖除怪，传说他使用过的那艘著名的船在他死后被保存在雅典的港口多年。当代西方分析哲学家经常用"提修斯之船"来讨论与个体的跨世界或跨时间同一性相关的哲学问题。

还有一艘船 S_2，它最初是由 p_1，p_2，p_3，…，p_{96}，p_{101}，p_{102}，p_{103}，p_{104} 这一百块船板组成的，它同一于 S_1，因为这两者在起源构造材料之间也只有 2% 的差别。但是，若按照这个标准，S_2 就与提修斯之船不可能具有同一关系，因为它们在最初的原材料构造上存在着 4% 的差别，已经超过了该标准。可是根据同一关系的传递性，S_2 也应是与提修斯之船同一的。无论确定怎样的起源构造差别标准，我们都会面临着这个问题。因此，任何旨在弱化"个体构造说"的尝试都必定是失败的。

三 "个体起源说"的理论不完备性

个体本质是决定个体存在与否的根本性质。对于特定的个体 a 而言，一方面，它的个体本质是它得以存在的必要条件，也就是说，如果该个体存在，那么它就一定具有它的个体本质 E，即

（1）$\Box \forall x$（$x = a \rightarrow E$（x））。

另一方面，它的个体本质又是其作为特殊个体而存在的充分条件，换句话说，如果有任一个体，它具有 a 的个体本质 E，那么它就是 a，即

（2）$\Box \forall x$（E（x）$\rightarrow x = a$）。

可见，个体本质 E 是任一个体成为 a 的充分必要条件。因此，任一个体本质方案的可行性标准，就应该是看它所提出的个体本质是否满足了上面的两个条件。

克里普克、麦克金等人所主张的"个体起源说"是否满足这两个条件呢？由于生物个体的起源有多个，因而这个问题需要做具体的分析。生物个体的起源有三个，即它由以产生的亲体、生成它的配子（比如精子和卵子）以及配子的结合体（比如受精卵）。这样，"个体起源的本质性"相应地就可以有三种具体的表现形态：其一，"起源于它实际的亲体"是生物个体的个体本质；其二，"起源于实际生成它的配子"是它的个体本质；其三，"起源于生成它的实际配子结合体"是它的个体本质。下面分别从成为个体本质的必要条件和充分条件两个方面来讨论"个体起源说"的理论完备性问题。

1. 必要条件
首先来看"个体起源说"的三种形态是否都满足成为个体本质的必

要条件。很显然，如果生物体之间的延续性关系及 d - 延续性关系具有麦克金所论证的严格性，那么"个体起源说"的三种形态就一定都满足成为个体本质的必要条件。但是，麦克金对个体起源必然性的论证是否有效呢？我们来分析一下他的论证。麦克金对 d - 延续性关系严格性的论证，是通过类比于延续性关系的严格性而做出的，因而考察他的个体起源必然性论证的合理性，只需要分析他对延续性关系的严格性论证。根据前文的论述，麦克金论证严格性关系的主要手法是把延续性看成生物体间同一关系的充分必要条件，再进而由同一关系的严格性推断，延续性关系也具有严格性。但延续性关系都是同一关系吗？特别地，生物体和它由以生成的配子结合体之间是同一的吗？答案是否定的。

首先，配子结合体生长发育成生物体的实际过程表明，二者并非同一。配子结合体是一个细胞，它通过细胞分裂最终发育成一个生物个体。配子结合体先在内部复制自身的遗传物质，之后再一分为二为两个新的细胞；再往后的过程实际上就是这些不断产生的新细胞进行类似的复制与分裂，最后形成一个完整的生物个体。但在第一次细胞分裂后，配子结合体便已经消亡了。以人的受精卵为例，若以 Z 表示一个受精卵，以 a，b 表示它分裂后所生成的两个子细胞，则 Z 可能与其中的任一个同一吗？不可能。因为个体跨时间同一性的最低要求是，在某一时刻的变化前后都只有一个个体。这是一条基本原则，即使是在最大胆的文学创作中也是必须要加以遵从的。举一个极端的例子，在卡夫卡（Franz Kafka）的小说《变形记》中有这么一个情节，格里高尔一觉醒来发现自己变成了一只大甲虫。这种跨时间的同一虽然看起来似乎是不可思议，但就是在这种异想天开的意义上，卡夫卡所构想的跨时间同一性仍然遵从了上面的那个最低要求。很显然，既然 Z 的细胞分裂并不能满足这个条件，它就不会同一于 a，b 中的任一个，换言之，Z 实际上已经消亡了。既如此，最初的配子结合体又怎么可能同一于由它所发育成的生物个体呢？由配子结合体只在最初的一段时间内存在，而生物个体较之则有长得多的存在时间，则根据莱布尼兹的同一者不可分辨原则，可知二者当然不是同一的。

其次，即使将配子结合体理解为生物个体的一个成长阶段，也不能得到二者同一的结论。所谓成长阶段，指的是生物体以不同的生物特征存在的时间段。比如，对于人而言，生物学通常认为有下列的几个成长阶段：

胎儿阶段、婴儿阶段、儿童少年阶段、成人阶段。为论证配子结合体和由它发育而成的生物个体之间的同一性，而把前者当作后者的最初成长阶段，这不是一条成功的辩护策略。一方面，将配子结合体当作生物个体的成长阶段并不符合人们的生物学直觉。通常对于一个生物个体而言，它的各个成长阶段的结束并没有明确的标志，比如，儿童少年时代的结束并没有以一个特殊生理变化的发生为标志。而如果把受精卵也看成是人的一个成长阶段，即受精卵时代，那么这个所谓的受精卵时代将会以受精卵细胞的分裂即消亡为显著的标志而结束。因而，生物学意义上一般不将配子结合体当作生物个体的一个成长阶段，而只是将它看作一种特殊的细胞。另一方面，也是更为重要地，即使将配子结合体视为生物个体的最初成长阶段，也并未证明这个最初的细胞（配子结合体细胞）同一于由它发育而成的生物个体。实际上，在这种情形下"配子结合体"是被理解为它所发育成的生物个体的一种形态，就好像小孩、成人是人的具体形态一样。但这种辩护也只是说明了生物个体和它的某个具体形态之间的同一性，而生物个体和在各成长阶段上形成它的细胞总体之间存在着一个本质性的区别：二者不是同一的。生物个体的生命过程实际上是细胞的新陈代谢过程，在它生存的每时每刻都不断地有新细胞的生成和老细胞的死亡，因此生物个体绝不能同一于任一成长阶段构成它的细胞总体。以少年时代的克里普克为例，几乎可以说在这一阶段的任意两个时刻构成这个少年的细胞总体都是不相同的，特别是随着他的成年，构成他的细胞总体更是发生了显著的变化，但这个少年（即克里普克）依然保持着自身同一性。因此，根据同一者不可分辨原则，克里普克并不同一于少年时代构成他的细胞总体。这样一来，作为生物个体最初形态的配子结合体就并非同一于构成它的细胞总体，即那个配子结合体细胞，因为根据上述的一般原则，处于配子结合体时代的生物个体总有可能由其他某个配子结合体细胞所构成。于是，既然生物个体与作为生物个体最初形态的配子结合体是同一的，根据同一者不可分辨原则，就可以推知生物个体与产生它的那个配子结合体细胞也不是同一的。因此，即使采取这种辩护手法也没有证明配子结合体细胞和由它发育成的生物个体是同一的。

　　可见，生物个体和它由以生成的配子结合体之间不是同一的。因此，既然麦克金论证个体起源必然性的前提即是错误的，他的整个论证当然也就是不正确的了。除此之外，我认为，麦克金的论证中最严重的错误是他的论证策略。他的论题是"个体的起源是必然的"，也就是说，他要论证生物个体的起源是他的本质属性。但他全部论证的前提却是，生物个体和它由以生成的配子结合体是同一的。这是什么意思呢？这无非是将"起源于它实际由以生成的配子结合体"转换为"起源于它自身"，从而说明个体起源的本质性。这种论证实际上只为人们提供了一种不足道的（trivial）本质属性。以克里普克 K 为例，假设他由以生成的那个唯一的受精卵为 Z，这种论证手法是将"起源于 Z"还原为"起源于 K"，以说明前者是 K 的本质属性。就像"同一于 K"一样，这里的"起源于 K"也是K 的不足道的本质属性，"起源于 Z"也因而是不足道的。显然，这种不足道的本质属性并不是本质主义所要求的，因而在整个的辩护策略上，麦克金对个体起源必然性的论证是失败的。

　　那么，生物个体的起源是否真地具有必然性呢？我认为，可以通过反证法来证明该论题的正确性①。假设个体起源并非生物个体自身同一性的必要条件，那么同一个生物个体就可能起源于不同的配子结合体。若以 T表示现实世界 w_0 中的一棵橡树，a 是它实际由以生成的配子结合体——一颗特定的橡树籽，则按照上面的假设，就会有另一个可能世界 w_1，T在其中存在，但它起源于另一颗橡树籽 b。现在来考虑这样一个可能世界w_2，与在 w_1 中种植 b 的时间、地点相同，b 以同样的方式被种植，而且 b成长的内、外部环境与 w_1 中的 b 完全相同。在这种情形下，由于 b 自身及生长发育的内外因与 w_1 中 b 的生长过程完全一致，因此所形成的橡树个体 T_b 应该与 w_1 中的 T 是不可分辨的。与此同时，在可能世界 w_2 的某个地方，其气候、环境都与现实世界 w_0 中 T 的生长背景很相像，橡树籽a 也被种植；由于日常生活中人们都有这样的经验直觉，同一棵树可以在类似环境的不同地点正常地生长发育，因而 w_2 中由橡树籽 a 正常生长成的橡树个体 T_a 是与 T 同一的。但根据不可分辨者同一原则，既然 T_b 与 w_1中的 T 是不可分辨的，T_b 也应该是与 T 同一的。这样一来，由同一关系

　　①　以下论证的思想灵感来源于 G. 福布斯的有关论述，参见 G. Forbes, *The Metaphysics of Modality*, Oxford: Clarendon Press, 1985, pp. 138 – 140。但他的观点并不能令人完全信服，因此整个论证的结构及策略是我本人设计的。

的传递性，就可以得到同一个可能世界 w_2 中的两棵橡树 T_a 和 T_b 是同一的。这个结论显然是矛盾的，因此原先的假设错误，现实世界 w_0 中的橡树 T 不可能有另一个起源。而由于上述事例在生物个体中的典型性，个体起源因而是生物个体自身同一性的必要条件。

2. 充分条件

再来看"个体起源说"是否满足成为生物个体本质的充分条件。在第一种形态下，个体本质的起源说显然不满足成为个体本质的充分条件。以人为例，并不是为某对夫妇所生育就可以唯一地个体化一个对象。比如，虽然"为毛泽东和杨开慧所生"是毛岸英的一个本质属性，但并非具备这一性质的人就是毛岸英：毛岸青就具备这个属性，但他并不是毛岸英。因此，"起源于它实际的亲体"就不满足成为个体本质的充分条件。在第二、三种形态下，由于外界环境的影响，起源于某对雌雄配子或某个特定的配子结合体也不能唯一地个体化一个生物个体。仍以人为例，生物学的知识告诉我们，人是由受精卵发育而来的，在受精卵中就携带着对于决定人的个体本质有重要作用的遗传基因。而受精卵又是由精子和卵子结合而成的，因此受精卵中的遗传基因就是由精子、卵子中分别携带的基因组合形成的。但在精子与卵子结合的时候，由于内外部环境的影响，两者基因的组合并不是只有一种可能性，这种组合具有明显的偶然性。以决定性别的遗传物质——性别染色体为例，假定一个精子所携带的性别染色体为 Y，而另一个卵子所携带的性别染色体则为 X。这样，两者的正常组合方式就是 XY，在这种组合方式下，所形成的受精卵将发育成男婴。但由于受精过程中细胞内部其他遗传物质之间的相互作用，以及外界化学物质、射线等的干扰，在理论上永远存在那条 Y 染色体转变为 X 染色体的可能性，这时所形成的受精卵就会发育成一个女婴。而在今天，现代基因技术已经能够成功地实现 X、Y 染色体之间的相互转换。我们知道，至少性别对于一个人来讲是本质性的，因此同一对精子、卵子并不能唯一地个体化一个对象。这样，"起源于实际生成它的配子"就不满足成为个体本质的充分条件。另外，在配子结合体发育成生物个体的过程中，内外部环境的影响也是十分显著的。由于这些环境因素的作用，从而导致遗传密码的重要变化，也即所谓的基因突变。比如，在前苏联切尔诺贝利核电站爆炸事件后，由于强烈的核辐射，使得当地出现了许多从未有过的稀奇古怪的新生物。可以预见的是，如果没有那次核爆炸的影响，这些新生物个体由已生成的配子结合体只能发育为一些常见的生物个体。也正因为环境的作用可以改变配子结合体的发育进程，中国才有一句谚语"种瓜得豆"。由此可见，同一个配子结合体发育而成的生物个体并不是唯一的，"起源于生成它的实际配子结合体"也不满足成为个体本质的充分条件。总之，"个体起源说"的三种形态都不满足成为个体本质的充分条件。

退一步，纵然对于生物体，说其起源满足成为个体本质的充分条件尚有几分可信，非生物体的个体本质就远非起源的构造如此简单。显然，这种起源的构造并非确定个体本质的充分条件，因为对于同一块木料而言，我们既可以把它做成桌子，也可以将它制成花瓶，而桌子和花瓶终究是两样不同的物品。克里普克也意识到了这一点，他承认并不只有起源和基本构造是本质的，作为与起源材料相对的"形式因"的个体的种类性也是本质，比如对于这张桌子来说，"是一张桌子"就是它的本质特性之一。他实际上认为，这张桌子的最初构造材料连同其类的本质就确定出它的个体本质①。但即令做了这样的限制，由此所形成的关于这张桌子的个体本质也是有违人们的直觉的。比如，在另一个可能世界中实际上制作出这张桌子的那个木匠用那同一块木料制造出另一张桌子，它在长度、宽度、高度及其他外形上都与现实中的这张桌子不同，此时我们难道应该根据克里普克的论述说它们仍然是同一张桌子吗？对于桌子这类人造物来说，它们的个体本质问题显然就不是像自然物那么地简单，因为其中必然要涉及人的意识，这些人造物的设计者的主观意识在确定它们的个体本质中必定具有重要的作用②。拿桌子来说，制造桌子的木匠意识里对他要做的桌子的外形计划就应是确定那张桌子的个体本质的一个标准，这一计划或者图纸决定了在其他可能世界中那同一张桌子在外形上的误差范围，超出这一误差范围的某张桌子即使在起源构造上与现实世界中的那张桌子完全一样，

---

① 参见克里普克：《命名与必然性》，梅文译，上海：上海译文出版社 2001 年版，第 93 页。

② 非生物体的个体本质比较复杂，它牵涉到人的意向性问题，实际上属于分析哲学与现象学的交叉研究领域。限于本文的论题，此处只对这个问题做粗略分析，我将另文对此做专题讨论。

也不是与那张桌子同一的。可见，克里普克关于非生物体的个体本质理论还是不完善的，即使其在基本方向上是正确的，理论本身仍然是需要加以充实的。

综合上述两个方面的讨论，尽管麦克金对个体起源必然性的论证是不成功的，"个体起源说"仍然满足成为生物个体本质的必要条件，但它并不满足成为个体本质的充分条件。因而，"个体起源说"在理论上是不完备的，必须要对其做必要的补充与修正。

（原载《自然辩证法通讯》2010 年第 1 期，第 22—27 页）

个体本质：一条亚里士多德主义路径

索尔·克里普克（Saul Kripke）以其在模态形而上学中的卓越工作，复兴了亚里斯多德本质主义。他提出起源必然性论题，试图将生物个体的本质归结为它们各自的起源。① 起源本质主义为探求个体同一性问题开辟了一条崭新的路径，引起当代西方哲学界的极大反响与回应，同时也招致不少异议。② 在我看来，这一论题面临的困难至少部分地可归咎于克里普克未能全面考虑亚里士多德主义，没有较深入、细致地分析"本质"这一核心概念。据此，本文旨在从亚里士多德主义的视角，澄清、刻画一个较清晰的本质观念，进而修正并论证一个经限定的起源本质主义。我将在第一节预备性地讨论亚里士多德的实体学说，因为本质无非就是确定实体的标准；第二节则提出生物的第一实体标准，论证起源之于个体本质的不充分性，辨明存在与本质的密切联系及实质差异；最后，在第三节依据第一实体标准，综合内部结构与起源两个要素，构建、论证一个修正的起源本质说，并回应可能会面临的质疑。

一 论亚里士多德的实体学说

在《范畴篇》与《形而上学》中，亚里士多德详尽讨论了实体（substance）这个概念。在《范畴篇》里，亚里士多德从逻辑学视角确定

① Cf. Saul Kripke, *Naming and Necessity*, Oxford: Basil Blackwell Ltd, 1990, pp. 114 – 115.

② Cf. Graeme Forbes, *The Metaphysics of Modality*, Oxford: Clarendon Press, 1985, Penelope Mackie, "Essence, Origin and Bare Identity," *Mind* 96 (1987): 173 – 201, Nathan Salmon, *Reference and Essence*, Princeton, NJ: Princeton University Press, 1981, and John Hawthorne & Tamar Gendler, "Origin Essentialism: The Arguments Reconsidered," *Mind* 109 (2000): 285 – 298.

实体的标准为只能作为句子的主词出现，不能作为谓语谓述其他词项；从本体论视角，他确定实体是本体基本的，不附属于其他任何事物，相反地别的东西倒依附于它；在前二者基础上，实体还衍生出此性（thisness）和离存性（即，变异中的不变者）。按照这些标准，只有个别对象才是第一实体（primary substance），比如"菲多"（"菲多"是一只狗的名字）。个别对象总是呈现出一定的性状，如菲多是黄色的或其他颜色，处于奔跑或别的状态之中等等，作为这一大簇现象性性状背后的承载者才是第一实体，因此笼统地说个别对象是第一实体是不精确的。

那么，第一实体的构成是怎样的呢？换言之，个体化的原则是什么？在《形而上学》中，亚里士多德指出第一实体的三个候选者是质料（matter）、形式（form）及质料与形式的复合物。① 质料是对象由以构成的东西，形式则指它所是的那一事物种类。比如，对于菲多来说，它的质料就是形成它的血与肉，而形式则是其所是的东西：作为亚里士多德所谓埃多斯（eidos）或种的狗，或者作为亚里士多德意义上的格诺斯（genos）或属的哺乳动物。② 按照《范畴篇》中确立的逻辑学和本体论标准，质料可视为第一实体，因为质料似乎才是最后的主词或基体；但它完全不满足此性和离存性，我们不能称形成具体对象的材料为"这一个"，未经形式限定或约束的质料是无所谓特征的，也因此不可妄论它能历经相互矛盾的性质仍维持其自身。需要指出的是，在《形而上学》中亚里士多德更偏爱此性和离存性这两个实体标准。③ 因此，既然排除了质料作为第一实体，就只剩下形式与质料的复合物及形式自身。

个别对象的此性和离存性来自哪里呢？按照陈康先生的考证，亚里士多德是以形式的此性和离存性过渡到个别对象，来论证第一实体的主要构

---

① Cf. Aristotle, *The Complete Works of Aristotle: The Revised Oxford Translation*, Volume 2, edited by Jonathan Barnes, Princeton, NJ: Princeton University Press, 1991, *Metaphysics*: 1029a7 – 1029a33.

② 埃多斯是亚里士多德哲学术语 eidos 的音译，格诺斯是其哲学术语 genos 的音译，逻辑上分别表达普遍性程度较低的种与普遍性程度较高的属，但希腊哲学史研究中已习惯于颠倒过来分别译作"属"和"种"，为避免这种不必要的混淆以及尊重既有的译法，在本文我不得已采用了两个术语的音译。

③ Cf. Aristotle, *The Complete Works of Aristotle: The Revised Oxford Translation*, Volume 2, edited by Jonathan Barnes, Princeton, NJ: Princeton University Press, 1991, *Metaphysics*: 1017b24 – 1017b25, 1029a28 – 1029a29.

成是内在于个别对象中的形式。陈先生以一个标准的三段论推理为例，来说明个别对象离存性源于形式的道理："人是苍白色的，赵大是人，因此赵大是苍白色的"。他认为，苍白色不出现在"人"的定义中，它不是人的本质属性，人既不必然是苍白色的，也不必然不是苍白色的；尽管人可以或者得到或者失去苍白色这一属性，人还是终究不失其为自身，这就是形式与偶有性质的离存性。作为形式的人的这种离存性，反映在个别对象赵大身上就呈现出另一种形态：由于形成个别人的质料血肉的运动变化特征，赵大可以具有相互矛盾的性状，但并不妨碍他仍是赵大本人。陈先生还指出，亚里士多德认为埃多斯这样的形式是性质固定了的一个，具有此性，当质料接受一定形式的塑造形成个别对象时，形式的此性便过渡为个别对象的此性。[①] 由此可见，形式乃是第一实体的最主要组成。

由于形式在第一实体中举足轻重之地位，亚里士多德抛弃了将形式与质料的复合物视为第一实体的选择，转而将形式看作第一实体。在我看来，实体性形式（substantial form）并不等同于单纯的形式或相，其中尚有质料的要素；这是因为作为经验主义者，亚里士多德坚决反对柏拉图意义上共相（universal）的独立存在。所以，实体性形式最恰当的理解是个体化于质料中的形式，其中质料仍然是一个实质性组分，但其地位并不是与形式相对等的，它仅是形式转化为个别性实体的一个催化剂。既然确立了个别对象的个体化原则，个体本质的轮廓也就逐渐清楚起来，因为个体本质无非就是性状更易中保持自身同一性的"这一个"。对于一个第一实体而言，如果可以确定它的实体性形式标准，也就意味着掌握了它的本质。

由于具体事物的埃多斯在其第一实体构成中的主导地位，把握个体本质的首要工作是确定其形式。比如，要想知道菲多的个体本质，首先得知道它是一只狗，"狗"的形式在其物质本质构成中占据最显要位置。但正如前文论证过的，单纯的形式并非实体性形式之全部；按照当代形而上学的说法，纯粹形式确定的是"质的同一性"（qualitative identity），个体本质对应于"数的同一性"（numerical identity），要想进一步获得"数的同

---

① 参见陈康：《从发生观点研究亚里士多德本质论中的基本观点》，载汪子嵩、王太庆编：《陈康论希腊哲学》，商务印书馆 1995 年版，第 274—276 页。

一性"，尚需其他元素的介入。换言之，要想知道菲多到底是什么，它是如何成为区别于其他任何事物的"这一个"，仅知道它所属的种类是不够的。因此，还得知道将形式现实化为具体的"这一个"或"那一个"的质料因素，虽然质料的运动变化具有不确定特质。

之所以将质料列为实体性形式标准的一个指标，我认为有以下几个理由。第一，质料是单纯形式得以个体化的素材，难以想象经同一个相塑形后的不同质料会是同一个实体。比如，即使同一个雕塑家依照完全相同的塑像结构，分别对石膏和青铜进行加工，最终所形成的两个雕塑也不是同一的。进一步说，就算使用同一个模板，对两份质地完全相同、仅在数目上有差异的石膏，实施相同的处理工艺，最后加工得到的物品也不是那同一个雕像。在形式 X 既定的条件下，决定诸如是"这一个"X 还是"那一个"X 等"数的同一性"的因素，乃是质料。

第二，质料是潜在的可能性，形式是质料某一潜在可能的现实化，个体的出现即可视为质料的若干潜在性之实现。不同质料往往蕴涵着不一样的潜在性，即便同样的潜在性也深深地烙下质料的特征。由于运动变化的天性，特定的质料总会演变为一定的形式 X，从而形成这一个 X。比如，在"质的同一性"——"人"规定之下，特定的血、肉和骨等将组合为"这个人"，但这个特定实体的性格气质会受到其质料的极大影响。按照古希腊名医希波克拉底的说法，人体组织中不同体液的比例决定了四种类型的气质：多血质、胆汁质、粘液质及抑制质。因此，特定血肉、体液等构成的这个人只具有四种性格中的某一个，而且必然具有那个气质，其他性格的潜在性将受到抑制并消失，不再可能成为现实。即便就仅有数目差异的若干第一实体 X 而言，它们抽象的形而上学本质毕竟也是有区别的；尤其是生物个体，以不同数目质料为催化剂形成的 X 将具备相对独立的主体性，面对相同的事件会做出不同的选择或决策，这些现象就是那些 X 个体本质的显示。

第三，若仅考虑物质实体，搁置独立于物质实体的灵魂存在之争议，则不同质料（哪怕仅有数目差异性的质料）一定是以相互独立的进程形成实体，因为这些进程在作为起点的质料上就是不同的。我们可以作以下的设想：在同一时间，选取不同的质料 M_1 与 M_2，在经过各自的变化发展之后，二者都获得了某种"质的同一性"——共同的相 X，这意味着实

体 M_1—X 和 M_2—X 开始存在。但两个实体是具有不同起源的、完全独立的两个进程的结果，一般而言，这样的进程只能生成不同的实体，因此，实体 M_1—X 不可能同一于 M_2—X，除非 M_1 与 M_2 就是同一块质料，或者二者之间具有起源关系。但这两种例外的情形都与我们的前提不一致：前者直接违背了 M_1 与 M_2 是不同质料的假设，后者无法满足同时性的条件。[①] 由此可见，质料确是实体性形式标准的本质要素之一。

二 起源、本质与存在

生物个体的实体性标准是什么呢？按照亚里士多德主义，应该是现实化于特定质料的物种形式。以菲多为例，作为一只狗，它的形式就是物种狗；按照克里普克的提议，物种狗的本质即物种形式就表现为其隐藏的内部结构，可理解为特定的遗传因子或基因。形成"这一个"狗的直接质料是它的血与肉，但由于血或肉的生物学变动特性，某些当代形而上学者如克里普克遂将其归结为生命得以延续的最初起源，即那个特定的受精卵。[②] 因此，菲多的实体性标准是实现于由其生命起源所决定的质料之中的形而上学结构，后者则是由遗传因子决定。

但是，生物个体的本质并不就是起源，因为配子或配子结合体仅仅是未成形的质料，尚未塑造成特定的物种形式。[③] 如果起源本质主义是正确的，那么任何具有相同源头的事物便都是同一的。按照这一逻辑，最初的配子或配子结合体由于不足道地（trivially）也起源于这一源头，它应当同一于后来发育成熟的生物个体，换句话说，最初的配子或配子结合体就

---

① 本论证并不适用于"提修斯之船"这样的情形，我们无法假设共有部分质料的两份质料可以同时独立存在，更遑论可以同时独立演变为实体。但在实体尚未生成之前，谈论替换部分质料是否影响实体的同一性，似乎是没有意义的，或许这个问题只有造物主才能回答。关于"提休斯之船"，可参见张力锋：《论个体本质的起源说》，《自然辩证法通讯》32.1（2010）：第 22–27 页。

② 克里普克用以论证的例子是伊丽莎白女王和他本人，说他们不可能不源于实际由以起源的精子、卵子或受精卵。Cf. Saul Kripke, *Naming and Necessity*, Oxford：Basil Blackwell Ltd, 1990, pp. 112–115.

③ 配子结合体或受精卵何时开始有特定的物种形式？判定标准是什么？这的确是一道模糊性（vagueness）哲学难题，但本文并不旨在寻求这样的认知标准，而仅限于在形而上学层面接受受精卵与生物个体的区分。

是那一生物个体的一个成长阶段。以克里普克为例，如同他的儿童时代、青年时代及老年时代一样，形成他的那个最初受精卵也应该是他的一个时代形态，它同一于儿童或老年时代的克里普克。但几乎没有人会同意这一说法，没有人会说那个受精卵就是克里普克，除非他是万物有灵论者。人们会承认胎儿是一个人，但不会将这一观念推广到受精卵：后者是一种生命形式，但绝不是人的一种存在形态。

另一方面，即令我们承认配子或配子结合体是生物个体的一个成长阶段，将生物个体的本质归于起源，实际获得的也不是一个定性的（qualitative）本质，而只是一个基质（haecceity）。假若发育成克里普克的那个受精卵 Z 是他的一个生存状态的话，则"源于 Z"就是克里普克的个体本质。由于 Z 就是克里普克，根据同一置换原则，这一个体本质即"源于克里普克"，后者是非定性的，它不能为克里普克的个体性存在提供任何实质性的形而上学标准；另外，当我们将其视作克里普克的个体本质时，无非是说自身同一性就是他的本质，但本质概念的提出恰是用以说明事物何以保持其同一性，何以成为其所是，可见这里存在非常明显、严重的窃题论证谬误。所以，起源本质或者是空洞的，或者是不足道的。这样的本质实际就是中世纪哲学家所谓的基质，于探究个体本质无所裨益，它只能是蒯因（Willard Van Orman Quine）眼中"黑暗的创造物"。①

一些哲学家认为起源就是生物个体存在的发端，起源本质主义这一进路实际是将本质归结为存在，其理论依据之一是本质与存在的拉丁语表达是同源的两个词：*essentia* 和 *esse*。② 诚然，二者密不可分，没有存在，也就无所谓本质。阿奎那（Thomas Aquinas）是著名的亚里士多德诠释者，他认为本质是事物据以称为存在的完全原则，包括形式与质料两个方面，不同于仅表征形式的 *quidditās*。③ 实际上，在阿奎那看来，根据本质是一

---

① Willard Van Orman Quine, "Quantifiers and Propositional Attitudes," *The Journal of Philosophy* 53 (1956): p. 180.

② 例如，陈波和张建军两位教授就曾多次向我表达过类似的见解，但他们尚未有相关主题的正式论著行于世。

③ Thomas Aquinas, *De Ente et Essentia* (Leonine Edition, Vol. 43), Chapter 2, 4–5, in Armand Maurer, *Being and Knowing: Studies in Thomas Aquinas and Late Medieval Philosophers*, Toronto: Pontifical Institute of Mediaeval Studies, 1990, pp. 15–16.

个行动的原因，而存在是一个行动，本质就是这一行动的原因，因此本质
必须从与存在相关的视角去审视，它是这个行动形式上的确定和规定。在
这个意义上，我们才说没有存在的话，本质自身也就什么也不是，不过就
是心灵构思的产物而已。人们之所以能够理解本质，并不是因为以先验的
形式或 quidditās 为最终原则，相反这种理解在逻辑上源于存在即 esse，后
者才是理解本质的根源。正是因为有了存在这种现实化行动，潜在的本质
才得以实现，才能够成其所是，也才能够在实践中为人们所认知和理解。
我认为，作为存在行动的完全原则，本质既是这一行动所追求的目标，也
是在人的心智中可以概念化而获知的东西。本质要想自我实现，首先得具
备一定的质料，这是因为质料的本性是运动和变化，借助于它的变动特征
存在行动才能展开。虽然质料是未定形的，但形式却潜存于其中，当特定
内部环境、外部条件得到满足的时候，它就会以质料变动目的的方式表现
出来，经过存在这一行动潜在的本质最终得到现实化。不过，由此也可以
看出，作为一种现实化的行动，存在一般地不等同于本质，也不是本质的
一部分，它是本质得以实现的行动，或者按照中世纪的行话是实体的最后
现实化。通常的物质实体都包含着潜在性组分，它们不是纯粹的现实性，
其本质不包含存在。

　　本质潜在地作为目的存在于特定的质料中，但它也是人们心智活动的
对象，以一种抽象的概念形态存在于人的心灵中。根据这一特征，本质又
是与存在相分离的，否则人们对事物、世界的认识只能局限于亲知知识
（knowledge by acquaintance），而无法达致抽象阶段。[①] 在阿奎那看来，每
一本质都无需借助任何关涉存在的因素，就可以得到构想或理解。比如，
人们"……可以理解人是什么，或者凤凰是什么，却根本无需知道存在
是否在其本性中。"[②] 就一般物质个体而言，存在不可能是其本性之一，
否则它们就是本质地存在着，即一定被现实化；但我们知道，一般的物质
个体都是偶然存在物，比如每个人都是由于父母的偶然结识而诞生，山川
河流也可能会因为各种自然地质活动而湮灭，因此存在不属于一般物质个

[①]　区分亲知知识与描述知识（knowledge by description）是罗素（Bertrand Russell）提议的。
Cf. Bertrand Russell, "On Denoting," *Mind*, New Series 14 (1905): pp. 479 – 493.

[②]　Thomas Aquinas, *De Ente et Essentia* (Leonine Edition, Vol. 43), Chapter 4, 94 – 105, in Anthony Kenny, *Aquinas on Being*, New York, NY: Oxford University Press, 2002, p. 34.

体的本性，更谈不上等同于其个体本质。退一步说，即使我们将本质属性理解为"只要某个体存在，它就具有的性质"，在这个意义上虽然可以消除必然存在的后果，但存在最多也就是一个不足道的本质，因为按照这个修正后的本质定义，任何个体都将以"存在"为其本质，无论现实个体，还是可能个体。对于每一现实个体而言，上述条件句定义是个重言式；对任一可能个体来说，根据戴维·刘易斯（David Lewis）反事实条件句语义学，在它不存在的世界（如 W）中以上条件句定义也总是得到满足：在有这一个体并且与 W 相似的任一可能世界中，它都具有存在属性。[1] 因此，阿奎那的论证虽然过于简单，也在一定程度上容易产生误导（比如，凤凰一例似乎在思维实践中将本质与存在割裂开来，没有现实化的本质怎能为人所认识？这个例证看似也与他本人的其他论述不一致），但的确是不无道理的。在刻画事物本质的时候，如果将存在作为以上条件句意义上的本质属性添加至个体的本质中，实际上我们没有给它增加任何规定，如我刚才论证过的，这是因为任一个体都预设了那种意义上本质性的存在。正由于存在在逻辑上的这种特殊性，激进如康德者甚至断言"'存在'显然不是一个真正的谓词；就是说，它不是这样的一个事物概念，即可将其加诸某一事物的概念之中"。[2]

三　一个修正版的亚里士多德主义起源本质说

将生物体本质归于起源，实际是追溯到一个具体生命的起点，这个起点决定了其后一个完整的生命过程。设 M_1 是一个生命起源，X 是一个物种形式，M_1 在常态下成长发育为一个 X，这个 X 在其生存环境下后天地创造或获取了大量的性状，由此形成一个丰富多彩的生命历程。尽管由于自然环境的不确定性（若 X 是指人，则更多地还有社会、文化等因素的参与），这个 X 的生命过程可能会打上不同的烙印，但它毕竟是属于这个X 的生命过程，M_1 即是这一生命的标志。一般而言，作为物质实体，任

①　Cf. David Lewis, *Counterfactuals*, Oxford：Blackwell, 1973.

②　Immanuel Kant, *Critique of Pure Reason*, translated by Norman K. Smith, London：Palgrave Macmillan, 1929, p. 504.

一 X 只能有一次生命。那么，上述的那个 X （为方便计，不妨称之为 M_1—X）是否可能拥有另一个起源呢？令 M_2 是另一个生命起源，在现实世界中它最终常态地成长为另一个 X，即 M_2—X。假如 M_1—X 可以起源于 M_2，那么一定存在着一个可能世界 W，在那里 M_1—X 有着生命起源 M_2，成长发育为一个 X。我们可以进一步假定，那个 X 的外部生存环境与现实中 M_1—X 的完全一样；由于已经设定那一 X 就是 M_1—X，这样，在同样的外部环境下它应呈现出与现实中的 M_1—X 非常接近的外部性状。但是，根据第一节确定的实体性形式标准，可能世界 W 中的那个 X 也是实现于由 M_2 决定的质料序列之物种形式 X，它应同一于 M_2—X，与现实世界中的 M_2—X 是同一个生命的不同表现形式。因此，可能世界 W 中的那个 X 既等同于现实世界的 M_1—X，又同一于其中的 M_2—X。根据同一的传递性，现实世界里的 M_1—X 就是 M_2—X；但这显然是荒谬的，它们是两个完全独立的生命过程，一个生命不可能出现两次。因此，我们的假设不成立，即 M_1—X 不可以起源于另一个源头 M_2。

如果说这个论证具有说服力，它表明的是人们可以接受其直观的亚里士多德主义根据：实体"质的同一性"标准是物种形式，而决定其"数的同一性"标准则是质料；对于一类生物体 X 而言，无论这些 X 在外部性状上存在何等程度的差异，真正确定是这一个 X，还是那一个 X 的要素是质料。我们不难理解，即使两个 X 在外部性状上几乎难以分辨，恰如马克·吐温小说《王子与贫儿》中的王子爱德华与贫儿汤姆，他们也是两个不同的个体，因为他们并不具有同一个起源，是两个独立的生命过程。不过，我们知道，生物体时刻与外部环境之间进行物质、能量交换，每隔一定时间构成它的质料都会完全更新。比如，较之 20 年前的我们，当下的我们是由完全不一样的细胞或血肉等质料构成的。因此，生物体的质料是不确定的，即令可以确定实际的全部生命过程中一个生物体 X 由以形成的所有质料，也不能就此将这个 X "数的同一性"归于那堆质料：谁也不能武断地认定这个 X 不可能以有所差异的另一堆质料构成。可见，原则上不能将一堆质料视为生物体"数的同一性"标准。

虽如此，作为一个生命开始的标志，最初的质料似乎具有这一神奇功效。我们都知道，本质是与生俱来的，但与生俱来的未必都是本质。例如，有些人是先天色盲，但这并不意味着色盲是其本质，或者说他的色盲是不可治愈的；我们完全可以期待，随着基因治疗技术的进步，这个人的视觉能够恢复到和正常人一样。不过，如果我们将"先天性"理解为生命之初就具有的特征，几乎就没有人会怀疑先天色盲是他的必然属性：在任何一种可能的情形下，只要这个人存在，他就会是先天性的色盲。讨论生物体的必然、本质属性，必须在生命存在前提之下，本质是一个生命的本质，某一生命出现之前根本无所谓其本质问题。这样，对于一个生物体而言，它由以形成的最初要素便是本质性，不容更改的。据此，如果有人提出这样的问题——"为什么一个人生命的最初时刻不能具有另一套遗传密码呢？"，我就会这样答复他：这根本是一个无意义的问题，在他的生命出现之前谈论其本质、必然属性只能是无中生有，生命存在乃是讨论生物体本质的形而上学起点，由于生命是被给予的，事实上以什么样的方式被给予，就必定以那样的方式被给予；假如这个问题是有意义的，也许只有"上帝"才能够回答。同样的道理，作为生物体来源的整个源头，包含着生命之初遗传因子的最初质料也隶属于本质范畴，以之确定它们"数的同一性"应不致引起较大争议。

不过，仍然有一条值得考虑的迂回反驳路线。设某甲有先天视觉基因缺陷，经过先进的基因技术治疗后，他的这一缺陷得到纠正。就康复后的甲而言，似乎可以合理地想象视觉正常的他是常态地、无需治疗地由另一源头生长发育而来，即有一个可能世界 W，视觉正常的甲在那里常态地起源于另一个源头。这另一个源头与甲的实际起源仅在控制视觉的基因段上有一些差异，其余部分则完全相同。所以，这一反驳意见声称，甲完全可以有另一套遗传密码、另一个起源。这条反驳意见颇具有代表性，它规避了直面生命之初的起源模态问题，转而诉诸生物体偶有属性的可更易性，进而通过一般皆可接受的有机体生长发育机制，将这种变换追溯到最初源头，从而实现批驳起源必然性论题之主旨。这一转换貌似有力，但它所描述的可能世界 W 中的那个人就是甲却是未经证成的，即便他与现实中视觉正常的甲一模一样，因此在这里该反驳不能按照自身的意图推进下去。W 中的那个人极有可能仅是戴维·刘易斯意义上甲的一个对应体（counterpart），因为构成生物体的质料不断地处于变换更易之中，每经过一个周期，旧的质料将通过新陈代谢被全部更换，理论上说两个人完全可能具有相同的质料。有的哲学家甚至推测，经过生态圈的循环，现在的某个人完全有可能与两千年前某一位古代希腊政治家由完全相同的质料构成，但他不必为那个古希腊政治家所犯过错受到惩罚并感到懊悔：他们根本就是两个不同的人。[①] 要想弥补这一论证缺憾，看来只能求助于约定论，即规定 W 中的那个人就是甲。但问题是按照这条约定论进路，人们所做的不仅有这项规定，还规定了 W 中的甲有另一个不同于现实的源头。于是，整个论证就存在明显的窃题谬误。因此，无论如何，这条迂回反驳路线也难以获得预期效果。

与其说最初质料确定的是生物体 X "数的同一性"，还不如说确定了一个唯一的生命。在生命之初，虽然质料中包含着一套遗传密码，但这套密码仅代表的是一种潜在性，特定的物种形式 X 尚未在这个生命中得到实现，所以还不能说最初起源决定了某个 X。做个不太恰当的类比，在被艺术家制作成一座塑像之前，不能说一堆石膏确定的是这一座或那一座雕塑，因为它完全有可能用来加工成豆腐。另外，一般情况下生命起源总是某一埃多斯 X 生命的起源，比如人类受精卵、橡树种籽，而生命的塑形方向较普通质料更为稳定，所以在不太严格的引申意义上，也认可最初质料确定这一个或那一个 X 的说法。不过，无论最初质料将新陈代谢为什么样的物种形式 X，它标志着一个独一无二的生命则是毋庸置疑的。大千世界，千奇百态，生命则更加绚丽多姿，其中隐藏的奥秘远未被人类揭示，生命的机制及本质尚未弄清楚，但每一生命都来自特定质料或物质，生命是物质性的，这应该是没有异议的；正是在这个意义上，我们说最初质料确定了一个生命。

生命有不同的形式，这些形式就是生命的内在结构，由遗传因子所决定。但生物个体通常具有各自独特的最初遗传因子，后者只能够决定某一特殊形态的物种形式，它的改变通常不会引起生命形式的变化。以克里普克为例，他起源于某个人类受精卵 Z，其中包含的遗传因子不仅决定了他具有人的结构特征，也决定了他的肤色、性别等其他属性，但我们知道，通常这些特征并不出现在"人"这一观念中，人们最多有人是有性别、肤色方面差异的模糊认识，但具体的肤色、性别特征不会出现在观念

---

① Cf. Earl Conee and Theodore Sider, *Riddles of Existence: A Guided Tour of Metaphysics*, New York, NY: Oxford University Press, 2007, p. 10.

"人"中。也许有人会提出另一种意见，认为性别虽然不是隶属物种形式"人"的结构性本质要素，但它却是决定次级物种形式"男人"的主要因素之一，因此相应基因片段也决定了一个物种形式。对于这个意见，我的看法是物种本身就是本质性的，一个生物体如果隶属某一物种，就必然属于那一物种，除非该个体消亡。通过现代外科手术，医生已经不难改变人们的性别。假如男人可以形成一个次级物种，某男甲经过变性手术后就不再存在，手术将创造一个完全不同的女人乙。但事实是，较之于甲，乙的记忆、智力和能力等基本特征没有发生任何变化，她也不会否认手术前后的两个人都是自己。另外，社会对乙的认同及相应评价并未因此发生根本改变，当代女性主义者甚至提出性别是一种心理特征，非实质性的。可见，性别很难理解为确定了人的亚种形式，不能轻易地将决定这些特征的基因片段纳入决定物种形式的因素之列。因此，即便顾及生命最初质料中包含的遗传因子，生命起源也不能确定一个第一实体。

真正决定一个物种形式 X 的是无数 X 个体所共有的普遍基因，这个工作应交给生物学家去完成。这样，根据亚里士多德实体学说，生物个体"数的同一性"由其最初质料决定，"质的同一性"则取决于相关遗传因子确定的物种内部结构，将二者结合起来就得到它的同一性标准。亚里士多德主义版的生物个体本质学说是否仅是起源说的一个变体？一个可能的回答是：生命起源总是某一物种形式 X 生命的起源，它将来长成的个体也一定是一个 X，于是亚里士多德版生物个体本质学说无非补充了起源说默认的信息，二者实际上是一回事。的确，最初质料包含着相关基因片段，后者是一个物种形式 X 的潜在性，正常情况下将支配该生命体发育为某个 X。但是，潜在性未必就一定能成功地得以实现，这是由于多种因素会造成相关基因片段改变或被抑制。证据之一就是自然环境处于不断变化中，自然选择造成控制物种形式的基因片段也在悄悄地发生改变，否则怎么会不断有新物种的产生、旧物种的消失呢？就算进化论是错误的，自然界可见的新物种出现也提供了另一项佐证。比如，狮子与老虎杂交孕育出狮虎兽，后者相对于亲体是全新物种，控制其物种形式的基因片段与亲体有较大的差异。因此，理论上说，当转基因技术发展到一定程度时，科学家就可以通过改变最初质料中相关基因片段，从而创造出全新的物种，甚至让某些已经灭绝的物种重生；这绝非无稽之谈，已成为一种现实的可能性，它引发的伦理争议甚至成为当代社会生活的热门话题，比如人类是否有资格扮演上帝的角色去创造新物种。所以，谁也不能保证在一些反常情况下潜在地具有物种形式 X 的某个生命会成长为另一物种形式 Y 的个体。这样，只有以现实生物体所隶属的物种形式去限定那一生命，才能得到其个体化原则，亚里士多德主义版生物个体本质学说并不简单地等同于起源说。

另一个反驳意见认为，亚里士多德主义版个体本质学说有着非常荒谬的推论，即同一个生物体可以有多次生命历程。[①] 为方便讨论，我将这一论证展开如下：

> 既然按照亚里士多德主义，有机体的同一性标准是最初质料和物种形式，那么若两个有机体 X_1 和 X_2 有相同的最初质料 M，并且它们具有同样的物种形式 X，则二者就是同一的；于是，毕竟存在着这样一种可能性，X_1 的最初质料 M 经过漫长的分解、化合、吸收等无数重生态循环程序后，又重新被组合为一个完全相同的最初质料，后者成长为 X_2；这样，根据亚里士多德版个体本质学说及可能世界语义学，就存在一个可能世界 W，其中 X_1 同一于 X_2，尽管它们有着相互独立的生命过程。因此，同一个有机体可以有多次生命历程。

需要指出的是，这里的可能性并非仅仅是逻辑可能，它是一种现实可能，这种可能性完全可以在现实世界得到实现，恰如前文曾述及的当代一个人与古希腊一位政治家具有完全相同质料的那个可能性。仅就这个论证本身来说，破绽并不是那么明显，它的问题是没有考虑到起源必然性的逻辑后承。确实，每一生物体都有最初起源，但对于那个最初起源而言，它也有自己的源头。以 X_1 和 X_2 的最初起源 M 为例，它也有自己的源头，即配子乃至其亲体。实际上，由克里普克提出、经麦克金（Colin McGinn）严格论证，若将起源必然性论题加以推广，则任一有机体都必

① Cf. Earl Conee and Theodore Sider, *Riddles of Existence: A Guided Tour of Metaphysics*, New York, NY: Oxford University Press, 2007, pp. 8 – 10.

然起源于其实际源头。① 据此，这一最初起源 M 必然来自 X_1 和 X_2 的实际亲体。因而，假设 X_1 的最初质料 M 可以出现在另一时间，尚需设定 X_1 的实际亲体也在相应的另一时间段出现。更具体地说，如果 X 进行有性繁殖的话，X_1 的父亲也将在另一时间段出现。这就是说，假设 M 可以多次出现，必须要满足或者其亲体例如父亲有多次生命历程，或者其父亲的生命一直贯穿于 M 的多次出现。前一种情形的循环论证意味十分明显，因为它要论证的是一个生物体可以有多次生命历程，但按照亚里士多德版个体本质学说，却不得不先假定存在着有多次生命历程的生物体，例如亲体。至于后一种情形，则需进一步考虑同一性这个概念。

一般情况下，一对父母如果生育两个孩子，无论他们是否源于相同的最初质料（这种情况几乎不可能出现），我们都会视他们是两个独立的个体，二者之间是兄弟姐妹关系。通过考察范·因瓦根（Peter Van Inwagen）的相关论述，有助于我们理解这种直觉后面的哲学依据。范·因瓦根提出一个非常类似的情形：家长不小心把女儿搭的积木房子 H_1 碰翻了，为了不惹她伤心，这个家长又在原来的地方用同样的积木搭建了一座一模一样的房子 H_2，但家长不想让女儿知道这个事实，因为他认为二者并非同一座房子。② 仅从质料与形式视角来看，这两座积木房子确实不可分辨，因而是同一的。但通常人们还会考虑别的一些因素，例如这个积木房子的制造者或来源，因为它们是这所房子的成因。若将这些因素列为同一性指标，则不同人搭建的积木房子自然就不会是同一的。范·因瓦根情形甚至适用于同一制造者：家长不小心把女儿上午搭的积木房子 H_1 碰翻，虽然很难过，女儿下午还是不得不在同一地点以同样的积木又搭建一个一模一样的房子 H_3；新积木房子搭建完成后，这个家长指着 H_3 问女儿："你还为这个积木房子上午被爸爸碰翻而伤心吗？"，女儿的回答是"不，我不为这个房子伤心，我是为上午搭的那座房子被碰翻而伤心"。两座积木房子之所以不是同一的，是因为它们形成于不同的过程。就生物

---

① Cf. Saul Kripke, *Naming and Necessity*, Oxford: Basil Blackwell Ltd, 1990, pp. 112 – 113, and Colin McGinn, "On the Necessity of Origin," *The Journal of Philosophy* 73 (1976): 134.

② Cf. Peter Van Inwagen, "The Possibility of Resurrection," in *Philosophy of Religion: An Anthology of Contemporary Views*, ed. by Melville Stewart, Sudbury, MA: Jones and Bartlett Publishers, 1996, p. 693.

体而言，类似的因素也存在，每一生物体都可视为其亲体的创造物，亲体及其生成最初质料的过程都会影响最初源头是否相同。在这个意义上，范·因瓦根否认在基督教的末日审判，全能的上帝可以通过按照完全相同的形式重新组合人们生前的质料将他们复活，因为以这种方式复活的人是上帝以非常方式创造的，而那些已故的人们则是其父母亲生育的，他甚至怀疑这些复活物是否与我们人类是同一物种。① 回到我们的问题，一对父母先后生育两个孩子，就算发生概率最低的事情出现，即这两个孩子的最初质料本身完全一样，他们也是兄弟或姐妹关系，而不是同一个人，因为他们的最初质料形成于不同时间的两个过程。因此，当 M 是同样的亲体在其同一生命历程不同时间生产出来时，最终成长起来的 X_1 和 X_2 并不是同一个 X，同一有机体可有多次生命历程的推论还是不成立。因此，指责亚里斯多德主义版个体本质说或者是循环论证，或者混淆了不同的同一性观念。

四　结　语

在上述三节中，通过研读亚里士斯多德实体学说，我勾勒出亚里士多德主义个体化原则，并辨明这一理论视域下的本质与存在观念，进而以相关遗传因子决定的物种形式结构和最初质料决定的生命为主要因素，构建亚里士多德主义版个体本质说，并针对有关责难，较深入地论证、捍卫了这一理论。本文的工作仅是一次尝试，其中不足之处甚多，尚需做进一步的丰富与完善，只有在不断汲取哲学其他分支养分的基础上，亚里士多德主义者的路径才能充满生机地延伸下去。

（原载台湾《哲学与文化月刊》2017 年（第四十四卷）第 1 期，第 105—121 页。）

---

① Cf. Peter Van Inwagen, "The Possibility of Resurrection," in *Philosophy of Religion：An Anthology of Contemporary Views*, ed. by Melville Stewart, Sudbury, MA：Jones and Bartlett Publishers, 1996, p. 693.

关于上帝存在的本体论证明的逻辑分析

一　第一本体论证明及其缺陷

作为"最后一个教父和第一个经院哲学家"，安瑟尔谟（St. Anselm）并不仅仅满足于对上帝的信仰，他要为信仰寻求理解。于是，他在《宣讲》第二章提出上帝存在的本体论证明。安瑟尔谟认为，人们相信上帝是最伟大的东西，"比他更伟大的东西是无法想象的"。那么，这个可想象的无与伦比的最伟大东西能否仅存在于人的心灵中，却不在现实中存在呢？安瑟尔谟指出，如果较之更伟大的东西是无法想象的那一事物仅存在于心灵中，那么假如他既存在于心灵，又在现实中存在，则后一情形较前者更伟大，而这又是可以想象到的——与"较之更伟大的东西是无法想象的"矛盾！"因此，较之更伟大的东西是无法想象的事物无疑既存在于心灵中，又存在于现实中。"[①] 这样，安瑟尔谟就在本体论上得出上帝存在的结论。

在上述本体论证明中，安瑟尔谟实际上认为"存在"是一种完满性（perfection）。完满性可用于比较事物间的伟大性，具有某一完满性的东西较缺乏该完满性的东西更伟大。既然"存在"也被安瑟尔谟视为一种完满性，既存在于心灵又存在于现实的事物当然就比仅在心灵中存在的东西更伟大。可见，对"存在"逻辑功用的这一界定在整个本体论证明中扮演着极其重要的作用。但是，康德（I. Kant）提出对本体论证明最具摧毁性的反驳，自此以后本体论证明几乎在哲学家的议事日程表中销声匿迹。康德攻击的焦点就是安瑟尔谟对"存在"的理解。安瑟尔谟将"存

---

① Anselm, *Proslogion*, Stuttgart：F. Frommann, 1962, Chap 2.

在"当作可用于比较事物伟大性的完满性，它自身就是一种属性。这样，动词"存在"就发挥着赋予主词某种性质或属性的作用；也就是说，它可用做谓词。康德认为，"任何东西……都能……充当逻辑谓词；主词甚至都可以谓述它自身……但确定谓词（determining predicate）是指可以加诸主词概念中的谓词，它丰富着主词概念"①。康德所谓的"逻辑谓词"实际上是指语法谓词，在这个意义上"存在"可以用作谓词，因为"上帝存在"之类的存在语句合乎语法，其中"存在"位于谓词位置。但"存在"是否满足康德的确定谓词标准呢？"红色的"、"勇敢的"等表示性状的语词都可以作为确定谓词：比如，在语句"血是红色的"中，谓词"红色的"就是被添加入主词概念"血"，它丰富着"血"这一概念的内涵，使得人们对概念"血"的认识更加全面，因此"红色的"就是一个确定谓词。但是，"无论我们可能利用什么样的、如何多的谓词来想象一个事物——纵使我们完全地确定出它，当我们进而宣称它存在时，我们都没有向该事物做出哪怕是最少的添加"②。顺着康德的论证思路，我们来考察一个存在问句"外星人存在吗？"或"有外星人吗？"。如果"存在"是确定谓词的话，那么任何人都不会给出一个肯定的回答："是的，外星人存在"或"是的，有外星人"。这是因为此时肯定答案的意思就是"是的，有存在的外星人"，但所提问题却是关于"如此这般的外星人性质"是否适用于任何事物，而不是"存在性质合取如此这般的外星人性质"是否可满足；也就是说，答案包含的信息要多于问题的内容。更进一步地，如果"存在"起着确定谓词的作用，那么日常语言里的任何存在语句都将无法表达概念的示例（instantiation）。当我们说"A存在"时，它实际上没有表达我们心中所想的概念"A"被示例，而是表达着另一个更复杂的概念"存在的A"被示例。因此，康德认为"'存在'显然不是一个真正的谓词；就是说，它不是这样的一个事物概念，即可将其加诸某一事物的概念之中"③。康德指出，"存在"只不过是判断中的连系动词，它是仅具有语法功能的句子成分。在"A存在"或"有一个A"这

---

① Immanuel Kant, *Critique of Pure Reason*, translated by N. K. Smith, London: Macmillan, 1929, p. 504.

② Ibid., p. 505.

③ Ibid., p. 504.

样的句子中，连系动词"存在"只是在语法上设定了一个对象，后者示例出主词概念"A"，主词概念并没有被添加任何新谓词。既然"存在"根本不是可以表述性状的真正谓词（即确定谓词），当然就不能拿它作为衡量事物之间伟大性的一个标准，因此无论较之更伟大的东西是无法想象的事物存在与否，这都不会影响到它的伟大性。可见，根据康德对"存在"的分析，由安瑟尔谟理解的"上帝"概念是推不出上帝存在的，本体论证明也就被瓦解掉。

康德式的"存在"分析得到弗雷格（G. Frege）的继承与发展，现代逻辑通过具有严格语法、语义规则的一阶语言将这一思想精致化。在现代逻辑中，"存在"被处理为存在量词，它根本就不是一个谓词。在现代逻辑看来，"存在"并没有表达个体的性质：如果"亚里士多德"是一个名称（个体常元）的话，"亚里士多德存在"并不意指亚里士多德具有"存在"性质，它甚至于不是一个合法的语句，"$\exists a$"也不是合式的一阶公式；只有将"亚里士多德"视为某个摹状词（比如，"第一本《形而上学》的作者"）的缩写，它才是合法的，其一阶公式可写作"$\exists x（A(x) \wedge \forall y（A(y) \rightarrow y = x））$"，但它的意思也不是某个人具有"存在"性质，而是指"唯一地写作第一本《形而上学》"这一性质是可以满足的、可以示例的。由以上分析可以看出，存在量词的逻辑功能不是修饰个体，而是修饰性状的，它不同于一般意义上的谓词。如果我们广义地理解性质，不但承认个体有性质（如"红色的"、"善良的"），也承认性质本身有性质（"传递的"、"对称的"），那么"存在"也可以视为表达性质的性质；在这个意义上，我们称"存在"是二阶谓词，一般意义上表达个体性质的语词则成为一阶谓词。若以一阶谓词"$G(x)$"表示性质"较之更伟大的东西是无法想象的"，则本体论证明可刻画做：

（1）$G(x) \vdash \exists x G(x)$

从形式上来看，它是一阶逻辑的存在概括原则（$G(x) \rightarrow \exists x G(x)$）的一次应用，所以是有效的。但是，这并不表示本体论证明是一个好的推理，甚至不能保证它是一个"合式的"（well-formed）推理。事实上，本体论证明还不能称得上是"推理"。在日常思维中，推理总是由句子或命题构成，它的前提与结论都是句子或命题。但是，（1）的前提 $G(x)$ 显然不是一个句子，或者说没有表达一个命题。因此，本体论证明是一个非法的推理。存在概括原则通常都是表现为 G（a）⊢∃xG（x）等日常推理形式，其中"a"为某个个体常元；也就是说，只有在确定地知道一个个体具有某一性质的前提之下，才能够推知存在着具有该性质的个体。相反，我们不能像（1）那样，仅由知道一个性质如何如何，从而推出它可以为某些个体示例；如果是这样的话，我们可以任意想象一个逻辑上不矛盾的性质，进而推出有的个体具有这个性质，这显然是荒谬的。

另一方面，从哲学的角度来看，本体论证明在思维与存在之间做了一次跳跃。（1）的前提"G（x）"实际表达着人的思维范畴，它是人的理性可以设想的一个性质——"较之更伟大的东西是无法想象的"。但由于存在量词的量化范围乃是客观世界的个体域，（1）的结论"∃xG（x）"显然就是对客观实在有所断言，即断言外部实在中有一个体满足某一性质。尽管人的思维世界归根结底来自外部实在，但人的思维毕竟有其相对独立性。表现之一就是人的思维世界中充斥着大量的个体概念（individual concept）：这些内涵对象有的直接对应于外部实在，比如个体概念"南京长江大桥"就直接同长江上矗立的那座由中国人自力更生独立设计建造的第一座双层双线式铁路、公路两用桥相对应；但有些个体概念在客观世界中根本没有直接对应物，如"孙悟空""圣诞老人"等。因此，个体概念同个体并不是一一对应的，我们不能由隶属于思维范畴的某一个体概念直接推知客观实在中有其对应的个体。思维与实在不是绝对同一的，夸大思维对实在的能动作用就会混淆思维世界与现实世界，从而导致上述错误的本体论证明。

二　哈特肖恩－马尔康姆版本的模态证明

由于揭示出"存在"具有不同于一般谓词的逻辑功能，自康德以后两百年本体论证明鲜有人问津，人们认为从本体论上已经无法证明上帝的存在。但是，20世纪中叶美国哲学家哈特肖恩（C. Hartshorne）和马尔康姆（N. Malcolm）宣称在安瑟尔谟的《宣讲》第三章中"发现"第二本体论证明，这一发现重新激发了哲学家们对本体论证明的兴趣，使得本体论证明又一次成为充满热烈哲学争论的研究课题。

在《宣讲》的第三章，针对较之更伟大的东西是无法想象的那一事物，安瑟尔谟指出"它如此真实地存在着，以至于无法想象它不存在。因为设想一个不可能想象其不存在的存在者是可能的；这个存在者比可以想象其不存在的存在者更伟大。因此，如果可以设想那较之更伟大的东西是无法想象的存在者不存在，那么它就不是较之更伟大的东西是无法想象的。而这是一个矛盾。所以，较之更伟大的东西是无法想象的那一事物如此真实地存在着，以至于甚至不能够设想它不存在"。① 当代哲学家认为上述论述也构成一个完整的本体论证明，并称之为安瑟尔谟的第二本体论证明，也称模态证明。按照哈特肖恩的理解，模态证明有两个出发点：其一，如果上帝存在，那么它必然存在；其二，上帝的存在并不是逻辑不可能的。第一个出发点是关于上帝存在的模态，即它的存在方式究竟是偶然的，还是必然的。在哈特肖恩看来，"较存在着且可能不存在的东西，存在着并且不可能不存在的事物更伟大"。② 必然存较偶然存在更为完满。因此，如果上帝存在的话，那么根据上帝是较之更伟大的东西是无法想象的，既然它比任何东西都更伟大，它的存在方式就是必然的，即它必然存在着。这个前提实际上是由安瑟尔谟给上帝的定义得出的，故此哈特肖恩视之为"安瑟尔谟原则"。可将安瑟尔谟原则表示为下面的模态公式：

（2）$\exists xG(x) \rightarrow \Box \exists xG(x)$

另一个前提设定上帝的存在是可能的，哈特肖恩用"可设想性"和"逻辑不可能性"来说明其真实性。如果上帝的存在是不可能的话，也就是说，是逻辑不可能的、逻辑荒谬的，那么当然就不可为人们设想。但是，安瑟尔谟已经明确地表明甚至愚人的心中都有一个无与伦比的最伟大的东西，所以哈特肖恩认为上帝的存在不是不可能。这第二个出发点也可以用模态语言表示为：

（3）$\Diamond \exists xG(x)$

以（2）、（3）作为前提，就可以推出"上帝存在"的结论，即$\exists xG(x)$。哈特肖恩给出 $\exists xG(x) \rightarrow \Box \exists xG(x)$，$\Diamond \exists xG(x) \vdash_{S5} \exists xG$

---

① Anselm, *Proslogion*, Stuttgart：F. Frommann, 1962, Chap 3.

② Charles Hartshorne, *The Logic of Perfection*, LaSalle, IL：Open Court, 1962, p. 58.

（x）的完整形式证明①，为便于理解我将其整理如下：

1. $\exists xG$（x）$\rightarrow \Box \exists xG$（x）安瑟尔谟原则

2. $\Box \exists xG$（x）$\lor \neg \Box \exists xG$（x）排中律

3. $\Diamond \neg \exists xG$（x）$\rightarrow \Box \Diamond \neg \exists xG$（x）**E** 公理

4. $\neg \Box \exists xG$（x）$\rightarrow \Box \neg \Box \exists xG$（x）根据 $\Diamond$ 的定义对 3 变形

5. $\Box \exists xG$（x）$\lor \Box \neg \Box \exists xG$（x）2、4 使用一阶推理规则

6. $\neg \Box \exists xG$（x）$\rightarrow \neg \exists xG$（x）1 等值代换

7. $\Box$（$\neg \Box \exists xG$（x）$\rightarrow \neg \exists xG$（x））由安瑟尔谟原则是定义（必然的），对 6 变形

8. $\Box$（$\neg \Box \exists xG$（x）$\rightarrow \neg \exists xG$（x））$\rightarrow$（$\Box \neg \Box \exists xG$（x）$\rightarrow \Box \neg \exists xG$（x））**K** 公理

9. $\Box \neg \Box \exists xG$（x）$\rightarrow \Box \neg \exists xG$（x）7、8 分离规则

10. $\Box \exists xG$（x）$\lor \Box \neg \exists xG$（x）5、9 使用一阶推理规则

11. $\Diamond \exists xG$（x）前提

12. $\neg \Box \neg \exists xG$（x）根据 $\Diamond$ 的定义对 11 变形

13. $\Box \exists xG$（x）10、12 选言三段论

14. $\Box \exists xG$（x）$\rightarrow \exists xG$（x）**T** 公理

15. $\exists xG$（x）13、14 分离规则

判定一个证明是否可靠（sound），主要应当从两个方面来看："①它必定要是有效证明；而且②它必定要所有前提皆为真。"② 从证明形式上来讲，哈特肖恩重构的模态证明无可厚非地是一个有效的 S5—模态证明。但为什么偏偏要在 S5 中证明上帝的存在呢？实际上，在另外一些较弱的模态系统（如 S4、T）中，模态证明是不能够成立的。S5 与本体论证明有什么样的关系？这个问题必须要加以回答，否则哈特肖恩的模态证明将陷于独断论的境地；遗憾的是，哈特肖恩及其他一些模态证明的追随者都没有正面一一问题。另外，该证明的两个前提是否都是真实的，也存在着

---

① 哈特肖恩给出的证明是在模态逻辑形式系统 S5 内进行的，但实际上在更弱的 B 系统内也可以做出上述模态证明，美国学者卢卡斯（B. Lucas）甚至指出在另一更弱于 B 的系统 B－中该证明同样成立。关于模态证明究竟应选取什么样的模态推理系统，我将另文做专题讨论。

② P. 笛德曼、H. 卡哈尼：《逻辑与哲学》，庄文瑞编译，台北双叶书廊有限公司 2004 年版，第 14 页。

极大的争议。先看第二个前提，即"上帝存在是可能的"。哈特肖恩说明该前提真实性的思路是：可设想的都是逻辑可能的，逻辑可能的就是本体论可能的，因此既然上帝存在是可以设想的，所以上帝存在是（本体论）可能的。这里的问题是，逻辑可能是否等同于本体论可能、形而上学可能？可设想的是否就是逻辑可能的？我认为，在外延上"逻辑可能"要远大于"形而上学可能"、"本体论可能"。逻辑可能是指事态的出现不会违反逻辑规律，不会导致逻辑矛盾。比如，事态"雪是蓝色的"尽管没有实现，但是它一旦出现并不会导致逻辑矛盾，所以是逻辑可能的；而"珠穆朗玛峰既是世界第一高峰，又不是世界第一高峰"则是一个无法实现的事态，它的出现总会违反矛盾律，所以是逻辑不可能的。所谓形而上学可能、本体论可能是指事态的出现不与相关事物的存在、本质属性发生矛盾或不一致。例如，事态"亚里士多德是一名宫廷御医"就是本体论可能的，因为这一事态的实现并不与亚里士多德的本质属性不相一致：作为一种职业性质，"宫廷御医"与"人"等亚里士多德的本质属性并不矛盾；相反，事态"亚里士多德是一只狗"则是本体论不可能的，因为物种本质属性"狗"与亚里士多德的本质属性"人"相矛盾，该事态将直接威胁到亚里士多德自身的存在。一般地说，本体论可能的事态都是逻辑可能的，有违逻辑规律的事态当然同时也与相关事物的存在发生矛盾。但很多逻辑可能的事态却并非形而上学可能的。拿上述的"亚里士多德是一只狗"来说，它对应着一个原子命题，而从一阶逻辑的角度看任何原子命题的负命题都不是一阶逻辑定理，也即任一原子命题都不是逻辑谬误、逻辑不可能，因此原子命题"亚里士多德是一只狗"是逻辑可能的，相应的事态也是逻辑可能的。可见，哈特肖恩把本体论可能等同于逻辑可能的做法是错误的。再者，可设想性也不是逻辑可能性。可设想性是一个心理学色彩浓厚的认识论范畴。现代逻辑研究从一开始就十分抵制来自心理的影响，因为这将导致逻辑学丧失确定性与科学性。因此，很少有逻辑学家认可通过带有浓厚心理学色彩的概念来定义或解释逻辑学概念。退一步讲，即使不考虑"可设想性"中的心理要素，它最多也只是一个认识论范畴。作为认识论范畴，可设想性与哈特肖恩所理解的形而上学意义上的逻辑可能并不是对等的。可设想的东西不一定就是形而上学意义上逻辑可能的。比如，我们可以直觉地想象"暮星不是晨星"，但作为一个天文学事实，长庚星是启明星一经证明，它在形而上学的意义上就是逻辑必然的，因而"暮星不是晨星"就是逻辑不可能的，不是逻辑可能的。"可设想性"与形而上学意义上的"逻辑可能性"之间的这一差异，表明"人类的直觉并没有获知形而上学必然性的特殊权限"①，也说明"可设想性根本不是可能性的证明"②。可见，哈特肖恩借以说明"上帝存在是可能的"成立的理由是不充分的。

再来看第二个前提，即安瑟尔谟原则。从语法上看，该原则丝毫没有触犯"存在是谓词"这一大忌，它表明的是上帝存在的方式：如果上帝存在，那么它的存在就是必然的。进一步地，由于在《宣讲》中"上帝"是人们心中的一个观念"较之更伟大的东西是无法想象的"，所以以现代逻辑的观点来分析，（3）陈述的是：若性质"较之更伟大的东西是无法想象的"是可满足的，则它的可满足是必然的。哈特肖恩之所以能够得出这一原则，其重要根据是：存在着且不可能不存在的存在物较存在着但可能不存在的东西更伟大。在这里，哈特肖恩实际上是将"必然存在"当作一种伟大性、完满性，将它看成是一个属性。那么，"必然存在"究竟是不是一个谓词呢？根据现代模态逻辑对模态语句的处理，"必然存在"实际上根本就不是一个合法的谓词，它甚至不是一个独立的语法单位。"必然"通常用符号"□"表示，是模态语言中的一个语句算子，它表达着其主目（即它修饰的语句）成立的模式。例如，"数学家必然地有理性"表达的是"数学家有理性"是必然的，换句话说，以"必然"这一特殊的方式数学家具有理性。因此，如果我们不但承认个体有性质、性质有性质，而且还承认事态有性质，那么"必然"表达的就是事态的性质，它乃是一个高阶谓词——语句谓词。③ 由此可见，"必然有理性""必然存在"之类的短语在模态语言中都不是独立自足的语法单位，与其说

---

① Hilary Putnam, *Mind*, *Language and Reality*：*Philosophical Papers*, *Vol.* 2, Cambridge：Cambridge University Press, 1975, p. 233.

② Hilary Putnam, "Meaning and Reference", p. 130, in S. P. Schwartz (ed.), *Naming*, *Necessity and Natural Kinds*, Ithaca, NY：Cornell University Press, 1977.

③ 一般地，语句可以视为零元谓词，因此若语句包含的最高阶谓词为 n 阶，则作为该语句谓词的"必然"就是 n + 1 阶的。例如，在语句"数学家必然地有理性"中，"必然"是二阶谓词；在"必然有一只白色的狮子"中，"必然"则是三阶谓词。

它们是完整的语法组分，倒不如说是一个逻辑的结构。例如，"数学家必然地有理性"可转换为模态公式：

(4)　□∀x（M（x）→R（x））

其中"必然地有理性"根本不是一个谓词，它只相应于一个松散的逻辑结构"□（…R（x））"，必然算子"□"和一阶谓词"R（x）"之间尚有全称量词"∀x"、一阶谓词"M（x）"和蕴涵算子"→"等成分。类似地，"必然存在"也不是一个谓词；如果非要把它当作谓词的话，那么由必然的语句算子作用，"某个东西具有性质'必然存在'"就可以还原为"某个东西以必然的方式具有性质'存在'"。因此，"必然存在"是谓词的问题最终可以归结为"存在"是谓词，在归根结底的意义上，哈特肖恩坚持安瑟尔谟原则的理论依据不能逃脱康德的指责。

根据以上论述，我们不难看出哈特肖恩并没有给其模态证明的两个前提提供充分的理由，结论"上帝存在"也因此大打折扣，哈特肖恩版的模态证明在整体上不是那么可靠。

马尔康姆也认为安瑟尔谟有两个本体论证明，其中第二本体论证明是模态的。马尔康姆理解的模态证明路线与哈特肖恩类似，不过他给出安瑟尔谟原则的另一种辩护，他从动力因的角度说明安瑟尔谟原则的正确性。"如果上帝（较之更伟大的东西是无法想象的事物）不存在，那么他不可能生成。因为如果他能生成的话，那么他要么是因某一原因而生成，要么碰巧生成，但在两种情形下他都将是有限的存在者，根据我们的上帝观念他并非后者那样。既然他不可能生成，若他不存在的话，他的存在就是不可能的。若他存在，则他既不可能是生成的（因为上述原因），也不可能停止存在，因为没有什么可以导致他停止存在，也不可能他碰巧停止存在。所以，如果上帝存在，他的存在就是必然的。"[①] 需要说明的是，在基督教信条中上帝是创世主，它是一切事物的原因，是永恒的。因此，正如马尔康姆所论述，上帝不会因为别的原因而生成，否则他就不是第一因；他也不会是碰巧生成的，否则就不是永恒的存在者，而是有限的。既然事物的生成只能采取上述两种方式，那么上帝的观念中应当包含下述原

　　①　Norman Malcolm，"Anselm's Ontological Arguments"，pp. 49 – 50，in *The Philosophical Review*，Vol. 69，No. 1，1960.

则：（Ⅰ）上帝不可能是生成的，也即上帝必然从来没有生成过，也决不会生成。类似地，上帝也不会因为其他原因而停止存在，不会碰巧停止存在，停止存在的方式也只有这两种，因此上帝的观念中还包含另一条原则：（Ⅱ）上帝不可能停止存在，即上帝必然从没有停止存在，也决不会停止存在。现在的问题是，根据原则（Ⅰ）和（Ⅱ）能否推出安瑟尔谟原则（2）？换言之，由原则（Ⅰ）和（Ⅱ）再加上（2）的前件"上帝存在"，能否推得出（2）的后件"上帝必然存在"？这一推理是不能成立的。马尔康姆得出这一错误推理的原因在于他混淆了模态与时态。原则（Ⅰ）和（Ⅱ）中都包含着重要的时态因素：（Ⅰ）表明在逻辑上上帝根本没有生成的时间；（Ⅱ）在逻辑上上帝没有消失的时间。若考虑时态的要素，"上帝存在"的意思是上帝在当下某一个时刻 t 存在。于是，（Ⅰ）和"上帝存在"可以推出"在时刻 t 及 t 之前，上帝存在"；（Ⅱ）和"上帝存在"则能推出"在时刻 t 及 t 之后，上帝存在"。因此，以原则（Ⅰ）、（Ⅱ）和"上帝存在"作为前提，所能推出的结论是"上帝在任意时刻都存在"，即"上帝总是存在"。

从逻辑上来看，马尔康姆要进行的推理是在一个时态逻辑系统 S 中进行的。时态逻辑系统 S 中有两个时态算子"P"与"F"，前者表示过去时态，后者表示将来时态。例如，公式 $P \exists xG (x)$ 的意思就是上帝曾经存在，$F \exists xG (x)$ 表达的是上帝将来会存在。除去包含一阶逻辑的所有公理、**K** 公理及一些特征公理外，S 还有下述两个特征公设：

（5）　$\vdash_s \exists xG (x) \rightarrow \neg P \neg \exists xG (x)$

（6）　$\vdash_s \exists xG (x) \rightarrow \neg F \neg \exists xG (x)$

实际上，（5）、（6）分别是原则（Ⅰ）、（Ⅱ）在时态逻辑系统 S 中的表述。若再加上假设 $\exists xG (x)$ （上帝存在），则能得到下面的形式证明：

1. $\exists xG (x) \rightarrow \neg P \neg \exists xG (x)$ 公设

2. $\exists xG (x) \rightarrow \neg F \neg \exists xG (x)$ 公设

3. $\exists xG (x) \rightarrow \exists xG (x)$ 一阶定理

4. $\exists xG (x)$ 假设

5. $\exists xG (x) \rightarrow (\neg P \neg \exists xG (x) \wedge \neg F \neg \exists xG (x) \wedge \exists xG (x))$

1、2 和 3 使用一阶推理规则

6. ¬P¬∃xG（x）∧¬F¬∃xG（x）∧∃xG（x）4、5 分离规则

该形式证明的结论公式¬P¬∃xG（x）∧¬F¬∃xG（x）∧∃xG（x）就是"上帝总是存在"。"总是"与"必然"分属不同的范畴，前者是对现实时态特征的一种描述，后者则是针对事态呈现的方式即模态的一种描述。"上帝总是存在"表达的是上帝在现实中永远都存在，并不涉及上帝是否在另外一种情形下存在；所以，不能将它理解为"上帝必然存在"。

三　本体论证明的逻辑反思

本体论证明试图从哲学—逻辑上论证上帝存在的合理性，给宗教信仰奠定一个坚实的理性基础，从而使得它在一定程度上去除掉神秘主义的色彩，能够成为哲学研究的对象。本体论证明之所以再度成为分析哲学家们追逐的热点问题，与其举起逻辑大旗有着千丝万缕的关系。根据上述对本体论证明的逻辑分析，我认为这主要表现在两个方面。其一，宗教哲学研究所使用语言范式的转变；其二，逻辑推理规则的选取。下面分别加以阐释。

传统的宗教问题研究采用的主要方法是概念分析，即借助于对日常语言用法细致入微的辨析，证明或反驳一些宗教论题。康德就是通过运用概念分析的方法，深入地剖析"存在"一词的语法特征，从而有力地驳斥了安瑟尔谟的第一本体论证明。概念分析得到摩尔（G. E. Moore）、奥斯汀（J. L. Austin）及后期维特根斯坦（L. Wittgenstein）等人的继承与发扬，比如摩尔就用细致到简直琐碎的程度去说明"存在不是谓词"。确实，概念分析能够敏锐地发现日常语言用法上的一些规律，找到某些哲学论题论证上的破绽，从而否定相应的证明。这种对日常语言用法的哲学研究，本身就为推理、证明方法的改进提供了重要的理论依据。例如，弗雷格的现代逻辑之所以将"存在"处理为量词，而不是谓词，乃是因为它接受了康德式的"存在"哲学分析，在现代逻辑枯燥的句法结构之中凝结着深刻的哲学思想；也正因为如此，现代逻辑才能够在当代哲学争论中发挥着至关重要的推理、论证工具的作用。即令以新兴的内涵逻辑来说，它们在很大程度上也得益于这种精细的概念分析。比如，冯·赖特

（G. H. von Wright）在对"允许""禁止"和"义务"等道义概念做严格哲学澄清的基础之上，建构了真正意义上的第一个道义逻辑系统 M；奥斯汀则对认知概念"知道"做了透彻的哲学辨析，逻辑学家将他的分析成果以明确的公理形式固定下来，从而构造值得信赖的认知逻辑系统。[①] 尽管如此，概念分析的方法缺乏一个统一的处理问题机制，只能就事论事，针对一些具体的语词、语句做出独立的辨析。因此，这种方法是零敲碎打式的；一般来说，它不适于用来证明某一论题，而主要用于反驳及指出论证之中的谬误。正因为较少建设性，主要带有批判色彩，当代本体论证明所采用的主要形式不再是概念分析，后者一般只具有辅助论证的作用。本体论证明所使用的语言一般都经过蒯因（W. V. Quine）意义上的语义整编（semantic regimentation），即一般都采用一阶的符号语言形式。当然若有必要的话还可以增加一些逻辑常项，从而得到一阶模态或时态等语言，尽管这些做法是蒯因所反对的。一阶语言具有严格的语法、语义规则，用这种语言表述的推理或证明能消除一般日常论证中句法或语义上的含混性。正因其清晰性，任一版本本体论证明的有效性问题都昭然若揭。人们完全可以从纯粹形式的角度判定一阶本体论证明是否有效，前文关于安瑟尔谟证明的形式分析就是两个典型的例证。一个本体论证明若是可靠的，首先得满足形式上有效，因此像安瑟尔谟第一证明那样，在形式上都不能满足有效性的要求，当然也就谈不上可靠。另外，对于形式上有效的证明，其是否可靠的问题就可以归结为前提是否能站得住脚，或者说前提是否真实。像哈特肖恩—马尔康姆版的模态证明，由于论证形式有效，它是否可靠就要看几个论证前提在哲学上是否禁得住推敲，是否能为人接受，换言之，可否为前提做出令人信服的哲学辩护。即令是为前提做哲学辩护，这一工作也并不仅仅就是概念分析；为着分析的精确性，形式化的一阶语言对于深入澄清前提命题及相关概念之间的联系与差异也发挥着日常语言难以企及的重要功效。总之，现代逻辑所使用的形式化语言对于本体论证明等当代宗教哲学研究具有重要的方法论、工具论意义。

① 参见冯·赖特《道义逻辑》，载于《知识之树》，陈波编选，生活·读书·新知三联书店 2003 年版，第 377—396 页。Cf. J. L. Austin，" Other Minds"，in *Supplement to the Proceedings of the Aristotelian Society* 20，1946，pp. 148 – 187.

其二，本体论证明采用的推理规则总是属于一定的逻辑系统，因此推演系统的选择将直接关系到证明本身是否可靠。若选取较弱的逻辑系统，则本体论证明的结论根本推不出来。但是，若选取那些较强的系统如 S5，则在模态证明中不但可以得出"上帝存在"的结论，甚至还可以推出更强的结论：如"撒旦必然存在"，后者并不是宗教哲学家乐于接受的。①因此，本体论证明还有一个元理论问题，即选取什么样的逻辑系统才是最适宜的。包括模态逻辑、时态逻辑等在内的哲学逻辑实际上是对一些重要哲学范畴的形式刻画，它们通过句法规则、公理和推理规则给这些哲学范畴做了功用定义。但问题是，语法上的规定未必能全面反映它们的涵义；很多情况下，人们选取的逻辑系统或者反映不足，或者反映过多。以往的诸种模态证明（包括哈特肖恩—马尔康姆版本）之所以失败，很重要的一个原因是因为当时哲学逻辑还缺乏成熟的语义学，造成人们选取的推演系统没有准确反映出那些哲学范畴的逻辑特性。因此，必须进一步深入到逻辑语义学层面，去挖掘本体论证明的可能性。事实证明，当代最为成功的本体论证明就是采用这一策略，将推理置于可能世界语义学的大背景之下，从而较令人信服地得出"上帝存在"的结论。可能世界语义学能以非常直观的形式表现各哲学范畴的逻辑特征，其中可达关系 R 更是相应哲学范畴的直接体现。因此，一个模态逻辑系统能否作为本体论证明的推理工具，就应当主要看它的语义学中关系 R 是否准确地反映了某些哲学范畴，比如 R 自身具有的一些属性是否符合这些哲学范畴的特征。这些都属于本体论证明需要注意的逻辑问题。但令人遗憾的是，国内学界甚少有人去关注这些问题：逻辑学者或者埋头于构造自己的逻辑体系，执着于一些具体的技术性问题，或者根本就不知道还有这些问题，不了解逻辑工作在这方面的意义；宗教哲学界也很少有人理会逻辑手段对于本体论证明的重要性，或者也可以说他们没有能与逻辑学者很好地沟通，从而导致现今国内的宗教研究很大程度上都是处于思辨甚至清谈的层面，严重缺乏逻辑学科的支持，这种研究方法的单一性当然也极大制约着宗教哲学的学科发展。相反，在国际哲学界一些世界一流的逻辑学家，如普林斯顿的伯吉斯（J. P. Burgess）等人，已经在这方面做出了重要的工作：指出模态逻

---

① Cf. J. F. Harris, *Analytic Philosophy of Religion*, Kluwer Academic Publishers, 2002, p. 111.

辑系统 S5 究竟适合于哪一种模态，建立起多种哲学模态与各模态逻辑系统间的对应关系。① 我想，国内逻辑学界若能同宗教哲学界建立起互助合作的良好联姻关系，那么中国的宗教哲学研究必将取得更多有影响的成果。

　　概言之，我认为，逻辑手段的有效利用及推陈出新、逻辑哲学问题的深入研究和推进都将促进人们对本体论证明本身的全面认识，进一步澄清宗教信仰中"上帝"这一观念。

　　（原载《哲学研究》2009 年第 8 期，第 77—83 页，与孙晓东教授合著）

---

① Cf. J. P. Burgess, "Which Modal Logic is the Right One?", in *Notre Dame Journal of Formal Logic*, Vol. 40, No. 1, 1999, pp. 81 – 93.

经典安瑟尔谟本体论证明的逻辑评估

——一个可能世界理论的视角

为给信仰上帝寻求理性的基础，安瑟尔谟（Anselm of Canterbury）提出著名的本体论证明。安瑟尔谟认为甚至愚人都相信上帝是最伟大的东西，"比他更伟大的东西是无法想象的"。那么，这个可想象的无与伦比的最伟大东西能否仅存在于人的心灵中，却不在现实中存在呢？安瑟尔谟指出，如果较之更伟大的东西是无法想象的那一事物仅存在于心灵中，那么假如他既存在于心灵，又在现实中存在，则后一情形较前者更伟大，而这又是可以想象到的——与"较之更伟大的东西是无法想象的"矛盾！"因此，较之更伟大的东西是无法想象的事物无疑既存在于心灵中，又存在于现实中。"① 这样，安瑟尔谟就在本体论上得出上帝存在的结论。

安瑟尔谟的本体论证明实际上开辟了西方哲学史上的一个新纪元——经院哲学时代，它使得原本处于蒙昧状态的宗教信仰成为人类理智活动的对象，成为哲学研究的对象。但由于康德（Immanuel Kant）的毁灭性批评，该证明两百年来几乎被人们视为一个彻底失败的哲学论证，上帝存在的本体论证明的重构和发展也因而停滞下来。康德批评的靶子是安瑟尔谟对"存在"的处理，在康德看来后者乃是整个本体论证明的枢纽部分，揭露其中的错误实际上就等于给安瑟尔谟的证明造成釜底抽薪式的打击，进而一举驳斥本体论证明。下面将康德的批评做概要的介绍。既然安瑟尔谟将"存在"用于比较事物之间的伟大性，他就一定认为"存在"自身是一种属性，表达它的那个语词也就可以用做谓词。但是，康德认为

---

① St. Anselm. *Proslogion*, Stuttgart: F. Frommann, 1961: Chap 2.

"存在"不过是判断中的连系动词，它是仅具有语法功能的句子成分，是句子表面的语法谓词。真正的谓词，即康德所谓的确定谓词（determining predicate），"是指可以加诸主词概念中的谓词，它丰富着主词概念"①，如"红色的"、"勇敢的"等表示属性的语词。"无论我们可能利用什么样的、如何多的谓词来想象一个事物——纵使我们完全地确定出它，当我们进而宣称它存在时，我们都没有向该事物做出哪怕是最少的添加"②。因此，康德认为"'存在'显然不是一个真正的谓词；就是说，它不是这样的一个事物概念，即可将其加诸某一事物的概念之中"③。既然"存在"根本不是可以表述性状的真正谓词（即确定谓词），当然就不能拿它作为衡量事物之间伟大性的一个指标，因此无论较之更伟大的东西是无法想象的事物存在与否，这都不会影响到它的伟大性，本体论证明也就因而被瓦解掉。

那么，本体论证明是否因为康德的批评被真正动摇？"存在"究竟是不是一个谓词，分析哲学家对此有两种截然相反的态度。一些哲学家追随康德，认为"存在"根本就不是逻辑谓词，它表述的是性质的性质，属于二阶谓词，因此在他们使用的逻辑分析语言中"存在"被处理为量词。这一观点的代表人物是弗雷格（Gottlob Frege）、罗素（Bertrand Russell）和涅尔（William Kneale）等人。另一些哲学家则认为"存在"在一些特殊情况下可以用作谓词，其中一些人甚至走得更远，认为存在物（being）中不仅有现实个体，还有非现实的可能个体，对于前者而言"存在"是其属性，后者则缺乏这一属性，因而他们实际上将"存在"视为一个一元谓词。这种立场的代表性人物是斯特劳森（Peter F. Strawson）和自由逻辑的创始人兰伯特（Karel Lambert）等人。可见，当代分析哲学中人们在"存在"的逻辑功用上尚存在较大的争议，康德从"存在"角度对本体论证明的批判至少没有取得预期的效果。

有没有破解本体论证明的另一种策略，它不再依赖于"存在"的谓词性设定？事实上，不少分析宗教哲学家认为安瑟尔谟证明根本不以

①　Immanuel Kant, *Critique of Pure Reason*, translated by N. K. Smith. London：Macmillan and Co. Ltd. , 1929, p. 504.

②　Ibid. , p. 505.

③　Ibid. , p. 504.

"存在"是谓词为设定，康德式批评是不相干的，"于是，安瑟尔谟证明的通常批判遗留下大量期待"①。本体论证明的另一种解释是怎样的呢？我们又是如何借此来判定本体论证明的可靠性呢？现代模态逻辑给本体论证明的研究提供了重要的论证武器，尤其是其可能世界语义学。可能世界语义学利用可能世界、可达关系等初始概念，澄清日常语言及哲学论证涉及的那些晦涩模态语句，将模态语句的逻辑意义清晰地揭示出来。比如，在可能世界语义学的解释下，模态语句"可能有些人是狭隘的"的逻辑意义就是：在现实世界@可达的可能世界中，有一个可能世界 w（w 是否就不是@，这并没有做任何限定），其中的确有些人是狭隘的；类似地，"任一个体与其自身的同一是必然的"可以解释为：现实世界@可达的任一可能世界 w 中，都有任一个体同一于其自身。从纯粹的形式语义学角度看来，可能世界和可达关系等概念均是技术性的逻辑虚构物，比如在模态逻辑学家构造的模型中甚至可以根本没有现实世界@的踪影；但一旦将可能世界理论放诸语言实践及哲学研究，可能世界与可达关系都具有了自身的形而上学意义，否则语言如何能够达至沟通思维和实在呢？直观地说，可达关系可以理解为"可设想的""看得见的"或"可转变的"等，可能世界则可粗略地看作现实世界@的各种可能状态。② 以可能世界理论作为工具，可以得到不同于康德式的本体论证明解释，而且新解释下的本体论证明不再以"存在"的谓词性设定作为重要论据。

在本体论证明中，安瑟尔谟是将上帝视为摹状词"较之更伟大的东西是无法想象的那一事物"的指称。本体论证明的结构可以整理为：

（1）较之更伟大的东西是无法想象的事物是可设想的（前提）；

（2）可设想的事物若还是现实的，则它就比仅是可设想的状态更伟大（前提）；

（3）较之更伟大的东西是无法想象的事物不是现实的（假设）；

（4）如果较之更伟大的东西是无法想象的事物是现实的，那么就比

---

① Alvin Plantinga, *God*, *Freedom*, *and Evil*. Grand Rapids, Michigan: Wm. B. Eerdmans Publishing Co. , 1977, p. 98.

② 本文仅是运用可能世界与可达关系这两个重要的哲学概念重新解释本体论证明，对二者各自的形而上学意义将不作深究。实际上，它们形而上学意义的讨论是模态哲学研究的一个重要论题，可参见 J. Divers, *Possible Worlds*, London: Routledge, 2002。

它事实上更伟大（由（2）和（3））；

（5）可以设想有一个存在物，它比较之更伟大的东西是无法想象的事物更加伟大（由（1）和（4））；

（6）（3）是错误的，较之更伟大的东西是无法想象的事物是现实的（由（5）是自相矛盾的，归谬假设（3））。

按照可能世界理论的解释，"可设想的""可想象的"是在某一可能世界中成为现实；另外，摹状词"较之更伟大的东西是无法想象的那一事物"所表述的性质就是：任一可能世界中的任一个体都不较之更伟大，或者在任一可能世界都是不可超越的伟大性。于是，"上帝是否存在"的问题就转换为：性质"在任一可能世界都是不可超越的伟大性"在现实世界@是否得到示例（instantiated）或例证（exemplified）？根据上述解释，我们先来看前提（1）、（2）。

前提（1）可以解释为：有一个可能世界，使得性质"在任一可能世界都是不可超越的伟大性"得到示例。也就是说，在某一可能世界中有一个体（令它是 G），它具有在任一可能世界都是不可超越的伟大性。①前提（2）的理解应首先从伟大性程度的比较着手。如果我们断言某个体具有一定的性质，那么就意味着我们已经承认该个体的存在。也就是说，性质是依附于个体的，个体自身的存在是它具有或缺乏性质的前提；在个体不存在的情况下，该个体具有或缺乏性质无从谈起。联系到本体论证明，如果某个体不存在，那么谈论它的伟大性就是没有意义的，至少这样的伟大性不是最高程度的。进一步地，伟大性程度的比较是在个体之间进行，在缺少个体的情形下是难以进行这种比较的。因此，个体自身就是伟大性比较的必要条件。比如，在现实世界@嬴政是一个残暴的皇帝，但在另一个可能世界 w_1 中他却是一位仁慈的君主，这时我们就可以说 w_1 中的嬴政比@中的他更伟大，具有更高程度的伟大性。但是如果另一可能世界

---

① 一般而言，个体在不同的可能世界中可具有不同的性状，比如现实世界@的亚里士多德是哲学家，而在另一个可能世界 w 中他却是一名宫廷御医。上帝 G 也不例外，他在不同可能世界也具有不同的性状：他在某一可能世界中具有不可超越的伟大性，在另一个可能世界则具有较小的伟大性，甚至于一些世界中还没有 G 这一个体。所以，严格来讲，不能将"上帝"视为摹状词"较之更伟大的东西是无法想象的那一事物"的缩写，而应看成"在一些可能世界中较之更伟大的东西是无法想象的那一事物"的缩写。

w_2 中没有个体嬴政，那么说嬴政在其中具有何种程度的伟大性就根本没有任何意义，或者至少可以说嬴政在可能世界 w_2 中尚未达至其最高程度的伟大性。

其次，对"现实"也应当有正确的理解。"现实"是一个相对的概念，并不必然是指现实世界@中的个体或性状，任一可能世界中的个体或性状都可称作"现实"。根据大卫·刘易斯（David Lewis）的建议，"'现实的'及其同源词都应当分析为索引词：索引词的指称会发生改变，这依赖于说话语境的相关特征。就词项'现实的'而言，其相关的语境特征就是给定话语所出现的世界。"① 比如，在可能世界 w_1 中人们所说的"现实世界"指的就是世界 w_1，w_2 中所说的"现实世界"则是指 w_2。为不致混淆，我们特别采用专名"@"作为我们实际所生活的世界的名字。按照"现实"的这一索引词分析，当我们说"如果太阳从西边升起是现实，那么……"，我们的意思就是：在太阳从西边升起的可能世界中，……；而说"如果贾宝玉是现实人物，那么……"，就等于在说"在贾宝玉存在的可能世界中，……"。综合以上两个方面的考虑，采用普兰丁格（Alvin Plantinga）的更温和观点，可以将前提（2）翻译为："如果一个存在物 x 不在世界 W 中存在（并且有一个世界，x 在其中存在），那么至少有一个世界，x 在其中的伟大性超过它在 W 中的伟大性"②。

作为归谬法的假设，（3）的解释是：性质"在任一可能世界都是不可超越的伟大性"在现实世界@没有得到示例；也就是说，现实世界@中没有个体具有不可超越的伟大性。符合（3）的上述解释有两种情形：其一，现实世界@中根本没有 G 这一个体；其二，现实世界@中有 G 这一个体，但他并不具有不可超越的伟大性（比如，G 是一个凡人）。

按照可能世界理论，结合对（2）的解释，（4）可以理解为：若性质"在任一可能世界都是不可超越的伟大性"在某些可能世界中得到示例，则这些可能世界中 G 的伟大性就超过（3）所假设的他在现实世界@的伟大性。（4）是由（2）和（3）推导出的，我们来分析这种推导是否正

① David Lewis, "Anselm and Actuality", in his *Philosophical Papers*, *Vol*. 1, New York, NY: Oxford University Press, 1983, p. 18.

② Alvin Plantinga, *God*, *Freedom*, *and Evil*, Grand Rapids, Michigan: Wm. B. Eerdmans Publishing Co., 1977, p. 99.

确。根据（2），在某个体不存在的可能世界中，该个体尚未达至不可超越的伟大性，所以在（3）所述的第一种情形下，如果在某些可能世界中个体 G 具有不可超越的伟大性，那么这种伟大性当然超越没有个体 G 的现实世界@ 中的 G 的伟大性；另外，在（3）所述的第二种情形下，如果在某些可能世界中 G 具有不可超越的伟大性，那么尽管 G 在现实世界@ 存在，但他的伟大性没有达到极限，前述可能世界中 G 的不可超越的伟大性仍然超过他在现实世界@ 的伟大性。因此，在（3）成立的所有两种情况下，都可由（2）推出（4）。这样看来，得到（4）并没有什么不妥。

现在关键是要看据称自相矛盾的（5）。（5）可以理解为：有一个可能世界，其中某一个体具有比 G 更高程度的伟大性。如前文已经说明过的，我们可以理解个体在不同的可能世界具有不同性状，所以（5）是有歧义性的，它有两种涵义：其一，有一个可能世界，其中某一个体具有比 G 在其未达至极大伟大性的可能世界所具有的伟大性更高程度的伟大性；其二，有一个可能世界，其中某一个体具有比 G 在其已达至极大伟大性的可能世界所具有的伟大性更高程度的伟大性。很明显，只有在第二种意义上（5）才是自相矛盾的。（5）的得出是根据（1）和（4），那么（1）和（4）推出的是不是（5）的第二种涵义呢？

由前提（1），有一些可能世界，G 存在于其中，且具有不可超越的伟大性。根据上述对（4）的解释，它实际上是一个条件句：若 G 在某些可能世界中具有不可超越的伟大性，则 G 的这种伟大性就超过他在现实世界@ 的伟大性。利用分离规则，很容易由（1）和（4）得到

（5′）G 在一些可能世界中具有不可超越的伟大性，并且这种伟大性超过他在现实世界@ 的伟大性。

（5′）究竟表达的是（5）的哪一种涵义呢？这个问题实际上可以归结为：G 在现实世界@ 的伟大性是否不可超越？如果答案是肯定的，那么（5′）表达的就是（5）的第二种涵义；反之，若答案是否定的，则（5′）表达的是（5）的第一种涵义。但由假设（3），我们知道 G 在现实世界@ 的伟大性并未达至不可超越的程度。因而，（5′）表达的是（5）的第一种涵义，（5）因而也就不是自相矛盾的，进一步地对假设（3）所做的归谬也就不能成立："性质'在任一可能世界都是不可超越的伟大性'在现实世界@ 得到示例"并未得以证明。

可能世界理论为人们重新审视本体论证明提供了一个崭新的思路，从这一新视角看来，本体论证明并未以康德所指责的"存在是谓词"作为论证前提。事实上，按照可能世界理论的解释，本体论证明最要紧之处在于：已知不可超越的伟大性在一些可能世界中得到示例，现实世界@是否就在这些可能世界之列。但由本体论证明的归谬法假设"G在现实世界@没有达至极大伟大性"出发，并不能推出矛盾，所以判定本体论证明无效。换句话说，在可能世界理论的解释下，任一个体在不同可能世界可具有不同的性质，G当然也不能例外；既然G不一定就在现实世界@中具有不可超越的伟大性，得出"其他可能世界中有较现实世界@的G伟大性程度更高的个体"也就不是一个矛盾；由此，本体论证明的假设不能归谬，"G在现实世界@具有不可超越的伟大性"也就未得以证明。正是因为将可能世界理论应用于本体论证明的分析，才找到本体论证明的真正症结所在，也才导致之后普兰丁格提出可能世界理论形态的本体论证明。普兰丁格的本体论证明方法是修正"上帝"的定义，将"较之更伟大的东西是无法想象的"作重新解释，解释为在所有可能世界中都具有极大美德性（excellence）。① 关于这一新版本的本体论证明，普兰丁格本人的态度是谦逊的："因而，我对该证明的论断是它证实的并非有神论的真理性，而是有神论的理性可接受性。所以，它至少实现了自然神学传统的目标之一。"② 由此可见，作为现代逻辑理论形态的可能世界理论对当前的宗教哲学研究具有重大的学术价值，它的运用产生出诸多重要的研究成果。

（原载《人文杂志》2012 年第 3 期，第 11—14 页）

---

① 由于本文论题所限，不能对普兰丁格版本体论证明作详尽介绍，可参见拙文《从可能到必然——贯穿普兰丁格本体论证明的逻辑之旅》，载于《学术月刊》2011 年 9 期。

② Alvin Plantinga, *God, Freedom, and Evil*, Grand Rapids, Michigan: Wm. B. Eerdmans Publishing Co., 1977, p. 112.

从可能到必然

——贯穿普兰丁格本体论证明的逻辑之旅

　　"上帝"是一神论的核心观念,是指一个全能、全知和道德完美的存在物(being);对它的研究一直是基督教哲学的中心话题。自宗教成为哲学活动的对象以来,上帝存在的论证问题便始终贯穿于整个基督教哲学的研究之中。作为一种先验论证,上帝存在的本体论证明不涉及任何经验的证据,完全依据一些基本哲学概念、命题之间的内在逻辑联系进行推演,所以它自身具有厚重的逻辑——哲学魅力,吸引着古往今来众多哲学家的视线:安瑟尔谟(Anselm of Canterbury)、笛卡儿(René Descartes)和马尔康姆(Norman Malcolm)等人都提出过重要的本体论证明。但这些本体论证明要么因为逻辑推导上的谬误,要么由于哲学前提的可疑性,都难以为基督教哲学界所认同。20世纪70年代初,普兰丁格(Alvin Plantinga)将当时模态逻辑领域内的最新研究成果,运用于自然神学领域,提出本体论证明的模态形式,即可能世界理论的本体论证明;这一版本被誉为具有划时代的意义,"改变了二百年来哲学界中的一个定论,即:'康德永远推翻了本体论证明。'"① 以上评论虽有言过其实之嫌,却已在一定程度上反映出它在宗教本体论研究中的重要地位:它为信仰上帝奠定了坚实的现代理性基础。普兰丁格是当代最著名的分析哲学家之一,在形而上学、知识论及宗教哲学领域均有卓越建树。他在哲学尤其是宗教哲学上的成就(比如本体论证明、自由意志之辩等)与潜心模态的逻辑及哲学研究存在重要关联;遗憾的是,或许因为不熟悉模态逻辑及其可能世界语义

---

① 阿尔文·普兰丁格:《基督教信念的知识地位》,邢滔滔等译,北京大学出版社2004年版,序言第3页。

学等技术手段，国内学界至今对这一著名本体论证明少有问津。本文试图从模态的逻辑与哲学之理论视角，详尽剖析并考问这一论证，以期能为国内基督教哲学研究提供一条新的思路。

一　普兰丁格本体论证明的构造

可能世界是普兰丁格构建本体论证明的主要理论工具，我们先来看看他所理解的可能世界是什么。① 普兰丁格认为可能世界是一种抽象存在——可能事态，可能事态是指"事物的可能存在方式"、"世界的可能存在方式"等。② 事态具有独立本体论地位，指的是事物所处状态，比如"苏格拉底之为塌鼻子"（"Socrates' being snubnosed"）、"大卫之画圆为方"（"David's having squared the circle"）。前者已经实现或达成，也就是说它已成为事实；凡是在广义逻辑③意义上能够实现的事态，就称作可能事态，因此它是可能事态。后者则是不可能事态，因为它是不可能实现的。但并非任何可能事态都是可能世界，它还需要满足一个条件——极大性或完全性。所谓可能世界 S 的极大性或完全性，指的是对任一个可能事态 S′来说，或者 S 包含 S′，或者 S 排斥 S′。④ 现实世界@是已经达成或实现的完全可能事态，其他可能世界仅是可能物（possibilia）；无论怎样，可能世界的存在毋庸置疑，是绝对存在。

按照这一可能世界观，谈论事物的性状又该做怎样的还原呢？普兰丁格的解释是，"说对象 x 存在于世界 W 中，就是说，如果 W 成为现实的

---

①　普兰丁格可能世界观非常复杂，详尽讨论已经超越本文论题。Cf. Zhang Lifeng, "Comments on Plantinga's Argument of Transworld Identity", *forthcoming in Frontiers of Philosophy in China*, 2012.

②　Alvin Plantinga, *The Nature of Necessity*, Oxford：Oxford University Press, 1974, p. 44.

③　此处采用普兰丁格对该词的使用，意指命题逻辑、一阶量词逻辑、集合论、算术、数学真理以及一般认为是分析的命题，比如"单身汉都是未婚的""没有谁比他（她）自己还高"和"没有一个数是人"等。

④　所谓可能事态 S 包含 S′，意指在广义的逻辑意义上不可能 S 达成而 S′未达成。类似地，可能事态 S 排斥 S′，指的是在广义的逻辑意义上不可能两者都达成。例如我们可以说，可能事态珠穆朗玛峰之为世界最高山峰，包含了可能事态珠穆朗玛峰之为一座山峰，但排斥了可能事态珠穆朗玛峰之为世界最高山峰。

话，那么 x 就会存在；更确切地，x 存在于 W 中，当且仅当，不可能 W
达成而 x 不存在"①。实际上，这是对可能世界中个体的实体性存在附加
了一个条件，即该可能世界的现实化，这样一来具体的个体和抽象的世界
之间的矛盾就化解了，我们似乎就可以合乎情理地谈论不同可能世界中个
体的存在。按照同样的思路，谈论个体在可能世界中的性质也成为可能：
x 在可能世界 W 中具有性质 P，无非是说，若 W 成为现实则 x 就具有性
质 P；换句话说，W 包含了可能事态 x 之有性质 P。但问题是，普兰丁格
的上述解释用"存在"来谓述个体词"x"，罗素（Bertrand Russell）又
告诉我们"存在"的语法主词只能是摹状词，不能是专名，x 就绝不能用
"苏格拉底""武则天"等专名代入简单了事。事实上，代入 x 的个体词
必须是个体概念词（term of individual concept），它表达着相应的个体本质
（individual essence）。设 x 的个体本质为 E，于是 x 存在于可能世界 W 中，
就可以进一步还原为如果可能世界 W 被现实化，那么个体本质 E 也将得
到示例（instantiated）或例证（exemplified）；示例或例证个体本质 E 的就
是个体 x。类似地，x 在可能世界 W 中具有性质 P，也最终还原为若可能
世界 W 成为现实，则个体本质 E 和性质 P 将被同一个体示例，该个体就
是 x。由此可见，谈论不同可能世界中个体的性状就需要以个体本质学说
作为形而上学落脚点。

　　那么，什么样的性质才够资格作为个体本质呢？在普兰丁格看来，能
够称为个体本质的只有个体的某些世界索引性质（world - indexed proper-
ty）和人为制造的性质。以苏格拉底为例，"苏格拉底性"和"是与苏格
拉底同一的"等人为制造的性质就是他的个体本质，因为这些性质能为
并且只能为苏格拉底所示例。但是，表达它们的语言形式显然不满足这里
对个体概念词的要求：个体概念词是用以取代专名的，其中就不能再出现
相关的专名，而这两个生造的语词形式中都出现了它们欲以取代的专名
"苏格拉底"。所以，唯一符合要求的就只有表达世界索引性质的那些个
体概念词。什么是世界索引性质呢？普兰丁格指出，"一个性质 P 是世界
索引性的，当且仅当，或者（1）有一个性质 Q 和一个世界 W，满足对于
任一对象 x 和世界 W*，x 在 W* 里有 P 当且仅当 x 在 W* 里存在，并且 W

①　Alvin Plantinga, *The Nature of Necessity*, Oxford: Oxford University Press, 1974, p. 46.

包含 x 之有 Q，或者（2）P 是一个世界索引性质的补"①。直观地看，世界索引性质就是关涉到可能世界的性质，是用可能世界对通常性质加以限定得到的。比如，"在现实世界@ 中是塌鼻子的"就是一个世界索引性质。一般地，对于任一可能世界 W 及非世界索引性质 Q，都相应地存在着两个世界索引性质——"在可能世界 W 中是 Q"和"并非在可能世界 W 中是 Q"。两种情形都与可能世界相关，这决定了世界索引性质具有确定性特征：个体要么必然具有它，要么必然缺乏它，即必然具有它的补。这是因为既然个体在可能世界中是否具有哪些非世界索引性质是确定的，该个体是否具有有关这些可能世界的相应世界索引性质也就因此是确定的。仍拿苏格拉底来说，众所周知现实中的他有着一个塌鼻子，于是尽管他在其他可能世界中不再是塌鼻子的，但作为一个既定事实，在其存在的任何可能世界中苏格拉底都具有"在现实世界@ 中是塌鼻子的"属性，即他必然具有这个世界索引性质。因为说 x 在可能世界 W 中具有"在现实世界@ 中是塌鼻子的"性质，无非就是如果可能世界 W 达成，那么 x 不但存在于其中，而且在现实世界@ 是塌鼻子的。

　　既然事物具有的世界索引性质是它的必然属性，它们就够格作为本质属性。比如，"在现实世界@ 是塌鼻子的"就是苏格拉底的一个本质属性，只要他存在，就必然具有这个性质。但个体的本质属性并不等同于个体本质；要想成为个体本质，一个性质除了具备必然属性的特征外，还需要满足别的个体不可能具有它的要求。按照这一标准，"在现实世界@ 是塌鼻子的"便不是苏格拉底的个体本质，因为现实世界@ 中有很多人是塌鼻子的，他们都以该世界索引性质作为必然属性。不过，只需要对可能世界 W 中得到示例的性质 P 做唯一性限定，就可以得到个体本质。比如，"饮鸩而亡的古希腊哲学家"就是在现实世界@ 得到唯一性示例的性质（只为苏格拉底所示例），相应地，"在现实世界@ 饮鸩而亡的古希腊哲学家"就是一个体本质，它是苏格拉底的个体本质。这样，一般地，对于任一可能世界 W 及在其中得到唯一性示例的性质 P，都存在着个体本质"在可能世界 W 中的 P"，它是在 W 中示例性质 P 的那一个体的个体本质。据此，对于任一个体，我们都可以找到它的很多个体本质。比如，

　　①　Alvin Plantinga, *The Nature of Necessity*, Oxford：Oxford University Press, 1974, p. 63.

"在现实世界@饮鸩而亡的古希腊哲学家""在现实世界@面目丑陋并认为自己无知的雅典哲学家"等世界索引性质都是苏格拉底的个体本质。实际上，很容易证明个体本质衍推（entail）相应个体的所有世界索引性质，所以又可以将个体本质看作这些世界索引性质的一个集合，即"S是一（个体）本质当且仅当S是一个完全和一致的世界索引性质集合"[①]。

普兰丁格用来推理、论证的工具是模态系统S5，他认为S5是恰当地表达了广义逻辑必然性和可能性的模态逻辑。S5的一个最重要特征是没有叠置模态语句，任一叠置模态语句都最终坍塌为单模态语句，叠置模态词可还原为其最末那个模态词，比如□□◇□p就等价于□p，◇□◇p等价于◇p。造成这一现象的原因是模态系统S5的模型结构是全通的，即任意两个可能世界之间都是可通达的。直观地说，S5表达的可能性与必然性是相对于所有可能世界的，因而任一可能世界中的模态真理都应该是相同的。例如，在现实世界@中"有可能纽约是美国的首都"之所以是一个模态真理，乃是因为有一个可能世界W，其中纽约成为美国首都；而这个模态真理在任一可能世界中都成立，理由很简单，S5的可能世界是全通的，上述的W对于任一可能世界都是可通达的。[②] 这样，◇□p之类的模态语句在一个可能世界中成立，当且仅当有一个可能世界W，其中□p成立；□p是W中的模态真理，它也就同样在第一个世界成立，所以◇□p还原为□p。由此，不难看出S5叠置模态语句的坍塌。

普兰丁格的本体论证明采用可能世界理论的形式，其出发点是上帝的定义。一般地，上帝的观念是指一个全能、全知和道德完美的存在物，但普兰丁格认为这并没有揭示出上帝的本质。按照普兰丁格的意见，"全能、全知和道德完美"是非世界索引性质，它体现出在某一可能世界中个体的极大美德（maximal excellence）。美德并不等同于伟大（greatness），后者是一个世界索引性质，它不仅依赖于某一可能世界内个体的美德，还有赖于其他可能世界中该个体的美德。尽管用某一具体可能世界

---

① Alvin Plantinga, *The Nature of Necessity*, Oxford: Oxford University Press, 1974, p. 77. 括号内文字是本文作者添加的。

② S5模型既可以是全通的结构，也可以是相互孤立的若干全通可能世界类的结构，可以证明二者之间是等价的。为讨论之便，本文采用前一种表述。Cf. G. E. Hughes and M. J. Cresswell, *A New Introduction to Modal Logic*, London: Routledge, 1996, p. 61.

限制极大美德，可以得到一些个体本质，如"现实世界@中的极大美德"、"可能世界 W 中的极大美德"，但在普兰丁格看来，上帝拥有的是最高程度伟大或至大（maximal greatness），这种至大是不可超越的，不仅表现在现实世界或某一可能世界的极大美德，而且反映在所有可能世界中的极大美德，因此前述那几个世界索引性质尚未充分揭示出上帝的个体本质。也就是说，至大衍推每一可能世界中的极大美德，"上帝"的观念中应当包含世界索引性质"所有可能世界中的极大美德"，也即"所有可能世界中的全能、全知和道德完美"。

经过分析最高程度的伟大、极大美德和全能、全知与道德完美等属性之间的关系，普兰丁格便从最高程度的伟大出发论证上帝的存在。他认为，"最高程度的伟大"这一观念是协调一致的，其中没有逻辑矛盾，因而它是广义逻辑意义上可能的。既然最高程度的伟大是广义逻辑可能的，普兰丁格就认为 S5 模型中有一个可能世界 W，使得"最高程度的伟大"被示例，即有一个体具有最高程度的伟大性。假定该个体是 G，则其个体本质 E 中必然包含世界索引性质"最高程度的伟大"。根据"最高程度的伟大"衍推"每一可能世界中的极大美德"，个体本质 E 就也衍推"每一可能世界中的极大美德"，于是在可能世界 W 中 G 也示例后者。所谓"每一可能世界中的极大美德"被示例，是指无论哪一个可能世界成为现实，都会有一个相同的个体在其中示例"极大美德"。因此，既然个体 G 在可能世界 W 示例"每一可能世界中的极大美德"，G 就在所有可能世界中都示例"极大美德"。也就是说，如果可能世界 W 成为现实，那么"极大美德"将会在所有可能世界中都被同一个体所示例，后者就是例证个体本质 E 的个体，即不可能"极大美德"不被同一个体例证。我们知道，S5 模型具有模态确定性，即任一可能世界中的模态真理都是相同的，因此由可能世界 W 中的模态真理——不可能"极大美德"不被同一个体例证，普兰丁格就得到它也是现实世界@中的真理，即实际上也不可能"极大美德"不被同一个体例证。接着，他推论"极大美德"实际上被示例，也即现实世界@中有一个全能、全知与道德完美的个体；非但如此，该个体即是个体本质 E 的示例者 G，他在任一可能世界中都具有极大美德，在所有可能世界中都是全能、全知与道德完美的。这个现实世界@中的存在物 G 就是人们心目中的上帝，因而"上帝存在"得以证明。

二　可能世界理论本体论证明的贡献

普兰丁格为上帝存在本体论证明做出的最大贡献，是使得后者不再以"存在"或"必然存在"等语词的谓词性设定为前提。在安瑟尔谟的先验论证中，作为无与伦比伟大的存在物，上帝的完美性（perfection）就包含着"存在"这个性质，因而他由上帝的观念直接推导出上帝存在。但据称，康德已经用"存在不是谓词"雄辩地驳斥了这一论证，而且自此以后本体论证明便陷入低谷。虽然 20 世纪 40 年代末以来哈特肖恩（Charles Hartshorne）、马尔康姆等人又重新建构出几个版本的模态本体论证明，但都面临着康德式的责问：它们都犯有与安瑟尔谟类似的一个错误，即以"必然存在是谓词"作为论证前提，后者又最终可归结为"存在是谓词"。① 可能世界理论论证则用巧妙的策略避免了这个问题，它由以出发的上帝观念"极大伟大"指的是"所有可能世界中的极大美德"，其中并未涉及"存在"或"必然存在"这样的可疑性质。所以，从"极大伟大"的表面价值看来，普兰丁格的论证避免了必然存在或存在是谓词的争议。

或许有人会针对性质示例的现实主义（actualism）处理，批评普兰丁格仍然难逃"存在是谓词"的宿命。所谓现实主义处理，就是坚持认为命题、性质和关系都是相对于当下的"现实"世界及其中事物而言的：任何命题表达的都是当下世界中事物的性质或相互之间的关系，任何性质都属于当下世界中的事物，关系也都反映的是这些事物之间的。比如，在现实世界@中说"苏格拉底是塌鼻子的"，其前提一定是苏格拉底是现实世界@中的人；而在可能世界 W 中说"武大郎是美男子"，就表明武大郎是世界 W 中的人。也就是说，对于任一性质 F 和个体 a 而言，都有

F（a）$\rightarrow \exists x\ (x=a)$。

用语言哲学的话来说，包含专名的任何句子的有意义性都预设着专名所指称的个体存在于相应的可能世界。据此，有人可能就会指出"某一

① 关于普兰丁格之前的本体论证明详情，请参见张力锋、孙晓东：《关于上帝存在的本体论证明的逻辑分析》，载于《哲学研究》2009 年第 8 期，第 77—83 页。

可能世界 W 的极大美德"衍推"在可能世界 W 中存在","每一可能世界的极大美德"衍推"在所有可能世界中存在",即"必然存在";既然有个体 G 在某可能世界示例极大伟大,再根据"极大伟大"衍推"每一可能世界的极大美德",G 就示例每一可能世界的极大美德,后者关键性地又衍推必然存在,于是得到 G 必然存在的结论。因之,他们就指责可能世界理论论证仍然使用"必然存在是构成极大伟大的一个要素",也即"必然存在是谓词",而这又可以最终归结为"存在是谓词",因此普兰丁格式论证仍然难辞"存在是谓词"之咎。

我认为,上述现实主义处理符合人们的直觉。性质的示例,是指抽象的性质在实体身上得到实现或具体化,当然示例性质的个体必须是当下世界中的"现实"个体。但这并不表明"存在"就是加诸示例某性质的个体之上的性质,毋宁说它是对示例本身的一种限定:示例性质的只能是当下的现实个体,或者更明确地说"存在"指的就是当下的现实个体与性质之间的那种示例关系。个体示例某性质即已说明前者是当下的现实个体,此时我们再说它具有"存在"性质,实际上没有给该个体增加任何属性,正是在这个意义上,康德指出:"无论我们可能利用什么样的、如何多的谓词来想象一个事物——纵使我们完全地确定出它,当我们进而宣称它存在时,我们都没有向该事物做出哪怕是最少的添加"①。所以,"'极大美德'衍推'存在'"等说法是不合逻辑句法的,对普兰丁格论证实质上诉诸"存在或必然存在是谓词"的批评也就不攻自破。之所以能够经受住康德式质疑,都是源于普兰丁格巧妙地应用概念论。退一步说,即使在以上批评意见的意义上将存在理解为谓词,普兰丁格也与安瑟尔谟有着根本性的差异。在普兰丁格的意义上,存在性质为示例任一性质的个体所具有,比如某个体在世界 W 示例极大美德或极大伟大,它当然也就在 W 中具有存在性质。若以这种方式来理解,"存在是谓词"并不有悖于人们的直觉,当然也就不会引起怎样的轩然大波。因而,可能世界理论本体论证明的可靠性终究依赖的是其主要前提:极大伟大是可以示例的。安瑟尔谟则的确犯了个错误,他理解的存在是指实际存在(actual ex-

---

① Immanuel Kant, *Critique of Pure Reason*, translated by N. K. Smith, London: Macmillan, 1929, p. 505.

istence），他认为存在是一种伟大性，它为示例极大伟大的个体所具有。安瑟尔谟由极大伟大是可能示例的（较之更伟大的东西是无法想象的事物是人们所相信的），极大伟大又包含着存在性（即现实世界@ 中的存在性），从而推出上帝是实际存在的。在这个意义上说"存在是谓词"确实是逻辑混乱的，因为我们完全可以任意构造包含（实际）存在性的可能性质，并按照安瑟尔谟的方式进而"论证"其存在，比如我们可以论证"实际存在的孙悟空""实际存在的金山"存在。显然，如此"论证"是荒谬的。但正如我已经指出的，普兰丁格式与安瑟尔谟式"存在是谓词"在哲学意义上有着重要差异，以摧毁安瑟尔谟本体论证明的经典论据"存在不是谓词"来批评普兰丁格的新版本，就不再恰当了。

其次，普兰丁格本体论证明没有采用纯粹的模态逻辑证明形式。尽管如此，从模态逻辑形式证明的角度来看，这个论证的确是有效的。该论证的最重要前提是极大伟大是可示例的，也即极大伟大的事物是可能存在的。若以 Mg（x）表示"极大伟大"，则这个主要前提就是

（Ⅰ）◇∃xMg（x）。

另外两个前提则揭示出极大伟大、极大美德和全能、全知与道德完美等性质之间的关系，若以 Me（x）表示"极大美德性"，D（x）表示"全能、全知与道德完美"，则余下的这两个前提就是

（Ⅱ）□∀x（Mg（x）→□Me（x））

和

（Ⅲ）□∀x（Me（x）→D（x））。

由上述三个前提出发，普兰丁格实际上是在模态系统 S5 中论证结论"全能、全知与道德完美被示例"（"上帝存在"），即

（Ⅳ）∃xD（x）。

下面将给出普兰丁格本体论证明的完整形式证明过程：

（1）◇∃xMg（x）前提（Ⅰ）

（2）□∀x（Mg（x）→□Me（x））前提（Ⅱ）

（3）□∀x（Me（x）→D（x））前提（Ⅲ）

（4）∀x（Mg（x）→□Me（x））→（∃xMg（x）→∃x□Me（x））一阶逻辑定理

（5）□（∀x（Mg（x）→□Me（x））→（∃xMg（x）→∃x□Me

（x）））（4）必然化规则

　　（6）□（∀x（Mg（x）→□Me（x））→（∃xMg（x）→∃x□Me（x）））→（□∀x（Mg（x）→□Me（x））→□（∃xMg（x）→∃x□Me（x）））**K** 公理

　　（7）□∀x（Mg（x）→□Me（x））→□（∃xMg（x）→∃x□Me（x））（5）（6）分离规则

　　（8）□（∃xMg（x）→∃x□Me（x））（2）（7）分离规则

　　（9）□（∃xMg（x）→∃x□Me（x））→（◇∃xMg（x）→◇∃x□Me（x））S5 定理

　　（10）◇∃xMg（x）→◇∃x□Me（x）（8）（9）分离规则

　　（11）◇∃x□Me（x）（1）（10）分离规则

　　（12）Me（x）→∃xMe（x）一阶逻辑公理

　　（13）□（Me（x）→∃xMe（x））（12）必然化规则

　　（14）□（Me（x）→∃xMe（x））→（□Me（x）→□∃xMe（x））**K** 公理

　　（15）□Me（x）→□∃xMe（x）（13）（14）分离规则

　　（16）¬□∃xMe（x）→¬□Me（x）（15）等值变形

　　（17）¬□∃xMe（x）→∀x¬□Me（x）（16）S5 推理规则

　　（18）∃x□Me（x）→□∃xMe（x）（17）等值变形

　　（19）◇∃x□Me（x）→◇□∃xMe（x）（18）S5 推理规则

　　（20）◇□∃xMe（x）（11）（19）分离规则

　　（21）◇□∃xMe（x）→□∃xMe（x）**E** 公理

　　（22）□∃xMe（x）（20）（21）分离规则

　　（23）∀x（Me（x）→D（x））→（∃xMe（x）→∃xD（x））一阶逻辑定理

　　（24）□∀x（Me（x）→D（x））→□（∃xMe（x）→∃xD（x））（23）必然化规则

　　（25）□（∃xMe（x）→∃xD（x））（3）（24）分离规则

　　（26）□（∃xMe（x）→∃xD（x））→（□∃xMe（x）→□∃xD（x））**K** 公理

　　（27）□∃xMe（x）→□∃xD（x）（25）（26）分离规则

（28）□∃xD（x）（22）（27）分离规则

（29）□∃xD（x）→∃xD（x）**T**公理

（30）∃xD（x）（28）（29）分离规则

以上形式证明说明，普兰丁格本体论证明在量化模态逻辑 S5 中是有效的。但若未经过专门的逻辑训练，这样的证明是常人所难以理解的。普兰丁格的高明之处就在于，并不像哈特肖恩等人那样满足于从逻辑语形层面构造本体论证明，而是充分地利用现代模态逻辑语义学当时的最新成就，从直观的可能世界哲学角度，来论证上帝的存在。这种做法不但形象直观，而且能够更深入揭示一些基本哲学概念之间的区别与联系，比如"存在"、"必然存在"及"谓词"之间的关系，从而展示本体论证明更清晰的逻辑结构，澄清"上帝存在"信念的真正哲学意蕴。普兰丁格以模态逻辑及其语义学为工具论证上帝存在，实际上引领了基督教哲学一代风气，自此之后分析风格渐成为当代基督教哲学研究的主流之一。

可能世界理论本体论证明的另一个显著特征是它的本质主义信条。本质主义是亚里士多德形而上学的重要组成，但到了现代却曾经得到招人唾弃的恶名。本质主义者在事物的属性中区分出本质属性和偶有属性（非本质属性），认为前者是事物不可缺少的性质，后者则是事物偶然具有的性质。比如，人性便是苏格拉底的本质属性，是他不可或缺的性质，而塌鼻子则是苏格拉底的偶有属性，他完全可以是像其他希腊人那样有着高高的鼻梁。因为本质主义是形而上学极其重要的组成部分，或者说它就是形而上学的核心部分，而早期分析哲学带有浓厚的反形而上学色彩，所以以逻辑经验主义者为代表的哲学家坚决拒斥一切本质主义或同情本质主义的学说，这种敌视立场一直延续到当代分析哲学的旗帜性人物蒯因（Willard Van Quine）的思想中，他认为本质主义是"一片形而上学的丛林"。① 但 20 世纪 70 年代以来，本质主义在当代哲学中得以复兴，其最重要的推动力就是现代模态逻辑的兴起，特别是量化模态逻辑及其可能世界语义学的长足发展。普兰丁格正是在这一背景下从事模态与宗教哲学研究的，但他比逻辑学家走得更远。模态逻辑只是告诉我们存在着本质属

① Willard V. Quine, *The Ways of Paradox and Other Essays*, Cambridge, MA: Harvard University Press, 1976, p. 176.

性，但对于哪些是本质的，哪些是非本质属性，逻辑则无所为；换句话说，模态逻辑只是"为本质主义在现代分析哲学中的复活提供了可能"①，本质主义学说的建构则需要形而上学专家的探索。普兰丁格提出有别于传统的另一类本质属性——世界索引性质，极大扩展了本质主义的内涵。有人可能会质疑：传统意义上的本质属性"极大美德"与普兰丁格提出的世界索引本质"所有可能世界的极大美德"并无不同之处，两者都是表明上帝必然具有的性质，因此普兰丁格提出世界索引性质来论证上帝的存在是画蛇添足之举。实则不然。本质属性"极大美德"仅表明，若上帝在一可能世界存在，则他具有极大美德；世界索引本质"所有可能世界的极大美德"表明的也是，只要上帝在某可能世界存在，他就具有所有可能世界的极大美德，但后者又衍推上帝在所有可能世界中存在。所以，从传统意义上的本质属性"极大美德"根本无法论证上帝的实际存在，只能说明上帝的可能存在（在某可能世界的存在）；但由世界索引本质"所有可能世界的极大美德"，则不但能够说明上帝在某可能世界的存在，而且能论证上帝在所有可能世界都存在，当然也就证明了上帝的实际存在。可见，普兰丁格的上帝本质"所有可能世界的极大美德"是一个相当强的本质属性，也正因为如此它引发学界的广泛争议。但由于普兰丁格对本质持有反存在主义的概念论观点②，在他看来世界索引本质"所有可能世界的极大美德"的可示例便不是一个问题，可能世界理论本体论证明的可靠性也就得以保证，"它至少实现了自然神学传统的目标之一"③。

尽管可能世界理论本体论证明取得这么多成就，但就该论证的主要前提（"所有可能世界的极大美德"可示例）及其中使用的关键逻辑方法，学界仍然存在激烈的争论；这又构成当代宗教本体论研究的一道引人入胜的风景线。

---

① 张建军：《逻辑与宗教对话》，载于《江苏社会科学》2006 年第 4 期，第 36 页。

② Cf. Alvin Plantinga，"On Existentialism"，in *Essays in the Metaphysics of Modality*，Oxford：Oxford University Press，2003，pp. 158 –175.

③ Alvin Plantinga，*God，Freedom，and Evil*，Grand Rapids，MI：Wm. B. Eerdmans Publishing Co.，1977，p. 112.

三　普兰丁格本体论证明的疑点

普兰丁格本体论证明的三个前提中，（Ⅱ）和（Ⅲ）属于定义，揭示相关神圣属性之间的语义关系，只牵涉到上帝观念的理解问题，在逻辑上一般不存在大的争议。因此，如果有异议，就应该主要是针对（Ⅰ），其中既有逻辑方法的使用问题，也有认知可靠性的质疑。此外，这一本体论证明使用的逻辑是否正确的形而上学逻辑？若 S5 不是正确的形而上学模态逻辑，整个普兰丁格模态论证在方法论上就是极度可疑的。我将从以下几个方面详尽讨论该本体论证明面临的质疑。

首先，前提（Ⅰ）的证据可靠吗？即，至大成为可能的证据充分吗？普兰丁格的回答是肯定的，他提供的理由是在最初表象（*prima facie*）意义上前提（Ⅰ）可以接受。他认为，既没有可能证明极大伟大性的真理性，也没有可能证明它的谬误性，至大得到示例就是可设想的，至大也因此成为可能。但问题是，既然至大性包含或不包含矛盾都无法证明，它是否得到示例就具有相同的认知地位。因此，按照几乎完全相同的方式，可以推知至大未得到例证也是可设想的，进而合理地设定至大得不到例证是可能的。换言之，存在一个可能世界 W，其中没有哪一个实体具有极大伟大性。进一步，我们可以说有一个 W 可通达的可能世界，其中极大美德性未获得示例。考虑到 S5 模型结构上的特征，这样的一个可能世界也是现实世界@可通达的。于是，我们可以推断至大性在现实中没得到例证，即至大者（上帝）实际上不存在。由于至大性与无至大性同样都具有最初表象证据，普兰丁格模态论证就需要为仅仅挑选正题可能性的最初表象证据提供进一步的理由。既然最初表象的认知根据不可靠，能否寻求理想化的依据呢？在本文语境下，所谓理想化的依据是指理想的可设想（ideal conceivability），即一个陈述"S 在经过理想化的理性反思成为可设想的时候，它就是理想可设想的"。① 很多情况下，由于主体知识、手段、推理能力以及其他偶然的认知限制，他没有发现一些潜在的矛盾，因而一

---

① David Chalmers, "Does Conceivability Entail Possibility?", in T. Gendler and J. Hawthorne (eds.), *Conceivability and Possibility*, New York, NY: Oxford University Press, 2002, p. 147.

些陈述或性状虽然获得最初表象可设想的证据支持，但最终无法通过理想化理性反思的测试。比如，仅 10 年前人们尚无法证明彭加勒猜想正确与否，也就是说以当时的认知水平，数学家不足以发现其反题中的矛盾，因此彭加勒猜想反题是最初表象可设想的。但随着 2002 年俄国数学家佩雷尔曼（Grigori Perelman）研究工作的公布，彭加勒猜想得以证明，反题中的先验矛盾也就被发觉，它因此就不是理想可设想的。理想可设想是达至形而上学可能的一个值得信赖的向导，例如按照先验不矛盾律，亨迪卡（Jaakko Hintikka）递归地构造出理想化可设想的模型集，那些模型就代表了不同的形而上学或逻辑可能。至大的理想化否定可设想要求，通过理性人的理想化推理测试，陈述"有一个至大者"不包含矛盾。但是，我们知道"至大"是一个非常复杂的模态性质，是指"在所有可能世界的全能、全知与道德完美"，在当代基督教哲学视域下仅其中包含的全能、全知、道德完美等非模态的观念都引发了广泛的争议，出现过"全能悖论"、"全知悖论"、"恶与苦难疑难"等多个热点话题。因此至少就当前而言，"有一个至大者"是否衍推逻辑矛盾尚无定论，也即还不能确定至大是理想化否定可设想的。

其次，普兰丁格为至大可能性所做辩护基于某种直觉，这背后的直觉需要更详尽的澄清。普兰丁格本体论证明中由认知可能到逻辑或形而上学可能这一步骤并非无可辩驳，事实上它是当代语言哲学、心灵哲学探讨的一个重要论题。他使用的策略是：既然我们不能证明极大伟大性是不可能的，也就意味着至大这个观念是先验一致的，极大伟大性因此就是广义逻辑可能的。但先验一致衍推逻辑可能吗？换句话说，"先验一致"的语义中蕴含着逻辑可能吗？为评估"先验一致"与"逻辑可能"两个哲学概念之间的语义关系，我们来考虑"在现实世界@是一位哲学家的商人"这一观念。如果一个体符合这一观念，那么他既是一个商人，又实际上（在我们居住的现实世界@）是一位哲学家。这种情形与现实世界@发生的事情并不是不相容的。一个实际上是哲学家的商人或者实际上兼具哲学家与商人两种身份，或者虽然实际上只具有哲学家头衔而缺乏商人名头，但在别的情形下完全可以成为一名商人。在某种意义上，谓词"在现实世界@是一位哲学家的商人"因之超越它的简化形式"商人"。在一个可能世界中成为在现实世界@是一位哲学家的商人语义上不仅包含在那个世界存在，而且蕴含着在现实世界@存在。这个观念当然是先验一致的；仅仅根据观念或语词意义，由设定有一个实际上是哲学家的商人，并不会产生矛盾。我们完全可以融贯地想象，现实中的哲学家克里普克（Saul Kripke）也是一名图书经销商。但是，可能有一个实际上是哲学家的商人吗？这是一种形而上学或逻辑可能性吗？我们都知道，形而上学或逻辑可能性是独立于现实的。无论现实世界@中发生什么，形而上学或逻辑可能性都将保持不变。假如逻辑上有可能存在一个实际上是哲学家的商人，那么即使现实中没有哲学家，这样的可能性仍旧存在。但事实并非如此。假如现实世界@中根本就没有哲学家，便没有这样一个可能世界，其中像克里普克这样的现实哲学家是一名商人，因为这与设定的现实世界所发生的情况不一致。所以，存在一个实际上是哲学家的商人并不是一个逻辑可能性。先验一致与形而上学可能性之间那种绝对意义上的所谓衍推关系也就不能成立。我提议，由认知的可设想性到形而上学可能性的直觉衍推关系应当是有条件的。这种方法最多只能恰当地运用于非模态性质或命题。①高阶可设想性与可能性之间的关系非常复杂，若不作进一步的深入研究，就不能贸然地接受、使用那种衍推关系。世界索引性质"在现实世界@是塌鼻子的"、"最高程度的伟大性"显然属于模态性质，它是一种特殊类型的性质，与普通性质在功能上有很大差异，需要作全面的重新审视；它的可设想或可能（如果有的话）是高阶的，普兰丁格本体论证明中对之应用"可设想衍推可能"是高度可疑的。这个论题值得更多的考量，或许二维语义学的理论框架能有所帮助。

再次，诸如"有一名在现实世界@是哲学家的商人"这样的"可能性"是一种相对可能性，它预设一个确定的现实世界。若不以某种方式满足一个确定世界的条件，该"可能性"便绝不可现实化。极大伟大性的可能性不幸正属于以上类型。至大性是一个世界索引性质，它含有在每一可能世界中都有极大美德的意思，后者在语义上又蕴含在现实世界@具有极大美德。因此，除非"具有极大美德者存在"是一个必然真理，否则我们不能够合理地设定至大的逻辑可能性。类似地，如果广义逻辑上有

① Cf. David Chalmers, "Does Conceivability Entail Possibility?", in T. Gendler and J. Hawthorne (eds.), *Conceivability and Possibility*, Oxford University Press, 2002, pp. 145 – 200.

可能存在着一名在现实世界@是哲学家的商人，那么就意味着不存在哲学家的形而上学不可能性已经得到认同。一般而言，我们要想将一个相对可能性转变为绝对的逻辑可能性，唯一的途径便是保证与现实世界@相关的一些前提条件必然成立。但是，什么能够确保"具有极大美德者存在"的形而上学必然性呢？我们或许有理由声称某一可能世界中只有邪恶与苦难，甚至还能说可能一无所有。在这两种情形下，似乎极大美德者根本就不存在。另外，我们至少需要为现实世界@中有极大美德者提供一些证据。这样的证据不会是先验的，而应当是经验性的，即后验的。如果这样的话，普兰丁格模态本体论证明就不是一个如其所称的先验论证。普兰丁格本体论证明的拥护者必然要应对这一挑战。我认为，若要捍卫普兰丁格本体论证明，必须下大力气讨论如何将至大的可能性还原为非相对的可能性；只有作了这样的还原处理，普兰丁格本体论证明才能够安全地推进。

另外，即使至大可能性是绝对的，普兰丁格模态论证路线依然是非常态的，容易引发怀疑。一般来说，高阶模态命题成立与否应当由相关低阶模态命题决定，而不是颠倒过来。比如，模态命题"纽约可能是美国首都"之所以为真，是因为存在一个可能世界，在那里非模态命题"纽约是美国首都"成立。因此，我们要论证"上帝存在"即"有一个至大者"成立，就不能反过来诉诸以其为子命题的较高阶模态命题"可能有一个至大者"为真，而是应当讨论它自身包含的子命题"有一个全能、全知与道德完美者"是否成立。因此，普兰丁格模态论证的模式有违标准的模态命题真值条件理论；这一论证要想真正实现其表明信仰上帝存在的理性可接受之初衷，至少还要为模态语句提供一套反实在论语义学，唯如此它在方法论上才可避免怀疑论者的纠缠。

最后，普兰丁格本体论证明是在模态系统 S5 中展开的，但形而上学模态逻辑在哲学家中存在激烈争议，同时兼备自返、对称及传递性特征的 S5 模型结构并未获得模态学者的广泛认同。萨尔蒙（Nathan Salmon）就曾以模态宽容直觉为背景，论证形而上学模态不具有传递性。我们一般都会像克里普克那样否认事物可能有一个完全不同的起源，比如不愿意承认眼前的这张木桌可能起源于另一块完全不同的木头，但又会认为个体可能有一个稍微不同的起源，例如这张木桌有可能源于存在少许差异的一块木头。后者反映的就是人们的模态宽容直觉，但若同时坚持形而上学模态具有传递性，细微差异的累积就会导致所谓模态悖论。我以提修斯之船（the ship of Theseus）为例来阐述这一针对系统 S5 的反对意见。假定提修斯之船 S 实际上最初由一百块船板组成，这些船板分别是 p_1，p_2，p_3，$\cdots$，p_{100}，那么根据模态宽容直觉，我们允许 S 可以由存在少许差异的 p_1，p_2，p_3，$\cdots$，p_{99}，p_{101} 这一百块船板所组成，也即我们承认 S 可能起源于存在细微差异的另一组船板。也就是说，有现实世界可达的一个可能世界 w_0，在那里人们按照同样的设计图纸以另一组船板 p_1，p_2，p_3，$\cdots$，p_{99}，p_{101} 建造了一艘船 S_0，S_0 同一于现实世界的 S。依据同样的模态宽容直觉，我们会认可 S_0 可能以另外一百块船板 p_1，p_2，p_3，$\cdots$，p_{98}，p_{101}，p_{102} 为最初构造材料，即有 w_0 可以通达的一个可能世界 w_1，其中人们以上述一组船板为原料依据同样的设计计划建造了一艘船 S_1，S_1 同一于 w_0 中的 S_0。如果形而上学模态具有传递性的话，那么既然现实世界可达 w_0，w_0 可达 w_1，就可以推知 w_1 也是现实世界可以通达的；按照模态宽容直觉，S_0 同一于 S，S_1 同一于 S_0，再加上形而上学模态传递性假设，就有 S_1 同一于 S，换言之，提修斯之船可能由 p_1，p_2，p_3，$\cdots$，p_{98}，p_{101}，p_{102} 这组船板为材料建造。依据同样的模态宽容直觉及形而上学模态传递性假设，再经过 98 次重复使用相同的策略，我们就可以将建造 S 的最初材料中其余 98 块船板完全调换，得到一个非常反直观的结论：有现实世界可达的一个可能世界 w_{99}，在那里人们按照相同的设计图纸以 p_{101}，p_{102}，p_{103}，$\cdots$，p_{200} 等 100 块迥异的船板建造出一艘船 S_{99}，这艘船就是提修斯之船；即提修斯之船可能起源于另一组完全不同的船板。这个模态悖论是人们不会接受的，为避免出现这样的悖论，它的两个前提便不可能都被认可。一般人都会承认模态宽容直觉，因此就一定要拒斥形而上学模态的传递性假设。

阿姆斯特朗（David Armstrong）和早木（Reina Hayaki）分别从不同角度质疑形而上学模态具有对称性。阿姆斯特朗以持有模态组合论而闻名，他认为可能世界是由我们世界的组件按照自然主义可接受的方式建构起来的，共相（universal）是我们世界的基本组件，它们必须是得到示例的，外来共相不可能存在。在他看来，可能世界可以通过收缩我们现实世界的共相数目而派生出来，但不是通过扩张得到的。比如，基于我们的现实世界完全可以说"液体可能没有存在过"，即在某一可能世界 w，共相

"液态"消失了或没有得到示例。w 是我们现实世界可达的一个世界，但反过来，我们现实世界并非 w 可达的世界，因为基于 w 不能说"液体可能存在过"，即"液态"是 w 的一个外来共相，不是 w 的基本组件，相对于 w 它不可能得到示例。阿姆斯特朗声称，"既然现实是收缩的，可能世界也就一定要视作收缩的。那似乎是直接明了的。它的形式表述是：既包括现实世界又包括某些收缩世界的一类可能世界一定具有的是 S4 逻辑，而不是 S5 逻辑"[1]。早木则指出一些个体的同一性条件很难给出，或者说它们根本就没有同一性条件。比如像轻子这样的基本粒子，它们没有结构，只有性质上的差异，它们的个体化标准根本就不存在。就现实世界的一粒特殊轻子，我们可以说"这粒轻子可能没存在过"，但下述反事实条件命题却不成立：

"即使这粒轻子可能没存在过，它还是有可能存在的"。

这是因为在该轻子消失的可能世界中根本无法提供这个虚构轻子与其他复本之间的区别特征，在那种情况下有关它的模态陈述是不可理解的，代词"它"不具有合法的个体化功能。她认为，"一些可能性是瞬息之间的；一旦被遮蔽，它们就绝不会再看见可能性之光。"[2] 这粒轻子消失的世界是我们现实世界可通达的，反之则不成立。正是因为这些特殊个体具有的瞬时可能性，早木否认形而上学可能具有对称性，反对将 S5 视为形而上学模态的正确逻辑。

毋庸讳言，普兰丁格极大推进了当代本体论证明工作，他创造性地运用模态的逻辑与哲学研究成就，为本体论证明的复兴做出居功至伟的贡献；虽然这一版本的证明还有一些重要的遗漏，但我们有理由相信：在语言哲学、心灵哲学及逻辑哲学等当代哲学各分支前沿工作的互动促进下，普兰丁格本体论证明一定会揭示人类宗教信仰更深层的认知根据与机制。

（原载《学术月刊》2011 年第 9 期，第 51—59 页）

---

① David M. Armstrong, *A Combinatorial Theory of Possibility*, Cambridge：Cambridge University Press, 1989, p. 63.

② Reina Hayaki, "The Transience of Possibility", in *European Journal of Analytic Philosophy*, Vol. 1, No. 2, 2005, p. 35.

"石头悖论"探析

——兼论宗教哲学的逻辑分析进路

上帝是一神论者的崇拜对象，他是凭借什么成为宗教徒的崇拜对象呢？换句话说，成为崇拜对象的先决条件是什么？安瑟尔谟（Anselm of Canterbury）认为这个甚至在愚人心目中都存在的上帝是"较之更伟大的事物是无法想象的"，正因为具有如此的性质，上帝才是值得崇拜的。我们可以想象，如果上帝不是至大者，那么他就不可能使得信徒们全身心地投入崇拜之中，因为上帝之外尚存在其他较之更伟大的事物，信徒们可以更为信赖这个事物，从而使得人们可能对上帝的崇拜不是全心全意的；上帝不但是事实上的至大者，按照安瑟尔谟的说法，他还是必然地至大者，也就是说从可设想的角度来看，人们无法设想比上帝还要伟大的存在者，否则仅仅是这一模态缺憾都会导致人们遐想着去崇拜可能比上帝更伟大的某个事物，崇拜上帝之情也就因而是三心二意的。

这个绝对的完美者本质上是万能的，没有他做不到的事情，也即只要上帝存在，他就具有全能的属性，唯有如此上帝才配称得上是绝对地至大者；换句话说，全能性得自上帝的本性。但是对于上帝的全能性，哲学家们有不同的理解。笛卡儿（René Descartes）认为上帝无所不能，他不但能够做出逻辑上、概念上可能的事情，而且可以完成那些逻辑上不可能的事情；托马斯·阿奎那（Thomas Aquinas）则认为上帝只能在逻辑规律许可的范围内行事，比如他不能创造出方形的圆，不能使得某个人既已婚，又是单身汉。当代绝大部分宗教哲学家都认同并追随阿奎那的解释，将全能性理解为"能够做一切可以做的事情"。这种解释看似对直觉意义上的全能性做了某些限定，实则不然。表面上看，当我们说"上帝不能够创造方形的圆"的时候，上帝似乎"不能够"做某件事情，这件事情似乎超越上帝的能力，从而也就构成对上帝万能的某种限定；但是，这件事情并不是（逻辑上）可能的行为，也就不在上帝所不能够做的事情之列，因而并未给上帝的全能性打上任何折扣，相反，这里的限定是在逻辑上针对行为而做出的。只有阿奎那式的"全能性"解释才能够较妥当地应对无神论者的一些挑战。

一 "石头悖论"的一个不成功逻辑分析案例

质疑上帝全能本性的无神论论证中，最著名的当数"石头悖论"。石头悖论试图从"上帝是全能的"这一论题中推导出矛盾，从而否认该论题的真实性。这一悖论可按照下列方式加以表述：

① 或者上帝能够创造一块他不能举起的石头，或者他不能创造一块这样的石头。

② 如果上帝能够创造一块他不能举起的石头，那么由于他不能举起这块石头，他就不是全能的。

③ 如果上帝不能够创造一块他不能举起的石头，那么由于他不能够创造这块石头，他也不是全能的。

④ 所以，无论如何上帝都不是全能的。

宗教哲学家们对这个悖论做出不同的回应，基本策略都是指出该悖论实际上是一个伪悖论。玛弗罗迪斯（G. I. Mavrodes）曾经将石头悖论的论证纳入归谬推理，即"若成为有意义的，它必须是由上帝是全能的假设推导出这同一个结论；就是说，它必须要说明上帝的全能性假设导致归结为谬误"①。但是他认为，相对于上帝是全能的假设，创造一块上帝自己也不能够举起的石头这项任务本身就是自相矛盾的，也即短语"创造一块连能够举起一切重物的上帝也不能够举得起来的石头"是一个逻辑矛盾。逻辑矛盾的行为（事态）是任何事物都无法完成（实现）的，既然上帝只能在逻辑范围内行事，没有完成逻辑上不可能的任务也就并未蕴含上帝的能力有限，因此前提③是虚假的，整个"石头悖论"的论证也就

① G. I. Mavrodes, "Some Puzzles Concerning Omnipotence", in *The Philosophical Review*, Vol. 72, 1963, p. 222.

是不可靠的，"石头悖论"乃是一个伪悖论。

玛弗罗迪斯的解悖方法存在一些缺陷。首先，石头悖论的论证模式并非归谬法，而是两难推理，它并没有假设上帝是全能的，这个悖论直接针对的是"全能性"这个概念，玛弗罗迪斯的解悖方案偏离靶心。

其次，只有"上帝是全能的"为必然真理，创造一块上帝自己也不能够举起的石头才是逻辑上不可能的任务；也就是说，使用逻辑不可能性来反驳石头悖论，其前提恰好是要能够证明"上帝是全能的"的逻辑必然性，但"上帝是全能的"恰好是解决这个悖论要达到的目的；所以，玛弗罗迪斯的方案窃题（question – begging）或者说循环论证。为什么这样说呢？对于弗雷格（Gottlob Frege）之类的常人而言，我们可以假定"弗雷格能够举起一切石头"，此时"创造一块连能够举起一切石头的弗雷格也不能够举得起来的石头"就是弗雷格或其他任何凡人都事实上不能够完成的任务，而不是逻辑上不能实施的行为，因为"弗雷格能够举起一切石头"仅是一个经验的偶然命题，而要想使得"创造一块连能够举起一切石头的弗雷格也不能够举得起来的石头"之类的任务成为包括上帝在内的任何施动者（agent）都无法完成的逻辑不可能，"弗雷格能够举起一切石头"就必须是一个逻辑必然命题。据此，玛弗罗迪斯的解悖方案成功的前提是"上帝是全能的"为逻辑必然命题，他预先使用了将要证明的论题。

最后，即使是逻辑不可能的任务，也有思想家认为是上帝可以完成的，当然各自理解的逻辑矛盾可能存在差异，因此玛弗罗迪斯方案必须还要论证为什么他所理解的"逻辑不可能任务"连上帝也无法实现。

实际上，玛弗罗迪斯诠释的石头悖论是特设性的，即仅针对上帝而设计出来的悖论。如果不考虑上帝在这个悖论中的特殊性，那么玛弗罗迪斯意义上的整个论证结构关键之处乃是"创造一块连创造者也举不起的石头"这个任务是否逻辑矛盾。很明显，这是一个逻辑上绝对一致的任务：比如弗雷格最多能够举起 100 公斤的石头，那么他完全可以制造出一块 150 公斤的连自己也举不起的石头，而不违反任何逻辑规律。我们认为，作为一个有效、可靠的论证推理，它应当具有普适性，不带有任何特设性，即结构上的保真性在逻辑变项的任何代入下都成立。因此，要解析石头悖论是否有效，它的论证结构就不应当以玛弗罗迪斯式带有特设性的方式来理解。笔者以为，这个论证或者更确切地说这个反驳实际上针对的是全能这个性质，其论证结构可刻画为：

(1) 或者 x 能够创造一块 x 不能够举起的石头，或者 x 不能够创造一块 x 不能够举起的石头；

(2) 如果 x 能够创造一块 x 不能够举起的石头，那么必然地至少有一项 x 不能够完成的任务（即，举起这块石头）；

(3) 如果 x 不能够创造一块 x 不能够举起的石头，那么必然地至少有一项 x 不能够完成的任务（即，创造这块石头）；

(4) 所以，至少有一项 x 不能够完成的任务；

(5) 如果 x 是全能的存在者，那么 x 能够完成任何任务；

(6) 因此，x 不是全能的。

在上述论证结构中，x 的代入没有任何限制，这个论证也就不具有任何特设性，因之重构的石头悖论表明的是全能性不可能得到满足，它是不融贯的。由这个论证结构易见，石头悖论中未包含"上帝"这样的字眼儿，当然也就不会有"上帝全能"的假设，玛弗罗迪斯方案并不真正适用于石头悖论，因而也就不能成功解开石头悖论。此外，由于其中没有哪个任务属于逻辑矛盾，玛弗罗迪斯宣称的"创造一块连能够举起一切重物的上帝也不能够举得起来的石头"的逻辑矛盾任务被成功化解，重构的石头悖论中也就没有涉及实施逻辑矛盾任务是否构成对施动者能力限制的问题。总之，玛弗罗迪斯未能令人信服地驳斥石头悖论，没有成功地捍卫上帝全能的宗教信条。

二 "石头悖论"的逻辑化解

石头悖论看似一个两难推理，但实际上这个"两难"却难不倒缜密的逻辑分析。石头悖论的论证问题主要出现在前提（1）的第二个选言支上，这个选言支具有歧义，这种歧义源于其中第一个否定词的辖域。若这个否定词的辖域作最大理解，即"x 不能够创造一块 x 不能够举起的石头"等值于"不存在这样一块石头，x 能够创造但不能够举起它"，则它与（1）的第一个选言支相互矛盾；此时，（1）是逻辑有效式，它不会影响整个论证的可靠性。若这个否定词仅具有小辖域，即"x 不能够创造一块 x 不能够举起的石头"等值于"存在这样一块石头，x 既不能够创造也不能够举起它"，则它与（1）的第一个选言支并不相互矛盾。此时，（1）没有穷尽两难推理的所有情形，除了两个选言支所述的情况之外，尚有第三种情形，即根本不存在 x 不能够举起的石头，（1）因而不是一个逻辑有效式，直接影响到石头悖论的可靠性。换一个视角来看，在这种情形下，整个石头悖论的论证实际上预设了有一块 x 不能够举起的石头，也即有一项 x 不能够完成的任务，这样一来石头悖论就成了不足道的（trivial）循环论证。因此，要使得石头悖论行得通，只能将前提（1）的第二个选言支作第一种方案的解释，即"x 不能够创造一块 x 不能够举起的石头"等值于"不存在这样一块石头，x 能够创造但不能够举起它"。

    尽管可以对前提（1）作以上理解，但石头悖论的两难推理仍旧不能向前推进，其中的原因在萨维奇（C. W. Savage）看来是前提（3）是虚假的。"'x 不能够创造一块 x 不能够举起的石头'没有语义蕴涵（entail）有一项 x 不能够完成的任务"。① 石头悖论之所以对常人具有欺骗性，源于没有准确认知"x 不能够创造一块 x 不能够举起的石头"的语义。表面看来，"x 不能够创造一块 x 不能够举起的石头"似乎含有 x 不能够完成某项任务的意蕴，进而含有 x 能力有限的意思。比如，弗雷格不能够创造他不能够举起的 150 公斤石头，似乎表明弗雷格的能力有限。但是，这种理解只能建立在有限的常识知识上。在 x 举重物能力无限的情形下，"x 不能够创造一块 x 不能够举起的石头"的真实语义特征毕现无疑。当我们说"x 不能够创造一块 x 不能够举起的石头"，我们的意思并不是"有一块 x 既不能够举起也不能够创造的石头"（理由已经由上一段文字给出），而是"如果 x 不能够举起某块石头，那么 x 也不能够创造那块石头"，也即"x 能够举起自己能够创造的任何一块石头"。假定 x 能够举起任何重量的石头，此时若 x 最多只能创造 150 公斤重的石头，则"x 不能够创造一块 x 不能够举起的石头"属实，同时 x 创造石头的能力也有限；但若 x 能创造任何重量的石头，这个时候我们仍旧可以说"x 不能够创造一块 x

---

① C. W. Savage, "The Paradox of the Stone", in *The Philosophical Review*, Vol. 76, 1967, p. 77.

不能够举起的石头"，也即"x 能够举起自己能够创造的任何一块石头"，但没有造成 x 创造石头的无限能力的任何反证。所以，"x 不能够创造一块 x 不能够举起的石头"并未逻辑蕴含"至少有一项 x 不能够完成的任务"。既然（3）是虚假的，当然整个论证也就不会导致两难的困境，石头悖论得以破解。

另外，从语形的角度也可以看出该两难推理为何行不通。在这里，我们用一阶语言展示该推理最为关键的前三句话的逻辑结构：

方案一：

（1′）∃y（S（y）∧C（x，y）∧¬L（x，y））∨¬∃y（S（y）∧C（x，y）∧¬L（x，y））

（2′）∃y（S（y）∧C（x，y）∧¬L（x，y））→∃y（S（y）∧¬L（x，y））

（3′）¬∃y（S（y）∧C（x，y）∧¬L（x，y））→∃y（S（y）∧¬C（x，y））

其中，谓词 S（y）表示"……是石头"，C（x，y）表示"……能够创造……"，L（x，y）表示"……能够举起……"。很显然，（1′）和（2′）都是逻辑有效式，但（3′）不是逻辑有效的，因为（3′）的前件

（Ⅰ）¬∃y（S（y）∧C（x，y）∧¬L（x，y））

等值于

（Ⅱ）∀y（S（y）∧C（x，y）→L（x，y））。

（3′）不是逻辑有效式，则该推理不能从逻辑上得到全能性不可满足的结论。由语形的角度也不难看出，在方案一下石头悖论是不能成立的。

方案二：

（1″）∃y（S（y）∧C（x，y）∧¬L（x，y））∨∃y（S（y）∧¬C（x，y）∧¬L（x，y））

（2″）∃y（S（y）∧C（x，y）∧¬L（x，y））→∃y（S（y）∧¬L（x，y））

（3″）∃y（S（y）∧¬C（x，y）∧¬L（x，y））→∃y（S（y）∧¬C（x，y））

容易看出，（2″）和（3″）都是逻辑有效的，但（1″）不是逻辑有效的，除非在其中再增加一个选言支

（Ⅲ）¬∃y（S（y）∧¬L（x，y））。

（1″）不是逻辑有效的，石头悖论在方案二之下就不是可靠的。

由于形式及内容上的缺陷，石头悖论并不能说明"全能"概念是自相矛盾、不一致的。因此，在现代符号逻辑的分析利器下，无神论者精心构造的、用以反击信仰上帝观念的这一古老悖论也宣告破产。

三　宗教哲学研究的逻辑分析方法

由以上对石头悖论的逻辑分析，不难看出现代逻辑在当代宗教哲学研究中发挥着重要的方法论作用。盖尔（R. M. Gale）曾用一个生动的比喻，说明当代宗教哲学与现代逻辑方法的关系："宗教哲学之于哲学核心领域——逻辑、科学方法论、语言哲学、形而上学和认识论——正如以色列之于五角大楼。前者是后者所锻造出武器的一个证明依据。一旦核心领域之一有重要突破，它终将在外围领域找到成功的运用，例如在宗教哲学中。"① 笔者认为，逻辑分析这一宗教哲学研究进路的特征主要表现在两个方面。一方面，宗教哲学研究所使用语言范式的转变；另一方面，逻辑推理规则的选取。下面分别加以阐释。

其一，传统的宗教问题研究采用的主要方法是概念分析，即借助于对日常语言用法细致入微的辨析，证明或反驳一些宗教论题。康德（Immanuel Kant）就是通过运用概念分析的方法，深入地剖析"存在"一词的语法特征，从而有力地驳斥了安瑟尔谟的第一本体论证明。概念分析得到摩尔（G. E. Moore）、奥斯汀（J. L. Austin）及后期维特根斯坦（Ludwig Wittgenstein）等人的继承与发扬，比如摩尔就用细致到简直琐碎的程度去说明"存在不是谓词"。确实，概念分析能够敏锐地发现日常语言用法上的一些规律，找到某些哲学论题论证上的破绽，从而否定相应的证明。这种对日常语言用法的哲学研究，本身就为推理、证明方法的改进提供了重要的理论依据。例如，弗雷格的现代逻辑之所以将"存在"处理为量词，而不是谓词，乃是因为它接受了康德式的"存在"哲学分析，

---

① R. Gale, *On the Nature and Existence of God*, Cambridge: Cambridge University Press, 1991, p. 2.

在现代逻辑枯燥的句法结构之中凝结着深刻的哲学思想；也正因为如此，现代逻辑才能够在当代哲学争论中发挥着至关重要的推理、论证工具的作用。即令以新兴的内涵逻辑来说，它们在很大程度上也得益于这种精细的概念分析。比如，冯·赖特（G. H. von Wright）在对"允许""禁止"和"义务"等道义概念做严格哲学澄清的基础之上，建构了真正意义上的第一个道义逻辑系统 M；① 奥斯汀则对认知概念"知道"做了透彻的哲学辨析，逻辑学家将他的分析成果以明确的公理形式固定下来，从而构造值得信赖的认知逻辑系统。② 尽管如此，概念分析的方法缺乏一个统一的处理问题机制，只能就事论事，针对一些具体的语词、语句做出独立的辨析。因此，这种方法是零敲碎打式的；一般来说，它不适于用来证明某一论题，而主要用于反驳及指出论证之中的谬误。正因为较少建设性，主要带有批判色彩，当代宗教哲学研究所采用的主要形式不再是概念分析，它一般只具有辅助论证的作用。当代宗教哲学研究所使用的语言一般都经过蒯因（Willard V. Quine）意义上的语义整编（semantic regimentation），即一般都采用一阶的符号语言形式。当然若有必要的话还可以增加一些逻辑常项，从而得到一阶模态或时态等语言，尽管这些做法是蒯因所反对的。一阶语言具有严格的语法、语义规则，用这种语言表述的推理或证明能消除一般日常论证中句法或语义上的含混性。正因其清晰性，宗教哲学问题的讨论是否有效也就昭然若揭。人们完全可以从纯粹形式的角度判定相关论证或反驳是否有效，前文第一、第二部分对石头悖论的形式分析就是一个典型例证。为着分析的精确性，形式化的一阶语言对于深入澄清前提命题及相关概念之间的联系与差异发挥着日常语言难以企及的重要功效。概言之，现代逻辑所使用的形式化语言对于当代宗教哲学研究具有重要的方法论、工具论意义。

其二，宗教哲学问题讨论采用的推理、论证规则总是属于一定的逻辑系统，因此推演系统的选择将直接关系到证明本身是否可靠。若选取较弱的逻辑系统，则相关结论推不出来；而若选取那些较强的系统，则不但可

① 参见冯·赖特：《道义逻辑》，载于《知识之树》，陈波编选，生活·读书·新知三联书店 2003 年版，第 377—396 页。

② Cf J. L. Austin，" Other Minds"，in *Supplement to the Proceedings of the Aristotelian Society* 20，1946，pp. 148 – 187.

以得出意图中的结论，甚至还可以推出一些更强的结论，这些结论往往并不是宗教哲学家乐于接受的。① 因此，本体论证明还有一个元理论问题，即选取什么样的逻辑系统才是最适宜的。包括模态逻辑、时态逻辑等在内的哲学逻辑实际上是对一些重要哲学范畴的形式刻画，它们通过句法规则、公理和推理规则给这些哲学范畴做了功用定义。但问题是，语法上的规定未必能全面反映它们的涵义；很多情况下，人们选取的逻辑系统或者反映不足，或者反映过多。宗教哲学问题讨论的成败经验表明，一个成熟的语义学是必不可少的，必须进一步深入到逻辑语义学层面，去揭示这些问题所涉概念的实质。但令人遗憾的是，国内学界甚少有人去关注这些问题：逻辑学者或者执着于形式系统的一些具体技术性问题，或者根本就不知道还有这些问题，不了解逻辑工作在这方面的意义；宗教哲学界也很少有人理会逻辑手段对于宗教哲学研究的重要意义，或者也可以说他们没有能与逻辑学者很好地沟通，从而导致现今国内的宗教研究很大程度上都是处于思辨甚而清谈的层面，严重缺乏逻辑学科的支持，这种研究方法的单一性当然也极大制约着宗教哲学的学科发展。笔者以为，国内逻辑学界若能同宗教哲学界建立起良好的互助合作伙伴关系，那么中国的宗教哲学研究必将取得更多有影响的成果。

总之，逻辑分析是当今宗教哲学研究的一条重要进路，逻辑手段的有效利用及推陈出新、逻辑哲学问题的深入研究和推进都将促进人们对宗教哲学问题的全面认识，进一步澄清宗教信仰中"上帝"这一观念。

（原载《徐州师范大学学报》2011 年第 4 期，第 126—130 页）

---

① Cf J. F. Harris, *Analytic Philosophy of Religion*, Kluwer Academic Publishers, 2002, p. 111.

预见知识与自由意志
——一个随附性理论方案

一 自由意志与预见知识不相容论题

按照一般的一神论，上帝无所不知，古今中外的一切事情都在他的知识范围内，无论过去、现在还是将来发生的事件皆为上帝所知晓。但如果上帝拥有未来的知识，人类似乎面临着宿命论困境，从而自由意志再无容身之地。比如，今天在家中写作是一件纯粹偶然的事件，我完全还可以选择出去办事或娱乐，做出在家中写作的决定是我自由意志的体现；假如上帝拥有未来的知识，他预见到我今天在家中写作，那么由于上帝的信念是不可错的，今天在家中写作似乎就成为必然发生的事件，我也就没有做其他选择的自由，从而丧失自由意志。这就是著名的神学宿命论，它要表明自由意志与神圣预见知识是逻辑地不相容。

神学宿命论有多个论证版本，大致的论证思路类似，其中以纳尔逊·帕克（Nelson Pike）的表述最为知名：

1. "上帝在 t_1 时刻存在" 衍推（entail）"如果琼斯在 t_2 时刻做 X，那么上帝在 t_1 时刻相信琼斯会在 t_2 时刻做 X"；
2. "上帝相信 X" 衍推 "X 是真的"；
3. 在给定时刻做其描述为逻辑矛盾的事情，这件任务不在任何人的能力范围之内；
4. 在给定时刻做使得在该时刻前持有某一信念的人不再在所述时刻持有那个信念的事情，这件任务不在任何人的能力范围之内；
5. 在给定时刻做使得在较早时刻存在的人不再在那一较早时刻

存在的事情，这件任务不在任何人的能力范围之内；

6. 如果上帝在 t_1 时刻存在，并且如果上帝在 t_1 时刻相信琼斯会在 t_2 时刻做 X，那么如果在 t_2 时刻不做 X 是在琼斯的能力范围内，那么或者（1）在 t_2 时刻做使得上帝在 t_1 时刻持有错误信念的事情是在琼斯的能力范围之内，或者（2）在 t_2 时刻做使得上帝在 t_1 时刻不持有他原本坚持的信念的事情是在琼斯的能力范围之内，或者（3）在 t_2 时刻做使得在 t_1 时刻相信琼斯会在 t_2 时刻做 X 的任何人（其中之一就是上帝，根据假设）都持有错误信念的事情，这是在琼斯的能力范围之内，因此上帝不是这样的人——就是说，上帝（根据假设他在 t_1 时刻存在）不在 t_1 时刻存在。

7. 第 6 句后件中的第一个选项是假的（由 2 和 3）。

8. 第 6 句后件中的第二个选项是假的（由 4）。

9. 第 6 句后件中的第三个选项是假的（由 5）。

10. 所以，如果上帝在 t_1 时刻存在，并且如果上帝在 t_1 时刻相信琼斯会在 t_2 时刻做 X，那么在 t_2 时刻不做 X 就不在琼斯的能力范围之内（由 6 直至 9）。

11. 所以，如果上帝在 t_1 时刻存在，并且如果琼斯在 t_2 时刻做 X，在 t_2 时刻不做 X 就不在琼斯的能力范围之内（由 1 和 10）。①

这个论证的 1—6 句是假设，其中句子 1 断言上帝的过去存在蕴含他有关于某人（如琼斯）未来所做事情的信念，句子 2 宣称上帝的信念都是真实的，句子 3 说明逻辑矛盾的事情是任何人（包括上帝在内）无法完成的，句子 4 表明改变人们过去信念的任务是无法完成的，句子 5 要说的是没办法使得过去某时刻存在的人在那一时刻不再存在，句子 6 则经由句子 1—2，推断琼斯未来在做某件事情上拥有自由意志的可能后果。

我们来看这些假设的真实性依据。因为一神论者承认上帝是全知的，所以他们一般不会质疑句子 1、2 的真实性，即上帝的信念不可错。逻辑矛盾的任务是无法完成的，即令全能的上帝也需要遵循逻辑规律，否则何

---

① Nelson Pike, "Divine Omniscience and Voluntary Action," *The Philosophical Review*, Vol. 74, 1965, pp. 33 – 34.

经典安瑟尔谟本体论证明的逻辑评估

——一个可能世界理论的视角

为给信仰上帝寻求理性的基础，安瑟尔谟（Anselm of Canterbury）提出著名的本体论证明。安瑟尔谟认为甚至愚人都相信上帝是最伟大的东西，"比他更伟大的东西是无法想象的"。那么，这个可想象的无与伦比的最伟大东西能否仅存在于人的心灵中，却不在现实中存在呢？安瑟尔谟指出，如果较之更伟大的东西是无法想象的那一事物仅存在于心灵中，那么假如他既存在于心灵，又在现实中存在，则后一情形较前者更伟大，而这又是可以想象到的——与"较之更伟大的东西是无法想象的"矛盾！"因此，较之更伟大的东西是无法想象的事物无疑既存在于心灵中，又存在于现实中。"① 这样，安瑟尔谟就在本体论上得出上帝存在的结论。

安瑟尔谟的本体论证明实际上开辟了西方哲学史上的一个新纪元——经院哲学时代，它使得原本处于蒙昧状态的宗教信仰成为人类理智活动的对象，成为哲学研究的对象。但由于康德（Immanuel Kant）的毁灭性批评，该证明两百年来几乎被人们视为一个彻底失败的哲学论证，上帝存在的本体论证明的重构和发展也因而停滞下来。康德批评的靶子是安瑟尔谟对"存在"的处理，在康德看来后者乃是整个本体论证明的枢纽部分，揭露其中的错误实际上就等于给安瑟尔谟的证明造成釜底抽薪式的打击，进而一举驳斥本体论证明。下面将康德的批评做概要的介绍。既然安瑟尔谟将"存在"用于比较事物之间的伟大性，他就一定认为"存在"自身是一种属性，表达它的那个语词也就可以用做谓词。但是，康德认为

---

① St. Anselm. *Proslogion*, Stuttgart：F. Frommann，1961：Chap 2.

"存在"不过是判断中的连系动词，它是仅具有语法功能的句子成分，是句子表面的语法谓词。真正的谓词，即康德所谓的确定谓词（determining predicate），"是指可以加诸主词概念中的谓词，它丰富着主词概念"①，如"红色的"、"勇敢的"等表示属性的语词。"无论我们可能利用什么样的、如何多的谓词来想象一个事物——纵使我们完全地确定出它，当我们进而宣称它存在时，我们都没有向该事物做出哪怕是最少的添加"②。因此，康德认为"'存在'显然不是一个真正的谓词；就是说，它不是这样的一个事物概念，即可将其加诸某一事物的概念之中"③。既然"存在"根本不是可以表述性状的真正谓词（即确定谓词），当然就不能拿它作为衡量事物之间伟大性的一个指标，因此无论较之更伟大的东西是无法想象的事物存在与否，这都不会影响到它的伟大性，本体论证明也就因而被瓦解掉。

那么，本体论证明是否因为康德的批评被真正动摇？"存在"究竟是不是一个谓词，分析哲学家对此有两种截然相反的态度。一些哲学家追随康德，认为"存在"根本就不是逻辑谓词，它表述的是性质的性质，属于二阶谓词，因此在他们使用的逻辑分析语言中"存在"被处理为量词。这一观点的代表人物是弗雷格（Gottlob Frege）、罗素（Bertrand Russell）和涅尔（William Kneale）等人。另一些哲学家则认为"存在"在一些特殊情况下可以用作谓词，其中一些人甚至走得更远，认为存在物（being）中不仅有现实个体，还有非现实的可能个体，对于前者而言"存在"是其属性，后者则缺乏这一属性，因而他们实际上将"存在"视为一个一元谓词。这种立场的代表性人物是斯特劳森（Peter F. Strawson）和自由逻辑的创始人兰伯特（Karel Lambert）等人。可见，当代分析哲学中人们在"存在"的逻辑功用上尚存在较大的争议，康德从"存在"角度对本体论证明的批判至少没有取得预期的效果。

有没有破解本体论证明的另一种策略，它不再依赖于"存在"的谓词性设定？事实上，不少分析宗教哲学家认为安瑟尔谟证明根本不以

①　Immanuel Kant, *Critique of Pure Reason*, translated by N. K. Smith. London: Macmillan and Co. Ltd., 1929, p. 504.

②　Ibid., p. 505.

③　Ibid., p. 504.

来"信仰寻求理解"之说①？因此，句子 3 的真理性也是有保证的。句子 4 和 5 牵涉到改变过去的事实，通常认为过去发生的事件已是确定的 (fixed)，因而改变它们是无法实现的，这两个句子的真实性似乎也较少争议。② 句子 6 是一个条件句，实际包含三个前件条件，其中第一个是说上帝在过去存在，第二个说上帝在过去有关于琼斯未来做某件事情的信念，第三个是说琼斯可以行使自由意志在未来那一时刻不做这件事情，后件则分析在这些条件下，琼斯行动上的自由可能产生的后果：根据句子 2，上帝之所信都是真实的，既然上帝在过去相信琼斯未来会做某件事情，上帝的这个过去信念也就是真实的，但由于琼斯可以自由地选择不做那件事情，从而使得上帝过去所相信的命题不再为真，所以或者上帝在过去持有一个错误信念，或者上帝在过去放弃他原先持有的那个信念，都为琼斯的意志自由所掌控（第一、二个后件选项）；根据句子 1，上帝的过去存在蕴含他有关于琼斯未来要做那件事情的信念，结合句子 2，可推知上帝的过去存在蕴含一个等值条件句，即琼斯未来要做那件事情当且仅当上帝过去相信它，既然琼斯有自由选择不做那件事情的能力，从而使得上帝过去持有错误信念，即上帝在过去仍然相信琼斯未来做那件事情，因此以上等值条件句不成立，上帝在过去也就不再存在（第三个后件选项）。也就是说，若在句子 6 描述的场景中承认琼斯拥有未来自由选择不做那件事情的能力，则将致使或者上帝过去持有错误信念，或者上帝在过去放弃原来的信念，或者上帝过去根本不存在。针对上帝过去的预见信念（若有的话），句子 6 所分析的自由意志后果是可靠和全面的。

根据帕克提出的神学宿命论论证表述，由这六个假设出发，可进而推演出 7—11 等五个句子。第一，由句子 2（上帝的信念都是真实的）可推知上帝在 t_1 时刻持有的信念，即琼斯将在 t_2 时刻做 X，是真实的，假如句子 6 的第一个后件选项成立的话，即琼斯在 t_2 时刻有能力使得上帝在 t_1

---

① 语出安瑟尔谟（Anselm of Canterbury）。Cf. Anselm, *Basic Writings*, edited and translated by Thomas Williams, Indianapolis, IN: Hackett Publishing Company, 2007, p. 75.

② 实际上也有不同意见，如纳尔逊·帕克曾基于奥康主义立场，提出区分所谓强硬事实（hard fact）与温和事实（soft fact），过去的强硬事实是确定的，但过去的温和事实无需视作确定的。限于主题，本文不计划讨论这一问题。Cf. Nelson Pike, "Of God and Freedom: A Rejoinder," *The Philosophical Review*, Vol. 75, 1966, pp. 369–79.

时刻持有虚假信念，这也就意味着琼斯有能力完成逻辑矛盾的任务，从而与句子 3 不一致；所以句子 6 的第一个后件选项不成立；即句子 7 成立。第二，在同样的条件下要使得句子 6 的第二个后件选项成立，即琼斯在 t_2 时刻有能力使得上帝不再在 t_1 时刻持有原来那个信念，但根据句子 4，任何人都没有能力使得人们放弃或更改从前的信念，所以句子 6 的第二个后件选项也不成立，即句子 8 成立。第三，既然通过否证和更改上帝信念，以捍卫琼斯自由意志的尝试，不在任何人能力范围之内，唯一的途径似乎就只能是抹去上帝的过去预见，在以上场景中就意味着否认上帝在过去那一时刻的存在，即句子 6 的第三个后件选项，但句子 5 告诉我们，在给定时刻使较早存在的人不再存在是任何人都做不到的，所以句子 6 的第三个后件选项不成立，即句子 9 成立。

既然句子 6 的三个后件选项都不成立，即句子 7、8 和 9 都成立，由句子 6 根据 MT 规则[①]，可得句子 6 的三个前件条件不可都满足，换言之，如果上帝在过去某时刻存在，并且上帝在那个时刻相信琼斯在未来某时刻会做 X，那么琼斯在未来那一时刻就不能够自由地不做 X；也就是说，句子 10 成立。至此，已经论证在一神论背景下，上帝过去的相关预见知识和人类未来的自由意志是逻辑不相容的。最后的推论 11 则由句子 1，强化不可都满足的第三个前件条件，得到在上帝过去某时刻存在的前提下，若琼斯在未来另一时刻做 X，他实际上没有能力在那一时刻自由地不做 X。鉴于琼斯做 X 这一事件的任意性，句子 11 表明上帝存在的前提下，人类的任何未来行动都是不自由的，也因而是命中注定的。

二　自由意志和预见知识的逻辑分析

在一神论传统下，上帝永恒地存在，因此我们可以假定 t_1 就是时间之初。既然上帝无所不知，他在创世之初就应该知道未来所发生的一切，当然包括在之后的时刻 t_2 琼斯是否会做 X。但知道、相信、看见或听见等

---

① MT 规则系指形式逻辑中的一条推理规则，要求若在前提中否定一个条件句前提的后件，就要在结论中否定该条件句的前件。如，"只要刘刚做志愿者，马强就会做志愿者；马强没有做志愿者；所以，刘刚也没有做志愿者"。

认知活动一般地都随附于（supervene upon）或依赖于（depend on）一些外部的事件，知识或信念的改变总是因为某些事件的变化，没有相关事件的变化，通常也不会有知识、信念或感知的改变。比如说，我之所以知道南京是江苏省省会，是因为外部世界发生的事件或事实是南京是江苏省省会；如果外部世界的事实已发生变化，苏州成为新的江苏省省会，那么我的知识也会相应地改变为"苏州是江苏省省会"。反之，外部世界所发生的事件并不随附于人们的认知活动，人类的认知活动一般不会相应地引起外部世界事实的变化。比如，南京之所以是江苏省省会，并非因为我认识到这一事实；我的知识储备的变化不能引发世界状态的改变，事实就在那儿。因此，虽然知识与外部世界事件共变（co - vary），但这种随附关系根本上还是反对称的。

假如上帝相信（由于上帝的信念都是真实的，当然也可以说预先知道）琼斯在未来时刻 t_2 会做 X，那是因为琼斯事实上在 t_2 时刻的确做了 X。如果我们承认在是否做 X 这件事情上，琼斯拥有自由意志，即他可以选择不同于现实所选的行动，那么是否如神学宿命论论证的假设 6 所言，上帝的原初信念乃至其时间之初的存在是否遭受某种冲击都在琼斯的掌控之中？这里假设的自由意志是自由主义（libertarianism）意义上的，指在其他相关因素等同或不变的场景下，行动者（agent）有能力基于不同考虑实施有别于实际所做的行动。我们把神学宿命论论证假设的场景记作现实世界 w_1，在这个世界中琼斯在 t_2 时刻选择做 X，相应地上帝在时间之初 t_1 形成的信念也就是"琼斯在 t_2 时刻做 X"。在世界 w_1 中琼斯拥有自由意志，有能力在 t_2 时刻选择不做 X。在世界 w_1 中琼斯有能力在 t_2 时刻选择不做 X，意味着存在一些可能世界 w_i，截至 t_2 时刻其中事态与 w_1 保持完全一致，但在 t_2 时刻琼斯实施了不做 X 的反事实行动。[①] 这样的可能世界 w_i 是否存在？如果存在的话，说明琼斯的自由意志与上帝的预见知识乃至上帝过去的存在是一致的；否则，它们之间就是不相容的。

假如琼斯做出这样的反事实选择，如第一节的分析，的确会产生与上帝预见相关的假设 6 的三个后件选项后果。换言之，反事实条件句（1）在当前问题语境下不但是真的，而且分析地为真，它穷尽了该反事实条件

---

① t_2 时刻后发生的世界状况与当下讨论不相干，故不予考察。

的所有相关可能后果。

（1）如果琼斯在 t_2 时刻不做 X，那么或者上帝在 t_1 时刻所持关于琼斯在 t_2 时刻是否做 X 的信念是虚假的，或者上帝在 t_1 时刻不再持有他原来的预见，或者上帝不再在 t_1 时刻存在。

假如那些可能世界 w_i 是实在的，其中必定也会出现反事实条件句（1）所述的可能后果。这三个可能后果中，无论哪一个出现，都需要强制性改变可能世界 w_i 中 t_2 时刻之前的事态。① 而这个情况与截至 t_2 时刻 w_i 中事态与 w_1 保持完全一致的设定相矛盾。因此，w_i 不存在，它们不是实在的，仅是虚构物；② 在上帝过去存在及拥有预见知识的情形下，琼斯行使意志自由的要求（相关内、外部因素不变）得不到保障，更进一步地按照神学宿命论论证，这些改变过去的可能后果已超出任何人的能力范围，不是琼斯可以做得到，他在 t_2 时刻不具有做出反事实行动的能力，不是出于自由意志而做 X。

果真如此吗？我们先来看看琼斯反事实行动的第一个可能后果选项：上帝在 t_1 时刻所持关于琼斯在 t_2 时刻是否做 X 的信念是虚假的。一般而言，虽然人类的过去信念已确定，不可更改，但过去信念的真值却未必是确定的。预测是涉及未来事态的信念，它的真假原本就由未来事件的发生与否决定，或者说其真值就是由未来事件所创造，因此在信念内容确定的情况下，行动者完全有能力使得普通人关于其相关行动的过去预测落空，尤其当行动是其自由选择结果的时候。在讨论行动者的自由意志问题时，预测行动的过去信念真值关涉未来，通常不应视为确定、不可更改的，常人预测信念的真值变化不会妨碍意志自由的行使。在 w_i 中，t_2 时刻之前常人有关琼斯是否会在 t_2 时刻做 X 的预测真值未被要求与 w_1 保持一致。同样的道理，致使一个普通人的预测信念虚假，并未超越像琼斯这样的行动者的能力范围。上帝的预见信念也不例外，其真实性理论上无需当成确定的，但我们在后文会看到，由于上帝的预见内容直接随附于未来实现的

---

① 在当前问题语境下，我们并不严格禁止世界 w_i 中 t_2 时刻前非强制性、随机（randomly）出现的非因果事态变化。

② 这里的断言只针对满足自由意志的"琼斯在 t_2 时刻不做 X"世界，并不否认单纯的"琼斯在 t_2 时刻不做 X"世界的实在性。

事态，它的真实性获得另一种确定性（determination）。因而，预测琼斯行动的上帝 t_1 时刻信念在 w_i 中只能设定为真实的，证伪上帝预见的任何尝试都有悖于行动者的行动自身，当然也超越任何行动者的能力界限。

琼斯反事实行动要么造成上帝过去的预见知识错误，要么迫使上帝改变先前的预见知识。如果这两条路都行不通，为保全反事实行动自身，就出现了琼斯反事实行动的第三个可能后果选项：否定上帝在过去的存在。假如上帝在 t_1 时刻不存在，当然就没有他在那一时刻的预测信念，因此也就没有神学宿命论者眼中的上帝预见知识困扰。现在，我们回到自由意志。琼斯在 t_2 时刻是否拥有反事实行动自由的问题，产生于上帝过去存在以及拥有预见知识的背景之下，因此截至 t_2 时刻 w_i 中的事实应包括"上帝在 t_1 时刻存在"。过去预测信念的真值取决于未来事件，这样的"事实"无需视为确定的，是可改变的；但实体过去的存在是自足的，无关未来，属于不可更改的事实。因此，一方面，致使过去的存在者上帝在过去不再存在是无法实现的，超越任何人的能力范围，自然在 w_i 中也不是现实；另一方面，即使可以做得到，w_i 中 t_2 时刻之前的事态出现了强制性因果变化，如此 w_i 已不再是满足琼斯行使反事实行动自由的可能世界。由此可见，在琼斯出于自由意志采取反事实行动的可能世界 w_i 中，上帝不会在 t_1 时刻消失，只能仍然保持存在。

从另一个角度看，第三个可能后果选项恰是神学宿命论者釜底抽薪的一招好棋。它相当直白地告诉人们：如果没办法解除神圣预见知识于琼斯意志自由的束缚，还不如彻底否定上帝的过去存在，承认人类自由意志与上帝永恒存在及全知等一神论信条是不一致的。那么，上帝预见知识于琼斯反事实行动自由的第二重束缚究竟是否可以解除呢？琼斯反事实行动的第二个可能后果选项要求上帝放弃或改变原先的预测信念。在讨论上帝预测信念的变化之前，我们来看看常人的预测信念：在假想的、琼斯行使反事实行动自由的世界 w_i 中，普通人的相关预测信念有无变化？普通人的预测是针对未来，建立在对决策情境的评估以及行动者本人个性的认知等基础之上所做推测，所以在普通人预测发生时刻之前相关事态没有任何变化的情况下，未来发生的事情不会改变预测自身，琼斯在 t_2 时刻是否做 X 的自由选择也不会影响这些预测信念的内容。也就是说，无论琼斯在 t_2 时刻采取哪一个行动，都无关之前普通人的预测自身，w_i 中截至 t_2 时刻普通人的那些预测信念应与 w_1 保持一致，信念内容是确定的。

但上帝的预见知识不属于此类，它们直接依附于行动自身，是跨时间的（transtemporal）①。上帝的预见不是基于当下的事实或经验的因果律做出的研判，他相信的只能是真理或将来时态的真命题，因此上帝的预见信念不是严格意义上不可更改的强硬事实，它们取决于未来的行动。即使截至上帝预见时刻 t_1，现实世界 w_1 里的所有事态均保持不变，如果琼斯在未来时刻 t_2 采取反事实行动，上帝的预见知识还是会做出"调整"，即不应要求 w_i 中 t_1 时刻上帝的预见信念与 w_1 保持一致，因为上帝的预见直接随附于琼斯的行动，前者是结果，后者才是原因。这是不是意味着改变过去？严格来说，与预测的真值一样，上帝的预见知识诉诸未来：我们承认它的正当性，源于我们认同它的知识对象（即事态）在未来得以实现，上帝过去预见信念的改变只是表明未来实现的是另一些事态。如果我们承认琼斯在 t_2 时刻有采取反事实行动的自由，当在 w_i 中琼斯采取不做 X 的反事实行动时，随附于琼斯举动的真理便会是不同于实际的面貌，由于上帝只相信真理，他的预见信念自然也就呈现出另一番内容。因此，与其说改变上帝过去的预见信念，毋宁说某一设定的未来事实发生了变化。在假定琼斯在 t_2 时刻做 X 属实的前提下，上帝过去的相应预见知识当然也就是不可更改的，否则便是自相矛盾；若去掉这一前提，事实变换为琼斯在 t_2 时刻没有做 X，上帝过去的知识也就会相应地发生变化，但这种改变不是在那种有违直觉的时间先后意义上，而是在平行、对等的反事实形而上学意义上。归根结底，行动者的行动造就了上帝过去的预见信念，行动者的自由又促成了这些预见的形而上学可变性。所以，准确地说，琼斯反事实行动的第二个可能后果选项不是要求上帝放弃或改变原先的预见信念，而是上帝持有一个有别于实际预见知识的信念，而这并不涉及改变过去的事实，也未超出琼斯这样行动者的能力范围，仅表明上帝并不必然持有他实际所持的信念。

由以上讨论可知，当赋予反事实条件句（1）以新的语义解释后，琼

---

① 正因为上帝预见知识的跨时间特征，一些哲学家认为上帝存在于时间之外，他的存在是非时间性的，如波爱修（Anicius Manlius Severinus Boethius）等人。但这一策略并不尽如人意，因为如果否认上帝的时间性存在，讨论"预见知识"之类带有强烈时间色彩的哲学问题于上帝将无任何意义。

斯反事实行动的第二个可能后果选项可以在 w_i 中实现，也没有超越任何人的能力。相对于现实世界 w_1，w_i 并非虚构，它们的实在性说明琼斯的自由意志与上帝的预见知识是逻辑地相容。让我们再回到神学宿命论论证。很明显，在这一新的语义解释下，神学宿命论论证的假设 4 不再成立，随之也就不能可靠地得出结论 10 和 11，该论证从而宣告破产。

三　一个随附相容论解决方案

本节将利用知识随附于行动之原理，通过区别于诸如现实、认知确定等概念，试图澄清在自由意志是否相容于上帝预见知识的争论中涉及的核心概念：必然及其同源词；提出一个宿命论的条件句分析，该分析允许人类意志自由；最后捍卫神圣预见知识的不可错性，否认可采取不同行动的人类自由会驳斥上帝的任何一项相关预见知识。藉此，一个较全面的相容论解读得以成形。

（一）事实知识与模态知识

自由意志通常有两种形式。较不严格的形式由洛克和休谟等哲学家持有，认为自由只涉及主体（subject）依据意愿行动。"自由意志的最严格形式称作自由主义，它认为当一个主体做 X，但即使给定所有先前和同时期事件及通行自然规律，她也本可以不这样做时，她就是自由地做 X。"[1]如前文已指出过的，我们当前所议话题属于自由意志的最严格形式。假设在特定的时间 t_2，主体琼斯有决定是否做某件事情 X 的自由意志。根据以上自由意志定义，即使上帝的全能也无法导致琼斯在这时会做出某个确定的决定，更遑论上帝的预见。相反，作为一种知识，预见依赖或随附于主体琼斯自由选择后的行为，他有什么样的行动，上帝的预见就会呈现相应的形式。也就是说，在那个特定的自由决策时刻之后，琼斯所选择行为的确定性决定了上帝预见的确定性；而不是相反。上帝不同于常人之处，在于他只相信真理，他能够判定关涉自由意志的将来时态语句的真值。虽如

---

① Charles Taliaferro and Elsa J. Marty（eds.），*A Dictionary of Philosophy of Religion*，New York，NY：The Continuum International Publishing Group，2010，p. 92.

此，需要注意的是，真理随附于外部实在，而上帝的信念又依赖于真理，所以具体到自由意志问题，他的预见信念不能决定或支配人类这些行动的发生。

为同帕克的神学宿命论论证保持一致，我们假定那个场景中琼斯实际上自由地选择"做 X"这一选项，上帝的预见就将是"琼斯做 X"。[①] 这个预见属于实然知识，而非必然知识——"琼斯必然地做 X"。因为如果上帝预见到琼斯必然地做 X，那么在那一场景中琼斯将被迫只能选择"做 X"，也就是说，在决策中他将不再拥有做出其他选择即"不做 X"的自由意志。而这个结果与该场景中琼斯可以自由决定是否做 X 的设定不一致。所以，一般而言，当前语境下上帝预见的是未来偶然发生的经验事实，它是关于实际将如何怎样的，而不是关于这些偶然事件的模态特征。有关自由意志的预见也因之不是那种易误导人意义上的"必然"知识，后者将引发全知与自由意志不相容的宿命论结果。

（二）认知确定与形而上学必然

认为上帝的预见属于必然知识，或许是由于混淆预见的认知确定性与形而上学必然性。如前文所述，上帝预见的确定性源于主体自由选择行动实施后的确定性。也就是说，无论琼斯自由地选择做什么，总有一个选项将成为现实是确定无疑的：在他做出自由决定之前，或许常人无法确定知道成为现实的最后选项是哪一个，但这并不妨碍表述琼斯最终行动的某一将来时态命题的真理性，而上帝之前所信恰是那一真理；因此，相对于成为现实的、琼斯最终采取的那个行动，上帝预见的真实性是确定的，而常人多基于当下事态、过往经验、自然或社会规律以及行动者个性的了解，做出带有相当主观色彩的推测，他们的预测只能是一种猜测信念，其真值也就是不充分确定的（under – determinate）。

认知确定性并不代表认知对象的形而上学必然性。比如，我确定地知道明天是奥巴马总统的生日，但明天并不必然地是奥巴马总统的生日；在形而上学意义上，完全有可能由于某个偶然事故，奥巴马总统的母亲早产

---

① 尚有另一条处理神圣预见知识的路径，即诉诸中间知识（Middle Knowledge）的观念，否认上帝预见到行动者的自由选择结果。但这一方法不列入本文议程。

一天，致使他的生日比现实提前一天。归根结底，认知对象的非必然性源于认知所依附事实的偶然性。正因为琼斯碰巧自由地选择"做 X"，上帝才预见到"琼斯做 X"；当他自由地选择"不做 X"时，上帝的预见也会做相应的调整。琼斯在事情 X 上的选择自由决定上帝相关预见的两个形而上学可能性；即令认知上看起来更为确定，琼斯过去所做自由选择也不能决定上帝相关预见的必然性，仍然存在上帝预见的另一个候选可能性（alternative possibility），尽管它只是未实现的可能性（mere possibilia），更不必说琼斯未来自由决策的非必然性形而上学地位。所以，随附相容论认可上帝关于主体自由行动预见的偶然性，它们不是必然知识。

（三）宿命论的条件句分析

在一些人眼中上帝预见之所以成为必然知识，还有一种可能的原因是人们将"必然"理解为"别无选择"或"只能"。[1] 在这些人看来，既然上帝预见到琼斯在时刻 t_2 做 X，琼斯在 t_2 就做 X，因为上帝的预见总是真实的。由琼斯在时刻 t_2 做 X，进而可推知在时刻 t_2 琼斯不能选择不做 X，他别无选择，只能选择做 X。所以，上帝预见到的是琼斯别无选择、必须要采取的一个行动；在这个意义上，他的预见也就成为必然知识。

这一宿命论观点的主要依据是上帝的预见总是真实的。没错！上帝的预见总是真实的，但这种恒真性源自何处？上帝的信念随附于主体出于自由意志而采取的行动，主体行动的事实性决定着上帝信念的恒真性。因此，如果说宿命论可以成立的话，它一定以主体行使自由意志为前提。也就是说，如果我们承认上帝可以预先获知主体遵从意志自由的行动，或者更直接地，我们认可将来时态语句的确定真值，那么在琼斯于时刻 t_2 自由地做 X 条件下，他当然别无选择，只能也必须忠于自己的自由意志，采取做 X 的行动；否则，他就是自相矛盾。

不难理解，这种意义上的宿命与人类自由意志并无冲突。通过考察行动者过去自由采取的行动，更容易看出上帝预见导致的是一种什么样的宿命论。假设在 t_2 之前的某时刻 t'，琼斯自由地选择了做一件事情 X'。因

---

① 例如，范·因瓦根（Peter van Inwagen）就曾将"必然"做此番解读。Cf. Peter van Inwagen, *An Essay on Free Will*, Oxford: Clarendon Press, 1983, p. 93.

为这是过去的一个自由行动，所以即使是只具备有限知识和能力的常人也确定地知道"琼斯在时刻 t′做 X′"。虽如此，人们几乎不会藉此怀疑"做X′"是出于琼斯的自由意志，而不是他别无选择、必须要执行的一种宿命行为，因为相关知识是随附或依赖于他自由选择所采取的行动，而不是相反。与常人有关过去自由行动的知识相一致，全知上帝的预见知识尽管是确定的，但它并不会致使可以行使意志自由的琼斯只能做出某一"确定的"选择行为。真正导致琼斯别无选择、必须要采取某项确定行动的是他的自由意志，表述这一自由选择结果的真理只不过恰好为上帝所知晓。

整个世界的历史就像一幅画卷清晰地呈现在上帝面前，其中有一部分是他创造的，当然也就由他决定，但还有一些部分则是自由意志生灵选择的结果，上帝有关这一部分"画卷"的信念依赖或随附于那些行动者的自由选择结果。由此可见，无论过去的自由行动，还是未来的自由行动，有关它们的知识都随附于主体自由采取的行动。在这个视角下，出现主体别无选择、只能做出某一确定行动的宿命论意见其实是有前提或条件的，即主体根据自由意志采取行动。

以在时刻 t$_2$ 琼斯自由地做 X 为例，所谓宿命论意见将表述为一个条件句："如果琼斯在时刻 t$_2$ 做 X，那么他在时刻 t$_2$ 就只能做 X"。也就是说，既然琼斯行使意志自由以选择"做 X"，他的实际行动自然也就只能与其自由意志保持一致。这样看来，以上宿命论观点就被平庸化（trivialized），上帝预见知识导致主体行为宿命化的后果得以化解。

（四）上帝预见的不可错性

上帝预见的偶然性是否意味着它们会遭到反驳或否证？我认为并非如此。上帝预见的内容随附于行动者的自由选择结果，主体有什么样的自由行动，上帝的预见就会有什么样的内容。不妨将上帝预见的内容视作主体自由行动的一个函数。由于上帝预见的内容会跟随主体的自由行动而变化，在任何一个可能世界都找不到反驳上帝预见的"事实"。可以否证其预见的"证据"只能出现在别的可能世界，而那是认知不相干的。

比如，设琼斯实际上在时刻 t$_2$ 做 X，上帝在 t$_1$ 时刻预知这一"事实"，w$_1$ 表示现实世界，φ（j）表示"琼斯在 t$_2$ 时刻做 X"，Gp 表示

"上帝在 t_1 时刻知道 p"，则在 w_1 中 φ（j）成立，Gφ（j）也成立。由上帝拥有偶然的预见知识，从而推断他的信念可错或可否证的人们会认为：在这一场景中，琼斯完全可以通过自由地改变自己的行动，以证伪上帝的预知。按照那些人的论证思路，既然琼斯在时刻 t_2 有选择其他行为方式的自由，他就可以自由地决定不做 X，使得 ¬ φ（j）成立，从而 Gφ（j）为假，上帝的预知被否证。

值得注意的是，当琼斯自由地做出有别于他实际所做决策时，现实世界 w_1 已经遭到破坏，我们进入了 w_1 可通达的另一个可能世界 w_2。所以，在琼斯自由地选择另一种行为方式的情形下，虽然 ¬ φ（j）成立，Gφ（j）不成立，但此类成立与否已不再相对于原先的世界 w_1，不能根据以上论证推断上帝的预见信念 Gφ（j）被否证。因为随着琼斯选择不同的行动方案，人们进入另一种形而上学可能性 w_2，其中有 ¬ φ（j）成立，全知上帝的预见知识也做出相应调整，上帝的知识变换为 ¬ φ（j），即 G¬ φ（j）成立，当然可以由此推论 Gφ（j）不再成立，但这并不意味着上帝的信念被反驳，相反，只是说明在可能世界 w_2 中上帝知道的不是 φ（j），尽管在设定的现实世界 w_1 中上帝相信 φ（j），但可以用来反驳 w_1 中上帝以上信念的凭据只能来自 w_1 中发生的事情。因此，虽然琼斯可以自由地改变自己的行动，但不能以此否证上帝的预见信念，相反，上帝的知识是不可错的。

总之，虽然上帝的知识内容可因行动者选择实施不同行为而发生函数值变化，但由于预见知识形而上学地随附出于自由意志的人类行动，预见知识这一形而上学意义上的可变性为它认知意义上的不可错提供了契机，导致上帝的预知绝不会被否证。

（原载《福建论坛》2017 年第 3 期，第 135—142 页）

逻辑宿命论辩谬

　　在日常生活里，很多人常常为宿命论问题困扰：如果有人可以预知未来，知道世界的未来是个什么样子，人们将来会做什么，似乎人们就只能按照预言者给定的进程行事，别无选择，失去对自己乃至世界命运的掌控，神秘的命运左右并主宰着人们的行动。比如，若有人在昨天预知今天中午 12 点我将坐在电脑前写作，则由于知识都是真理，我一定会有今天正午操作电脑写作的行为，从而失去在那一时刻决定自己行动的能力。早在古希腊时代，亚里士多德就以"海战论证"阐述过将来时态语句真值的宿命论后果。① 能窥知未来的人，在西方文明中常被称作先知，而受人尊敬。中华文化也有着鲜明的宿命论烙印，未来将发生的事件常被人们视作命运，当成天机，不可泄露；若泄露天机，泄密者将遭天谴、折寿等严惩。不可否认，的确存在大量正确的预言，上至国际事务、国家大事，下至日常生活、个人取舍。我们这里关心的是，正确预言是否衍推这些行动的宿命化，即并非自由意志主导的行动。据此，本文将分四小节围绕这个议题展开论述：第一节引入一个标准的逻辑宿命论论证，刻画其论证形式；第二节分析这一论证的有效性问题，揭示其语用层面存在的说理谬误；第三节质疑该论证主要前提的真实性，证明无论其自身还是它转而依赖的结论都缺乏充足理由，进而表明单纯逻辑视角下日常的宿命论观念站不住脚，预见真理与行动者自由意志并非逻辑地不相容；第四节就全文做总结性陈述。

---

　　① Cf. Jonathan Barnes（ed.）, *The Complete Works of Aristotle：The Revised Oxford Translation*, Volume 1, Princeton, NJ：Princeton University Press, 1991, De Interpretatione, 18b25 – 19b4.

一　一个典型的逻辑宿命论论证

逻辑宿命论论证有多种表述，其核心都是"从时间、真理和逻辑出发，得出没有人拥有自由意志的结论"①。说得具体一点，人们无法改变过去发生的事实，对它们无能为力，因此对于过去所做预言的真理性（truthness），人们是无可奈何的；过去预言的真理性严格蕴含（strictly - imply）未来某时刻相应事件的发生；因为对于无可奈何者严格蕴含的情况，人们也是无可奈何的，所以对于未来那一时刻发生的相应事件，人们是无能为力、别无选择的，也就是说在未来那一时刻事件的发生中，没有任何人（包括当事人）行使意志自由。

据此，我们可以构筑一个典型的逻辑宿命论论证 ALF 如下：

(1) 吴刚于以下情形别无选择："吴刚将在时刻 t 接受一笔贿赂"在一年前为真。

(2) 必然地，如果"吴刚将在时刻 t 接受一笔贿赂"在一年前为真，那么吴刚将在时刻 t 接受一笔贿赂。

(3) 吴刚于以下情形别无选择：吴刚将在时刻 t 接受一笔贿赂。

ALF 有意规避了预知主体，因为宿命论谜题产生的主要源头是预言内容属实，即关涉行动者未来行动的命题已然是真的，至于究竟是谁在做出预言，与逻辑探究没有多大关联。前提（1）是基于过去已发生事件无法更改的直觉，无论这些过去事实是否形而上学必然事件。前提（2）则根据去引号真理论（Disquotational Theory of Truth），建立预言的真理性和预见事件发生之间的严格蕴含关系。结论（3）则依据前提（1）和（2），断言行动者于自己未来时刻 t 的作为无从选择。

一般而言，过去发生的事件已成事实，没人可以改变，它们具有已完成意义上的必然性，人们当前只能接受，别无选择。比如，刘强昨天或

① John Martin Fischer & Patrick Todd (eds.), *Freedom, Fatalism, and Foreknowledge*, New York, NY: Oxford University Press, 2015, p. 1.

许极偶然地中了体育彩票头奖，但在今天看来，只能作为既成事实接受下来，没有人现在来得及阻止它的发生；也就是说，这一事件具有已完成意义的必然性，人们当前于之别无选择。命题之为真或假这样的语义事实也具有时态特征，比如，命题"中国在 2008 年举办夏季奥运会"在当年即为真，而"希拉里·克林顿获得 2008 年美国总统大选民主党提名"在那一年是假命题。① 包括希拉里·克林顿在内的任何人，目前都只得将它们作为既成的语义事实接受下来，别无选择。因此，于过去的语义事实——"吴刚将在时刻 t 接受一笔贿赂"在一年前为真，吴刚当前似乎也是别无选择，只能接受；ALF 前提（1）的正当性可以从已完成意义的必然性角度得到一定程度确立（justification）。②

一个语义事实揭示世界中的相应事实，这是不争的语义规律。既是一条普遍语义规律的示例，"'吴刚将在时刻 t 接受一笔贿赂'在一年前为真"蕴含"吴刚将在时刻 t 接受一笔贿赂"的必然性也就不言而喻。因此，ALF 前提（2）的真理性是无可争议的。若将 p 解释为"'吴刚将在时刻 t 接受一笔贿赂'在一年前为真"，q 解释作"吴刚将在时刻 t 接受一笔贿赂"，则前提（2）的命题形式就可刻画为：

（2′）$\Box (p \rightarrow q)$。

相应地，若再以 $\Box_c$ 表示行动者（如吴刚）在当前时刻别无选择意义上的必然算子，则前提（1）和结论（3）的命题形式也可以分别刻画为：

（1′）$\Box_c p$；

（3′）$\Box_c q$。

这样一来，ALF 的论证形式也就随之刻画如下：

（1′）$\Box_c p$；

（2′）$\Box (p \rightarrow q)$；

（3′）$\Box_c q$。

① 不过，由于命题的抽象存在，同一个命题的真值在不同时态下保持一致，以上两个命题在其他时态维持相同真值特征。据此，艾耶尔（A. J. Ayer）、范·因瓦根（P. van Inwagen）等人声称语义事实是非时间性的。限于篇幅，本文不计划探讨命题真值的时态特征，该议题将付诸另一项工作。

② justification 在汉语哲学文献中常译为"证成"或"证立"，本文为显现它与 justice 的同根性，特将其译作"正当性确定"或"正当性确立"。

二 形式有效与说理失策的混合体

由于 ALF 两个前提的真实性已得到相当程度的局部说明，我们暂不讨论它的可靠性，留待下一节再做深究。本节我们先来看看 ALF 的形式特征，即由（1）和（2）能否合乎逻辑地得到（3）？换言之，第一节刻画的论证形式是否有效？形式地看，（1′）和（2′）不能直接推演出（3′），需要做一些补充说明。

我们知道正规模态系统都有一个 **K** 公理模式：

（**K**）$\square$（$\alpha \rightarrow \beta$）$\rightarrow$（$\square\alpha \rightarrow \square\beta$），

它表明如果一个事态 α 严格蕴涵另一事态 β，那么若 α 是一个必然事态，则 β 也是必然事态。当应用于选择、决策或自由意志等问题语境时，我们可以得到它的一个变体 $\mathbf{K_c}$：

（$\mathbf{K_c}$）$\square$（$\alpha \rightarrow \beta$）$\rightarrow$（$\square_c\alpha \rightarrow \square_c\beta$）。

该变体的语义较清晰，即如果一个事态 α 严格蕴涵另一事态 β，那么当行动者于 α 无从选择时，他于 β 也是别无选择的。

$\mathbf{K_c}$ 具有较强的直觉支持，我们可以用反模型法来验证其有效性。令事态 α 严格蕴涵事态 β：$\square$（$\alpha \rightarrow \beta$），即若 a 实现，b 也一定成为现实；在某时刻 t_0，行动者 A 于事态 α 之为事实别无选择，只能接受：$\square_c\alpha$。假设在上述情况下行动者 A 在同一时刻于事态 β 并非无从选择，就他来说至少还未因太迟以至无法阻止 β 成为现实：$\neg\square_c\beta$。因此，在这个问题上就 A 在时刻 t_0 是否具有阻止事态实现的能力来说，就存在以上假设情形（可将之视作一个可能世界 w）c-可达的另一个世界 w'，截至时刻 t_0 其中发生的事态与 w 完全一致，之后行动者 A 成功地阻止事态 β 成为现实，即 $\neg\beta$。根据设定：$\square_c\alpha$，在 w 中行动者 A 在 t_0 时刻于 α 之为事实无从选择，即在这个世界 c-可达的任一世界中 α 都是事实，所以 w' 中 α 也是现实。既然在 w' 中 $\alpha\neg\beta$ 都成立，$\alpha \rightarrow \beta$ 显然不再成立，而这个推论与我们最初设定 w 中 $\square$（$\alpha \rightarrow \beta$）成立是相悖的，因为按照这个设定，$\alpha \rightarrow \beta$ 应该在包括 w' 在内的 w 可达的任一可能世界中成立，而不仅仅是它 c-可达的世界。由于出现 $\alpha \rightarrow \beta$ 在 w' 中的赋值矛盾，以上模型足以说明 $\square$（$\alpha \rightarrow \beta$）、$\square_c\alpha$ 和 $\neg\square_c\beta$ 不能都成立，因而 $\mathbf{K_c}$ 是正规框架有效的。

据此，ALF 的完整论证形式及过程可重塑如下：

(1′) $\square_c p$　　　　　　　　　　　　　　　　　　　　　前提

(2′) $\square (p \rightarrow q)$　　　　　　　　　　　　　　　　　　前提

(2_1′) $\square (p \rightarrow q) \rightarrow (\square_c p \rightarrow \square_c q)$　　　　　$\mathbf{K}_c$ 代入实例

(2_2′) $\square_c p \rightarrow \square_c q$　　　　　　　　　　　(2′)、(2_1′) 使用 MP 规则

(3′) $\square_c q$　　　　　　　　　　　　　　(1′)、(2_2′) 使用 MP 规则

从形式及过程来看，新引入公式（$2\xi_1$）的有效性已得到充分保证，全部演绎的唯一规则 MP 具有无可争议的保真性，因此 ALF 无疑是有效的。

那么，ALF 中是否有别的论证谬误呢？这是本节要讨论的第二个议题。我们发现，ALF 中出现的两个原子命题并非相互独立的"原子"，它们之间共享重要的相干因子。若以大写字母 P 作为"吴刚将在时刻 t 接受一笔贿赂"的缩写，则"'吴刚将在时刻（接受一笔贿赂'在一年前为真"也可缩写为："P"在一年前为真。所以，在 ALF 论证形式中仅将这两个原子命题处理为命题变元 q、p，就可能忽视了二者之间某些重要的语义联系。相反，通过揭示这两个原子命题的内部结构联系，ALF 中可能存在的谬误也就会暴露出来。

一般而言，论证的前提是用以支持结论的相对独立命题，它们的真实性不能反过来求助于结论，否则结论的真理性得不到较自身更明确、更可靠或更为基础的证据支持。此类应避免的谬误就是循环论证（circular arguing）或窃题（begging the question），它的一种重要表现形式是"……那些表达'依赖'的窃题变体……结论和前提有一种依赖关系，以至于要接受其中一个，我们必定已经接受了另一个"①。

与 ALF 相关的是，一个命题的真或假依赖于相应事态在世界中是否得到实现，因此我们只能依据更基础层面的经验事实，去论证较高层面的语义事实，而不是相反。比如，"基地组织发动针对美国的'9·11'恐怖袭击"之所以是真命题，是有赖于或因为现实中基地组织的确发动了那次针对美国的恐怖袭击，为此人们搜集、整理了大量照片、视频、实物

---

① Christopher W. Tindale, *Fallacies and Argument Appraisal*, Cambridge: Cambridge University Press, 2007, p. 74.

及亲历者证言等事实证据加以证实；反之，人们接受基地组织发动针对美国的"9·11"恐怖袭击之为事实，并不是有赖于或因为"基地组织发动针对美国的'9·11'恐怖袭击"是真命题，而是它得到大量经验证据的充分支持。从较高层面的语义事实反向地论证对象、世界层面的经验事实，不可避免地要诉诸结论，从而不能使结论得到超越自身的证明，最终难辞循环论证之咎。假定有人以"'基地组织发动针对美国的"9·11"恐怖袭击'是真命题"为依据，去论证：基地组织发动针对美国的"9·11"恐怖袭击。人们不禁会问他：为什么"基地组织发动针对美国的'9·11'恐怖袭击"是一个真命题？根据通常的语义下沉原则，语义事实有赖于世界中的经验事实，他的回答最终只能是：因为基地组织实际上发动了针对美国的"9·11"恐怖袭击。不难看出，他的论证暗中使用了有待论证的论题，出现窃题谬误，以至论题没有得到更可靠的、独立证据的支持。

让我们回到 ALF 的论证评估。按照同样的语义下沉原则，"P"在一年前是否为真依赖于是否 P，即 P 在世界中是否成为事实。因此，人们只能根据 P 是否实现，来评价、说明"P"的语义属性；而不会反过来以"P"在一年前的真、假值为依据，证明 P 或 ¬ P 是现实世界发生的情况。但 ALF 并不是简单地以"'P'在一年前为真"作为主要论据，去论证 P；它的前提（1）和结论（3）分别形如：

（1*）□ₑ（"P"在一年前为真）；

（3*）□ₑP。

（1*）是否窃题于（3*）呢？吴刚究竟因何于"'P'在一年前为真"无可奈何，只能作为事实接受呢？很明显，命题的真或假这样的语义事实不是由于某种神秘力量所造成，它们依赖于对象、世界层面发生的经验事实。因此，答案不仅是它是一个过去时态的已实现事态，更重要地是因为吴刚于 P 的发生别无选择，只能接受。既如此，在 ALF 中人们之所以愿意采用（1*）作为确凿、可靠的论据，实缘于对论题（3*）更为坚定的信念，ALF 主要论据（1*）依赖或乞助于论题（3*）的窃题谬误也就变得昭然若揭。

经过如此细致地分析、评估，ALF 的形式有效性已得到充分证明，虽如此，它在语用层面出现较明显的窃题谬误，导致未能成功地论说吴刚于自己未来之所为别无选择，即他的行动不是出于自由意志。

三　预见到的行动一定不由自由意志主导？

ALF 的前提（1）表述行动者吴刚于过去发生的事情别无选择，只能接受。按照前提（1），吴刚无从选择的实际上是过去的一项语义事实："P"在一年前为真，其中"P"是汉语句子"吴刚将在时刻 t 接受一笔贿赂"的缩写。假如从语言学角度看"P"是表达早于一年前发生事件的一个过去时态语句，或者更简单地说，"P"不表达一个预见或预测，比如吴刚在一年多前的时刻 t' 买了一台平板电脑，那么

（1*）□。（"P"在一年前为真）

毋庸置疑是一个真句子：因为 P 是（对象层面）世界中一年多前已发生的、独立于未来的自足事实，在晚于它一年多的当前时刻 t_0 任何行动者都来不及阻止它的发生，相应地作为语义事实，"P"在一年前的真值无须诉诸未来，即已得到充分确定，任何行动者都因太迟而在当前无法改变，对之无从选择，只能当作既成事实接受。

但在 ALF 中，"P"实际上表达的是一个预言或预测，它在一年前的真值面向未来，自然取决于未来时刻 t 行动者的所作所为，如果我们承认它早在一年前就具有真、假二值中某个确定真值的话。因此，较前一段文字讨论的非预测性过去语义事实，ALF 关注的"P"一年前的真值就不是充分确定的，而仅是因发生在过去得到局部或片面确定。行动者吴刚于这样的语义事实并非一定无能为力，此类语义事实本质上反映的是未来发生的情况，当事人不会因为太迟而在当前无法改变它；相反，恰因为吴刚在未来时刻 t 的行为（无论是否出于其自由意志），一年前的语义事实才得以呈现出那样的面貌，即"P"在一年前为真，而对于自己未来要做出的举动，吴刚尚不至于由于太迟无法阻止其发生。

既然行动者吴刚不是由于语义事实"'P'在一年前为真"的过去时态性而对之无能为力，（1*）还可能在什么意义上成立呢？唯一的可能似乎是在派生意义上：吴刚当前或未来的行为都不足以阻止 P 成为现实，改变"'P'在一年前为真"这一过去的语义事实，进而导致他于这一过去的语义事实别无选择、无能为力。说得更具体一些，给定行动者吴刚会

在未来时刻 t 接受一笔贿赂，他目前已没有能力再阻止其发生，该行为不由其自由意志主导，即宿命论论题自身（ALF 的结论）：

（3*）$\Box_c P$。

考察行动者于某事态及其反面（ALF 中是指"吴刚接受一笔贿赂"和"吴刚拒绝一笔贿赂"）是否有所选择，是就事态要实现的当下或之前时刻而言，而不是事态实现后的时刻。在 ALF 中，吴刚是否被给予多个回应贿赂的行为选项，不是相对于做出某一行为的时刻 t 之后，因为在事态现实化之后，行动者吴刚已经来不及阻止它的实现，丧失做选择的机会，当然也就谈不上面对选择的问题：我们等于又回到别无选择的过去时态必然这一老问题。根据康德式自由观念，如果一个行动是自由的，那么"在发生的时刻，该行动及其对立面都必须为主体掌控"①。因此（3*）虽然字面上表达吴刚在当前时刻 t_0 于自己未来的行为无能为力，但最终需归结为在行动发生时刻 t，吴刚的行为不受自由意志主导，他没有其他行为选项。

那么，给定吴刚会在未来时刻 t 接受一笔贿赂，在正欲实施行动的那一刻他是否即已失去掌控选择哪一行动的能力，即已丧失阻止给定事态实现的能力？② 在正欲实施行动的那一刻便给定一项确定结果，并不意味着行动者吴刚一定在回应贿赂上没有其他选项，从而客观上缺乏支配其行为的能力，因为"吴刚接受一笔贿赂"仅是吴刚做出一项行为意图（disposition）的一个结果（effect），如果他在实施行动的那一刻有意图的话：这样的结果并不能反过来说明正欲实施行动那一刻世界所处的真实状态，结果并不表明原因（cause）的唯一性，完全存在着同果异因的可能性。

我们先来看逻辑宿命论者乐见的一种极端情形。假定我们承认行动者吴刚在未来时刻（的行为是决定论式前定的（predetermined），时刻 t 之前对象或世界层面的全部历史及自然规律决定了 P，即

（D）$H \wedge L \rightarrow P$

① Immanuel Kant, *Religion within the Bounds of Bare Reason*, Translated by Werner S. Pluhar, Indianapolis, IN: Hackett Publishing Company, 2009, p.57.

② 严格说来，"给定一未来时刻的事件 e"并不是在已实现的实在论意义上，而是通过以表述该事件的语句作为后件的一个条件句反映出来，比如"如果……，则在未来某时刻有事件 e"。

是一个真句子，其中"H"描述时刻 t 之前对象或世界层面的全部历史，"L"则表述所有自然规律。在决定论意义上，语句（D）是一个严格蕴涵句，它表明在时刻 t 之前对象或世界层面历史完全相同以及遵循同样自然规律的可能世界中，都有吴刚接受那笔贿赂的结果，当然现实世界里也不例外。实际上，决定论是很强的一种形而上学理论，它宣称"对于每一个时刻，都有一个表达那一时刻世界状态的命题；若 p、q 是表达某些时刻世界状态的任意命题，则 p 和自然规律的合取衍推 q"①。按照这样的决定论，假定自然规律永不改变，当前时刻 t_0 之前对象或世界层面的全部历史决定未来任一时刻将发生的事件，自然也就包括吴刚在时刻 t 接受那笔贿赂。在这一情形下，过往全部历史及自然规律没有给行动者留下任何选择的余地，行动者未来的行为都不足以阻止 P 成为现实，吴刚唯有在时刻 t 接受那笔贿赂。但是需要注意，在这里行动者吴刚于 P 的出现别无选择或无能为力，不是源于 P 的真值，而是来自决定论意义上过往全部历史、自然规律与 P 之间的严格蕴涵关系；因此，如果可以将这一情形视为宿命论的一个实例，那么它体现的与其说是逻辑宿命论，毋宁说是历史或因果宿命论。

再来看一种典型的情形：行动者吴刚未来时刻 t 的行为不为任何其他因素充分决定，相关的两种候选行为方式均向他敞开，他可以基于自身的考量做出选择。此时，语句（D）不再是真的严格蕴含句，而是弱化为一个真的反事实条件句。② 换言之，在过往历史及自然规律方面完全相同，但一些反事实的条件事态得以实现、与现实世界最近似的可能世界中，在面对贿赂、正欲采取行动的时刻 t，吴刚都选择接受那笔贿赂。③ 请注意，这种情形下，随着一些原先未实现的事态成为事实，在正欲采取行动时刻 t 吴刚会做出接受贿赂的举动，但不意味着他一定会采取这一行动，也就是说全部历史、自然规律外加截至时刻 t 实现的那些反事实事态并不严格蕴含 P，因为尚存在众多可能世界，它们使得（D）的前件成立但后件不

① Peter van Inwagen, *An Essay on Free Will*, Oxford：Clarendon Press，1983，p. 65.

② 因为在当前时刻 t_0 看来，（D）的前件中包含一些 t_0 和 t 之间的非现实事态，所以在这种情形下，（D）是一个反事实条件句。

③ Cf. David K. Lewis, *Counterfactuals*, Oxford：Blackwell Publishers，2001，p. 16.

成立，尽管这些世界并不最近似于现实世界。因此，吴刚于自己在时刻 t 的行为并非别无选择或无能为力，本体论意义上存在着供他取舍的另一行为选项，如果他愿意的话，完全可以选择不同行动方案。既如此，在这种情形下，给定行动者吴刚于未来时刻 t 接受一笔贿赂，或者更准确地说，给定反事实条件句（D）的真实性，吴刚仍然拥有支配那一时刻自己行为的能力，P 的实现恰好是他这种支配能力的一个表现，而不是于这一能力任何形式的束缚或限定。

综合以上两种情形，不难看出仅凭吴刚在未来时刻 t 接受一笔贿赂，或者说仅凭一个真的条件句（D），远不足以逻辑地推断行动者吴刚在那一时刻没有任何其他行为选项，被剥夺自由支配自身行为、选择拒绝那笔贿赂的能力。面临条件句（D）的真实性，至少存在一种理论解释的可能性，它使得行动者的自由意志与（D）后件事态的实现兼容：吴刚出于自由意志而接受那一笔贿赂，他也完全可以基于其他考虑，行使意志自由以拒绝那笔贿赂。要想说明行动者吴刚于时刻 t 自己的行为别无选择，还需要就决定论较自由意志论是更为可信的理论解释做大量哲学论证工作，而这并不是一个单纯的逻辑问题。可见，（3*）的真实性在逻辑层面不能自圆其说。由此，即使在派生意义上（1*）也难以成立，至少是高度独断论的。

既然无论在直接的时态意义上，还是派生意义上，ALF 的前提（1）都得不到给定证据的充分支持，它的真实性就处于可疑状态，从而逻辑宿命论论证 ALF 的可靠性也大打折扣。追根溯源，这种论证可靠性缺陷来自论题（3）：仅从行动者在未来时刻要做出哪一个具体行为，推断不出他不能支配那一时刻自身的行为，预见真理并不衍推相应行为中行动者自由意志的缺席，逻辑语境下的宿命论观念本身就是站不住脚的。

四　结　语

综观逻辑宿命论论证，它在形式上堪称无懈可击，但说理收效甚微，出现论据乞助于论题的策略性失误；另外，可靠性也未得到必要的保证，主要论据的正当性难以确定：归根结底，其论题即日常的宿命论观念难以立足，缺乏关键的形而上学论证支持，预见真理与行动者自由意志并非逻辑地不相容。就确立宿命论之正当性而言，逻辑宿命论论证并没有完成它的使命，宿命论者可能不得不被迫寻觅其他版本的论证。因此，逻辑宿命论的辨谬工作已经产生并具有一系列重大的学理和实践意义。第一，它有力地回应与驳斥了逻辑宿命论者对经典逻辑二值原则和排中律的亚里士多德式质疑，确立了运用经典逻辑处理将来时态语句及推理的正当性；第二，澄清了真、时态、行动与自由意志等若干重要哲学概念之间的逻辑关系，理顺了相互间的逻辑次序，在根本上杜绝了逻辑宿命论调重现的可能性；第三，捍卫了人类的自由意志，将其从逻辑宿命论的樊笼拯救出来，为人类社会种种道德规范、法律责任提供了坚实的哲学基础辩护。

（原载《人文杂志》2017 年第 10 期，第 22—27 页）

后　记

　　自从 20 世纪 90 年代中期踏入逻辑学之门，迄今已逾 20 载。这 20 余年来，我的治学主要围绕着逻辑学、语言哲学及其向形而上学领域的延伸，关键词则是"模态"。之所以关注模态，原因在于我认为模态系列问题激发了 20 世纪中叶哲学逻辑的兴起，模态逻辑的可能世界语义学则给语言哲学配置了强劲的引擎、注入强大的推动力，进一步地促使当代分析哲学向形而上学、认识论等领域的辐射。奈何才疏学浅，尚不能有成体系的著述。虽如此，这些年也断断续续发表了近 50 篇长短不一的中、英文学术论文：有的感觉还可以，有的差强人意，还有一部分则是意犹未尽，只及皮毛。

　　通常，文章发表之后我也就很少再去翻阅它们，因为几乎在每篇文章的写作上都花费了很多精力，甚至一字一句都是经过深思熟虑、不断推敲，不但力求逻辑严密，而且尽可能追求优良的汉语或英语文风。饶有趣味的是，只有通过广泛、深入的原著阅读，作为人文学科的哲学、逻辑学思想才得以传承；在哲学、逻辑学的教学中，人们很难指望一本哲学或逻辑学教科书会让学生准确领会一个哲学或逻辑学思想，相反，大量的原著研读才是那条或许唯一正确的途径。在这个意义上，哲学家本人于作品的谋篇布局、文字表述显得尤为重要。经过哲学家共同体普遍认同的经典文献，一般地不但具有较高的专业水准，而且具有较强的可读性，从而是哲学论文写作的典范，具有写作教科书的意义。因此，作为哲学从业者和哲学教师，在哲学写作中我始终自觉追求精益求精的良好文风，力求不让每一篇文章留有遗憾，既让它准确表达我的想法，又让读者体会到亲切自如的感觉。

　　但这些用心写作的论文分散在各类书刊杂志，不便于相关问题的关注者参考。令人庆幸的是，适逢《南京大学逻辑学文丛》要出版第二批书目，才给了我重新汇编其中一些较重要文章的机会。为此，我精心挑选了20篇较成系列的论文，分三组加以编选：第一组论文探讨模态逻辑自身的语法、语义及形而上学诉求等问题，包括《当代西方模态哲学研究及其意义》、《论模态逻辑的合法性——对蒯因式模态词解读的批判考察》、《模态逻辑的哲学归宿》、《"爱好数学的骑车人悖论"探析——模态逻辑中的一个本质主义个案研究》、《模态与本质》、《专名指称的语用学探究》、《普特南论自然种类词：当代逻辑哲学视域下的本质主义研究》和《自然种类词的逻辑》8篇文章；第二组论文面向模态形而上学，即模态语言及可能世界语义学突破逻辑和语言哲学樊篱引发的形而上学议题，包括《论模态柏拉图主义》、《普兰丁格的模态形而上学》、《可能世界的语言替代论方案及其困境》、《一种温和的模态实在论纲要》、《论个体本质的起源说》和《个体本质：一条亚里士多德主义路径》6篇文章；第三组论文则是模态理论在形而上学、宗教哲学、认识论等领域的应用，包括《关于上帝存在的本体论证明的逻辑分析》、《经典安瑟尔谟本体论证明的逻辑评估——一个可能世界理论的视角》、《从可能到必然——贯穿普兰丁格本体论证明的逻辑之旅》、《"石头悖论"探析——兼论宗教哲学的逻辑分析进路》、《预见知识与自由意志——一个随附性理论方案》和《逻辑宿命论辩谬》6篇文章。其共同主题是模态问题或其应用研究：它们分别从逻辑学、语言哲学、形而上学和宗教哲学等不同视角探索"模态"这个当代哲学的重要议题。这本论文选集既注重挖掘模态的逻辑学、语义学不同处理模式，探讨在这个维度上"必然"、"可能"、"偶然"诸模态及其衍生物严格指示词、可能世界等面临的各色问题及解答，也不囿于此，在直接指称理论和描述理论激烈争论的逻辑学和语言哲学大背景下，将研究推至更为根本、深入的本体论层面，建立模态与本质、形式、质料等基本形而上学概念之间的联系；此外，这本文选还深入考察由逻辑学、语言哲学延伸至一般形而上学和宗教哲学领域的模态议题及其重要应用研究，例如，探讨本体论证明、全能悖论、全知、自由意志和宿命论等当代哲学具体问题，也希望藉此彰显模态议题的丰富内涵与旺盛生命力。

　　这些文章发表于不同年代，有的甚至早在20年前即已成形，它们代表了我在不同阶段关于模态这个主题的持续思考。衷心期待拙著能够吸引读者的学术兴趣或有助于您的研究。若如此，它的出版也算不辱使命了！

张力锋

2018 年 9 月 17 日于古都南京